JN436911

THE GENESIS OF SCIENCE

Original title : THE GENESIS OF SCIENCE
Copyright © 2010 by Stephen Bertman
published by arrangement with Prometheus Books
59 John Glenn Drive, Amherst, New York 14228-2119, USA
All Rights Reserved
Korean Translation Copyright © 2012 by Yemun Publishing Co., Ltd.
through Inter-Ko Literary & IP Agency

이 책의 한국어판 저작권은 인터코 에이전시를 통해 저작권자와 독점 계약한
(주)도서출판 예문에 있습니다. 신저작권법에 의해 한국 내에서 보호를 받는
저작물이므로 무단 전제와 무단 복제를 금합니다.

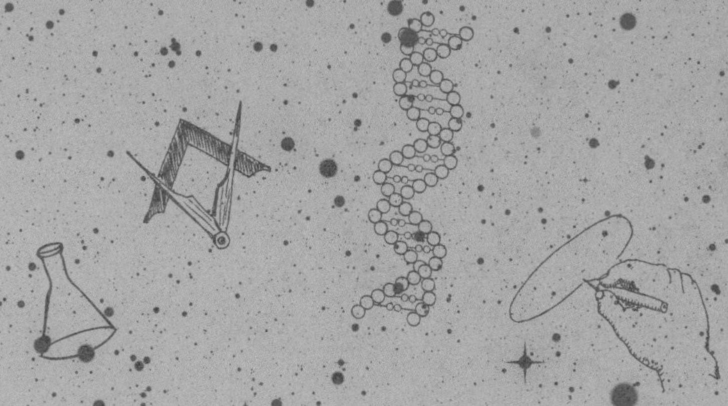

인문학자 버트먼 교수의 고대 과학사 산책

세상의 과학은 어떻게 시작되었는가

예문

감 사 의 글

이 책은 '누가 과학이란 학문을 만들었을까?' 라는 단순한 질문에서 비롯되었다. 나는 이 질문의 답이 그리스인이라는 결론에 도달했다. 하지만 이 질문은 여느 좋은 질문들처럼 더 심오한 의문을 끌어들인다. "왜 하필이면 그들일까? 그리스인들은 어떤 점이 특별해서 세계 최초의 과학자가 된 것일까?"

나는 많은 작가와 마찬가지로 이 질문의 해답을 찾기만 하면 출판사들이 앞다퉈 이 발견을 세상에 알리려 할 것으로 생각했다. 과학의 발견이 모든 사람의 삶에 지대한 역할을 담당하는 현시대에는 더욱 그러할 것이라고 믿었다. 하지만 그것은 나만의 착각일 뿐이었다. 나는 출판사를 찾는 일이 이렇게까지 힘들 것이라고는 미처 상상하지 못했다. 상업적인 출판사들 대부분은 독자들의 지적 호기심에 회의적인 입장이었다. 학술 서적을 취급하는 출판사들 대부분은 대중을 위한 책을 출판하는 일이 품위에 어긋나는 일이라 생각했다.

그런 의미에서 내 믿음직한 에이전트, 에드 내프먼Ed Knappman은 몇 번을 칭찬해도 모자른 사람이다. 그는 문제들에 흥미를 잃지 않은 총명한 독자들이 있고 대중적이지는 않아도 가치 있는 책을 출판할 용기를 낼 편집인을 찾게 될 것이라는 신념을 버리지 않았다.

정의감에 불탄 프로메테우스 출판사가 우리의 구세주로 등장했다. 과학과 예술을 선사해 인류문명에 활력을 불어넣고 불이라는 고마운 선물을 안겨 인류를 구한 그리스의 신을 따라 지은 이름이 아니겠는가. 프로메테우스 출판사의 편집위원 린다 리건Linda G. Regan, 용감한 편집장 스티븐 미첼Steven L. Mitchell에게 깊은 감사를 전한다.

많은 사람의 도움이 없었다면 이 책을 완성하지 못했을 것이다. 내 연구를 위해 절판된 책을 구하는 데 도와주었던 미시간 주의 이름 모를 도서관 직원들에게 무한한 감사를 전한다. 특히 웨스트 블룸필드West Bloomfield의 도서관 직원들은 나 때문에 한참을 고생했는데도 시종일관 미소를 잃지 않았다. 웨스트 블룸필드 도서관의 승차 수납시설은 내 별장이나 다름없었다.

또한 뉴욕 아트 리소스Art Resource의 제니퍼 벨트Jennifer Belt와 리암 쉐퍼Liam Schaefer, 뉴욕 포토 라이브러리Photo library의 호세 페르난데스Jose Fernandez, 온타리오 과학 센터Ontario Science Centre의 크

리스틴 크로스비Christine Crosbie와 발레리 해튼Valerie Hatten, 런던 과학 박물관London's Science Museum의 톰 바인Tom Vine, 월터 아트 박물관Walters Art Museum의 윌 노엘Will Noel 에게 깊이 감사 드린다. 그들은 내 책에 생동감을 불어넣고, 책을 돋보이게 할 아름다운 사진을 구하는 데 끊임없는 도움을 주었다. 원고를 꼼꼼히 검토해 준 폴 카이저Paul Keyser와 조지아 어비 매시Georgia Irby-Massie, 탁월한 편집 기술을 보여준 줄리아 드그라프Julia DeGraf에게 특별한 감사를 전한다.

마지막으로 내 소중한 인생의 동반자, 엘레인Elaine에게 감사하고 싶다. 아내는 '남편의 책이 출판될 수 있도록' 매주 금요일마다 빠지지 않고 저녁기도를 바쳤다. 아내의 기도가 하늘에 닿지 않았다면 이 책이 세상에 나올 수 없었을 것이다.

15세기 초, 세종대왕은 백성과 왕실에 봉사하도록 촉망받는 젊은이 한 명을 궁으로 초청했다. 그 청년의 이름은 장영실(蔣英實)로, 한민족의 역사를 통틀어 가장 창의력 넘치는 과학자 가운데 한 사람이었다.

그의 발명품들은 땅처럼 소박하고 별처럼 숭고했다.

장영실은 농업용수를 얼마나 조달해야 할지 결정하기 위해 수위를 측정하는 수표(水標)를 만들었고, 조선 땅 방방곡곡에 떨어진 빗물의 양을 눈금으로 측정하는 측우기(測雨器)를 제작했다.

장영실은 또한 물을 이용해 시간을 측정했다. 그가 만든 물시계(자격루自擊漏)는 커다란 항아리에 물을 담은 장치였다. 물이 항아리 밖으로 쏟아지면 지렛대가 움직이며 수로를 따라 쇠구슬이 굴러갔고 쇠구슬이 작동시킨 나무 인형들은 징과 북을 울리며 시간을 알려주었다.

장영실은 가마솥처럼 생긴 해시계(앙부일구仰釜日晷)를 발명했다. 표면이 오목한 해시계는 계절에 따라 변하는 태양의 위치를 반영했다. 중국 천문학의 영향을 받은 장영실은 하늘의 현상에 매료되어 지구, 태양, 달, 별의 상대적 위치를 기록하는 혼천의(渾

天儀)를 고안했다. 물레방아가 돌아가면 지구본이 회전하며 시간의 경과를 나타냈다.

장영실이 태어나기 2천 년 전, 지구 반대편에서는 다른 사상가들이 이와 유사한 과업을 일궈냈다. 이 사상가들은 바로 고대 그리스인들이었다. 그리스인들은 대자연에 대한 호기심과 그들만의 독창성에 힘입어 세계 최초의 진정한 과학자들로 자리매김했다. 그들의 놀라운 이론과 발견은 현대 과학의 초석을 쌓았다.

장영실은 그리스의 선각자들에 대한 이야기를 들어보지 못했을 것이다. 하지만 그리스인들이 장영실의 업적을 예견할 수 있었다면, 수 세기 전의 자신들처럼 지적 모험의 정신에 이끌린 장영실을 기꺼이 형제로 인정했을 것이다.

지금, 과학의 효시를 탐험하는 장엄한 모험의 세계로 당신을 초대한다.

2012년 8월, 스티븐 버트먼

프 롤 로 그

무엇이 과학의 본질을 이루는가?

객관적 사실 앞에 꼬마 아이처럼 낮춰 앉아라.

모든 선입관을 버리겠다는 각오를 다져라.

어디로 간들, 어떤 나락에 다다른들 겸손한 마음으로 대자연을 따르라.

그렇지 않고서는 아무것도 배울 수 없다.

—토머스 헉슬리 Thomas Huxley—

최상의 결과를 얻기만 한다면 과학을 추구하는 것처럼 보람 있는 일도 없을 것이다. 절대적 진리를 발견한다는 것은 그 무엇과도 비교할 수 없는 유쾌하고도 신비로울 정도의 성취이기 때문이다. 진리의 발견만큼 인류에게 이바지하는 것도 찾기 어렵다.

여기에서 질문을 던져보자. 과학을 정의하는 핵심적인 특징은 과연 무엇일까?

무엇보다도 타협을 거부하는 인본주의와 완전무결한 합리주의를 꼽을 수 있다. 인본주의는 인간이 사물의 근본적인 원인을 밝혀내도록 사물의 본질을 탐구할 권리, 사회의 인습과 종교적 교리에 얽매이지 않을 권리를 누린다는 뜻을 지닌다. 한편, 합리주의는 진리를 찾는 수단이 이미 인간의 손에 있다는 뜻을 담는다. 진리는 계시가 아닌 이성을 통해 찾을 수 있기 때문인데, 이성이란 무지와 편견, 미신 같은 인간의 어두운 구석에 한 줄기 빛을 비춰주는 타고난 능력이다. 이 과학이 나아가는 길에서 권위주의는 피하기 어려운 장애물이다. 사람뿐 아니라 그 무엇에도 고결한 겉치레를 덧씌우는 권위주의는 의문을 품는 마음과 그 마음이 꿈꾸는 목표 사이에 독단적인 의견을 들이민다.

합리주의를 불사르는 힘은 바로 호기심이다. 호기심이란 무엇보다도 '왜'라는 의문을 던지고 싶은 순수한 마음이다. 호기심이 있는 과학자는 진리를 찾아 끈기 있게 인내하리라는 변치 않는 다짐과 함께 성숙하고 단호한 마음가짐으로 가볍고 손쉬운 답변에 안주하기를 거부하며 중심을 지켜야 한다. 따라서 과학자는 때때로 상처를 입더라도 실망, 좌절, 실패에 굴하지 않는 영웅적인 개인주의로 살아가야 할 때도 있다. 끊임없이 자신을 비판하는 능력을 갖춰 자부심을 확실성으로 착각하는 실수를 범하지 않는 것 또한 호기심 있는 과학자의 역할이다. 마지막으로 과학 연구가 얻고자 하는 답은 수치를 나타내는 용어로 서술되는 경우가 많으므로 과학자는 항상 정밀함과 정확성에 몰두해야 한다.

과학은 기술이라는 적극적인 동반자와 더불어 현대 문명을 낳은 가장 강력한 원동력이다. 그렇지만 과학의 뿌리는 고대로 거슬러 올라간다. 과학의 아버지들은 과학 분야를 가리키는 명칭에 자신들의 자취를 남겼다. '물리학'에서 '생물학', '역학'에서 '심리학'에 이르기까지, 과학에 쓰이는 용어들은 그리스인으로부터 유래했다. 그러나 그리스인이 물려준 것은 단지 용어만이 아니다. 우리는 그들에게서 대자연을 이해하고 그 안에서 제자리를 찾으려는 인간의 목마른 탐구정신을 물려받았다.

곧 알게 되겠지만, 과학은 고대 그리스에서 비롯되었다. 그리스 문명이 표방하는 인본주의, 합리주의, 호기심, 개인주의, 탁월함을 추구하는 정신, 자유를 사랑하는 정신과 같은 이른바 함축 원리seminal principle가 과학 자체의 본질과 특별히 통하는 면이 있었기 때문이리라.

목차 |

감사의 글
한국어판 서문
프롤로그: 무엇이 과학의 본질을 이루는가?

제 1 부 과학의 탄생

제 1장 과학을 시작한 사람들은 누구인가 19
열쇠를 손에 쥔 사람들 21

제 2장 과학의 탄생, 그 이전의 과학 27
선사시대 29
고대 이집트 32
고대 메소포타미아 46
고대 이스라엘 58

제 2 부 그리스인, 과학을 시작하다

외부 세계 72

제 3장 광학 75
시각의 본질 81
반사의 수수께끼 85
타는 유리 96
유클리드의 제5 명제 98
파르테논 신전의 비밀 101
아르키메데스의 유산 105

제 4장 음향학 109
대장장이의 해머 111
극장의 과학 116
에피다우루의 미스터리 119
소리의 시대 122

제 5장 기계학 123
올림픽의 아리스토텔레스 127
전쟁의 엔진 132
기계에서 나온 신 135
경이로운 기계장치의 박물관 137
끌림의 힘 150

제 6장 화학 155
지혜를 사랑하는 사람 158
지중해의 씽크탱크 161
사막의 실험실 163
황금의 레시피 164
골드러시 167
유레카 169
유대 여자 마리아 171
연금술사의 후계자들 174

제 7장 지리학과 지질학 177
고대의 선원들 179
이야기꾼 187
가장 완벽한 형태 190
언덕 위의 조개껍데기 193
지도 제작자 195
에라스토테네스의 계산 197
끝나지 않은 위대한 여행 199

제 8장 기상학 201
바람의 보관자 203
그리스 농부의 일지 204
하늘 높이 있는 것에 관한 연구 205
날씨로 철학하는 법 207
바람의 탑 209

제 9장 천문학 211
서사적인 하늘 213
우주의 설계자 217
이오니아의 반란 218
가장 오래된 컴퓨터 230
우주의 백과사전 232

내부 세계 239

제10장 생물학 239
연구의 장애물 241
인체의 아름다움 244
새와 벌 249
비밀 정원 254
깨어진 금기 258

제11장 의학 263
전쟁 속의 의사들 265
치유의 신 269
유머와 건강의 상관관계 274
히포크라테스의 선서 275
죽어가는 사람들에 대한 보고서 281

제12장 심리학 289
심리학의 맹아 291
환자를 치료하는 극장 295
사랑의 과학 302
술에 취한 켄타우루스 306
몽상가의 땅 308
동굴의 죄수 309
영혼의 삼위일체 311

제 3 부 과학이 살아남는 법

제13장 과학을 지킨 로마인들 317
문명 전쟁 319
로마인의 리얼리즘 322
백과사전 편집자 328

제14장 현대 과학으로의 여정 337
도서관의 제국 339
비틀거리는 로마 342
잃어버린 세계의 지혜 343

이슬람의 축복 348
짓밟힌 유산 350
아르키메데스의 고문서 352
인본주의의 등불 355

제 4 부 또 다른 문명에서 잉태된 과학들

제15장 마야 문명, 태양의 제국의 짓다 361
정글의 폐허 속에서 363
시간의 기록 366
유카탄 반도의 천문학자들 370
신들의 고향 372

제16장 스톤헨지, 거석에 숨겨진 과학 375
거인 나라의 도미노 377
유일한 목격자 382

제17장 고대 중국, 질주를 멈춘 과학의 기차 387
우주의 이야기 389
붉은 옷의 귀부인 390
무덤에서 나온 보물 396
왕의 장난감 401
만리장성 너머 402

에필로그: "미지의 세계" 406
역자 후기 412
참고문헌 417

제1부

과학의 탄생

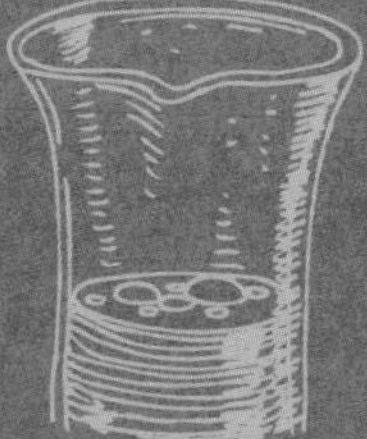

제1장

과학을 시작한 사람들은 누구인가

…지금의 우리는 우리로다.

영웅의 가슴에 깃든 한결같은 기백,

시간과 운명이 갉아먹어도, 의지는 꿋꿋하다.

분투하고, 추구하고, 발견하고, 굴복하지 않으리니."

—알프레드 테니슨Alfred Tennyson,《율리시즈Ulysses》中—

열쇠를 손에 쥔 사람들

과학이란 물리적 우주와 우주 안의 생명체를 체계적으로 조사하는 학문이다. 이러한 과학은 왜 수많은 다른 문명을 제쳐놓고 그리스 문명에서 태동했을까? 왜 하필이면 그리스 문명일까?

남다른 의미가 있는 이 질문이 바로 책의 핵심을 이루는 내용이다. 이면에 존재하는 통합된 본질을 탐구하지 않고 파편화된 발견을 모으는 데 안주했다면, '무엇을'이나 '어떻게'라는 질문에 갇혀 '왜'라는 질문에 다가서기 어려웠을 것이다.

프랑스 생물학자 루이 파스퇴르Louis Pasteur는 이렇게 말했다. "탐구에서 기회란 준비된 사람만이 누릴 수 있다." 이 말의 핵심은 마음의 준비를 한 사람만이 황무지에 놓인 사물의 참된 의미를 깨달을 수 있다는 것이다. 준비하지 못한 사람들은 일상적인 관심사에만 정신이 팔려 현실이라는 이름의 껍데기 밑에 숨겨진 가능성을 무심히 지나치거나, 아예 신경조차 쓰지 못한다. 따라서 진리를 깨닫는다는 것은 아름다움을 인식하는 것과 마찬가지로 이를 접하는 사람의 눈에 달려 있다. 진리가 주관적이어서가 아니라, 진리를 간과하는 편이 더 쉽기 때문이다. 선조와는 달리 고대 그리스인은 이러한 진리를 최초로 깨달았고, 더 열정적이고 비판적인 자세로 주변 세상을 관찰했다.

과연 그리스인들은 어떤 점이 다르기에 인류가 수천 년간 빠뜨려왔던 것을 알아보고 찾을 수 있었을까?

분명 그리스 땅은 천재들의 고향이 되기에는 자격 미달이다. 땅은 바위투성이에 척박하고, 문명이 태동한 인근 동방국가처럼 물이 넘쳐흐르지도 않았다. 영토가 섬으로 흩어져 있거나 산으로 나뉜 탓에, 어떻게 보면 역사에 종합적이고도 결정적인 자취를 남기기가 불가능했을 것처럼 보인다. 하지만 그들은 기적을 이뤘다. 그리스인들이 남긴 문학과 미술을 냉정하게 살펴보면 고대 그리스인의 정체성을 형성한 그들만의 특성을 재구성할 수 있다. 이러한 분석을 바탕으로 근대 세계의 윤곽을 형성한 과학적 사고방식이 그들의 민족성에서 어떻게 유래했는지를 밝힐 수 있다.

고대 그리스인의 특성 가운데 으뜸은 지적 능력에 의지해 문제를 풀고 해답을 찾는 '합리주의'다. 그리스인들은 신에게 기도하며 바깥에서 도움을 구하기보다는, 지성이야말로 목표를 성취하는 최적의 도구라고 확신했고 내면으로 고집스럽게 눈을 돌려 두뇌를 활용했다. 변화무쌍한 신들의 힘을 과소평가한 것은 아니지만, 그들은 복잡한 우주를 지성에 부합하는 근본적인 질서의 표현이라는 관점에서 바라보았다. 우주를 자물쇠에 비유한다면, 지성은 이 자물쇠를 여는 열쇠였다. 철학자들이 이러한 사고체계의 선두에 있었다. 어원에서 드러나듯 철학자는 '지혜로운 사람'이라기보다는 '지혜를 사랑하는 사람'이다. 실제로 고대 그리스에서 가장 먼저 등장한 철학자들은 진리를 이성적으로 추구하는 데 매진했다.

philosopher(철학자)라는 말은 고향으로 돌아온 피타고라스를 따르게 된 사람들이 그를 일컬어 현자라고 하자 피타고라스가 겸손해하며 자신을 'sophia(지혜)를 philo(사랑)하는 er(자)'라고 말한 것에서 유래한다.

그리스인들은 이성적인 '귀' 덕분에 가장 먼저 우주의 언어를 들을 수 있었는데, 그 언어란 바로 수학이었다. 수학이란 특정한 사물을 단순히 측정하거나 계산하는 수준을 넘어 만물의 현상이 과거, 현재, 미래에 걸쳐 변함없이 따르는 불변의 법칙이다. 우주가 말하는 시공간의 언어를 터득하는 과정에서 그리스인들은 대자연의 가장 근본적인 원리에 접근할 수 있었다.

그림 1
이탈리아 스페를로냐 티베리우스 동굴(Sperlonga, Grotto of Tiberius)에서 발견된 오디세우스 상.

그리스의 철학자들은 이러한 지식을 일상생활에 적용하기를 꺼리지는 않았다. 하지만 그들은 종종 이성의 추상적인 완전무결함에 매료되어 실생활에 적용 가능한 것보다는 이론의 전개를 선호했다.

그리스인의 합리주의는 인간의 잠재력에 대한 자부심과 신뢰를 의미하는 인본주의와 결합했다. 이 자부심의 일정 부분은 살아남으려는 투쟁에 성공하면서 생겨났지만, 대부분은 신조차 가져본 적 없는 경험을 인간은 가졌다는 확고한 신념에서 비롯되었다. 그 경험은 무엇이었을까? 그것은 험난한 역경을 딛고 모든 걸 감수하며 쟁취한 승리의 희열이었다. 이러한 희열은 연약한 인간의 삶, 유한한 인간의 힘으로 말미암은 필멸(必滅)의 존재에게만 허락된 것이었다. 전지전능한 올림포스의 신들은 불멸의 존재였기에 이러한 희열을 느낄 수 없었다. 오직 인간만이 삶을 누리고 죽음을 맞이할 수 있었기 때문이다. 신이 되느냐 인간으로 남느냐는 선택의 기로에 섰던 영웅 오디세우스도 언젠가는 죽는다는 사실을 알면서도 인간으로 남기를 선택하지 않았는가.그림1

그리스인들의 삶에 대한 열정은 앞서 가고자 했던 강박관념에서 비롯되었다. 삶이 덧없다는 사실을 안 그들은 영원히 기억될 수 있는 '흔적'을 남겨 불멸을 추구하려 했다. 영웅 아킬레스가 트로이의 전쟁터에서 젊은 나이에 죽기를 주저하지 않았던 이유도 미래의 후손들에게 자신의 이름을 영원히 남길 수 있기 때문이었다. 전쟁이나 올림픽 경기에서 돋보이는 것 말고도, 그리스인들은 다양한 분야에서 최고를 추구했다. 문학과 미술에서 후세에 길이 남을 걸작을 만들고, 절대 물러서지 않는 자세로 토론에 임해 새로운 지식을 발견했다. 그들이 쏟은 세밀함과 완벽에 대한 끊임없는 열정은 예술과 과학을 연구하는 데 필수적인 '정밀함'에 도움이 됐다.

그들의 또 다른 특성은 부단한 호기심, 말하자면 사람과 세상을 이해하고 싶은 끝없는 갈망이었다. 그리스인들은 이러한 성향 덕에 세계 최고의 과학자가 되었을 뿐 아니라 다른 분야에서도 훌륭한 업적을 이룰 수 있었다. 예컨대 그리스 문명의 또 다른 산물인 연극에서는 사람이 하는 행위의 동기와 결과를 이해하는 탐구정신을 엿볼 수 있다. 역사학 역시 그리스 문명의 획기적인 산물이다. 넓은 의미의 역사학은 사람의 행위에 담긴 의미를 관찰하는 것이다. 실제로 그리스어로 역사란 '연구'라는 뜻이다.

역사(history)의 어원은 그리스어 '이스토리아(istoria)'로 연구, 탐구란 뜻이다.

'과학에서 모든 사실은 아무리 사소하거나 진부할지라도 민주주의에 기초한 평등을 향유한다.'라는 비평가 메리 매카시Mary McCarthy의 말에서 드러나듯이, 민주주의 또한 그리스 문명의 산물이다.

이와 같은 국민성은 자유와 개인주의를 열렬히 사랑했기에 자리 잡을 수 있었다. 또한 이 국민성으로 말미암은 자유로운 사상과 무한한 상상력이 과학을 존재케 했다. 용감무쌍한 개인주의가 아니었다면 어리석은 인습의 굴레에서 벗어날 수 없었을 것이다. 그리스인들은 이 뚜렷한 국민성으로 고대 원시문명에서 벗어날 수 있었다.

제 2 장

과학의 탄생, 그 이전의 과학

선사시대

석기 시대는 인류 역사를 통틀어 가장 길었던 기간이지만, 문자가 없었던 탓에 글로 기록된 자료를 확인하기가 불가능하다. 이처럼 역사가 기록되기 전의 선사시대는 말이 없는 석기, 화석으로 변한 뼈, 꼬리표 없는 예술작품으로만 확인할 수 있을 뿐이다.

선사시대는 250만 년 전, 지구에 인간의 선조가 처음 등장하면서 시작되어 기원전 10만 년 전 호모 사피엔스가 출현할 때까지 지속하였다. 이러한 태곳적 시절에도 인류가 과학적인 수단을 이용했다는 증거는 충분히 찾을 수 있다.

선사시대의 사람들의 주된 관심사는 생존이었다. 수렵, 어로, 채집을 통해 먹거리를 조달했던 당시의 인류는 생존을 위해 동물의 주거지, 습성, 생활 주기, 이동 패턴 등을 꼼꼼히 관찰했다. 또한 어떤 식물이 영양 가치가 높고, 치료 효과가 있고, 해로운 영향을 미치는지에 관한 자료를 철저히 수집했다. 그들은 습득한 지식을 글로 남길 수 없었으므로 모든 지식을 머리로 기억하면서 후세에게 빈틈없이 말로 전달해야 했다.

빙하기가 도래했을 때 인류는 생존을 위해 오직 인간의 힘으로

그림 2
구석기 시대의 석기. 구석기 시대에는 주로 뗀석기를 사용했는데 그 종류로는 주먹도끼, 찍개, 긁개 등이 있다.

따뜻한 환경을 만들어야 했다. 고대인은 우연히 발견한 불의 효용(열을 발생시키고, 짐승을 쫓고, 음식을 소화하기 쉽고 맛나게 만드는)을 하나씩 알게 되면서 마음대로 불을 지피고, 불씨를 보존하는 방법을 찾아냈다.

또한 수많은 시행착오를 거쳐 돌을 부딪치거나 압력을 가해 날카로운 모서리와 박편과 같은 도구를 만드는 방법을 습득했다.그림 2 이후 그들은 훨씬 잘 드는 날을 만들게 되면서 공기 역학적으로 제작된 나무 손잡이에 날을 붙여 일종의 탄도미사일을 만들 수 있다는 사실을 깨달았고 마침내 아틀라틀atlatl을 고안했다. 아틀라틀은 기다란 나무 막대기로 조립한 아주 간단한 장치로 창을 발사하는 용도로 쓰였다. 이 나무 막대기에는 창의 밑동을 지탱할 수 있도록 끝자락에 굄목을 대었다. 사냥꾼이 팔을 길게 뻗치는 것처럼 아틀라틀은 창의 사정거리, 속도, 파괴력을 향상시켜 사냥에 성공할 확률을 비약적으로 높였고 이러한 기술의 혁신은 활과 화살을 탄생시켰다.

거친 자연환경에 맞서야 했던 선사시대의 예술가들은 자연에 대한 공포와 경외심에 사로잡혀 동굴의 벽에 사냥꾼 무리와 사냥감으로 삼았던 힘센 짐승들의 벽화를 그렸다. 호모 사피엔스의 초기 조상이 그린 이 그림을 보면 그들의 해부학적 안목이 뛰어났다는 사실을 알 수 있다. 그림을 그리는 데 쓰인 도료는 다름 아닌 흙이었다. 그들은 흙에서 발견한 오커ocher(산화철)로 노란색, 붉은색, 갈색을 칠했고, 망간 단괴는 보라색, 불을 피우고 남은 숯은 검은색을 칠하는 데 사용했다. 그들은 이러한 재료를 동물의 지방질이나 달걀 흰자위와 섞어서 손가락, 깃털, 잔가지를 이용해 그리거나 속이 빈 나뭇가지를 빨대처럼 불어 벽면에 뿌렸다. 벽에 한 두 번씩 남겼던 손자국 말고는 구석기 시대의 사냥꾼들은 자신들의 흔적을 거의 남기지 않았다. 아마도 적대적인 환경에 비추어 자신들을 한없이 작은 존재라고 느꼈기 때문이리라. 죽음이라는 가공할 현실과 피범벅 상태로 태어나는 출생의 비밀은 원시인들의 마음을 사로잡았고 그 결과 여성이 가진 출산 능력을 찬양하기에 이르렀다.

기원전 1만 년 전, 세계 곳곳에서 곡식을 재배하고 가축을 기르면서 '신석기 문명'이 태동했다. 농사를 짓는 촌락이 발달하고 인구가 늘어나면서, 인류는 생존하고 적응하기 위한 새로운 기술을 터득했다.

기원전 3000년경, 문명은 서유럽을 건넜다. 이는 영국 남부에 있는 스톤헨지Stonehenge 거석에서 뚜렷이 드러난다. 스톤헨지 거석은 웅장한 돌덩이를 거대한 원형으로 배열한 구조물로 하지와 동지를 예측하고 표시하며 농사력의 계절 변화를 기념했다.

고대 이집트

기원전 3500년에서 3000년 사이, 인구가 번성한 일부 지역에 신석기 혁명의 씨앗이 뿌려졌다. 이 지역은 대부분 토지가 비옥하고 촉촉한 곳이어서 곧 농작물과 가축이 넘쳐났다. 이집트는 이러한 보기 드문 지역 가운데 하나였다.

고대 그리스의 여행가 헤로도토스Herodotus는 고대 이집트를 '나일 강의 선물'이라 불렀는데, 이는 나일 강의 축복 없이는 이집트란 나라가 존재하지 못했을 것이란 의미였다. 실제로 나일 강은 충분한 물을 공급해 줄 뿐 아니라, 토지의 생산성을 주기적으로 개선해 메마른 사막을 농사의 천국으로 바꿔주었다.

헤로도토스

기원전 5세기경 그리스 역사가로 키케로가 '역사의 아버지'라 부른 데서 그의 별칭이 유래되었다. 헤로도토스는 소아시아의 매우 부유한 집안에서 태어나 높은 교육을 받았으나 정치 싸움으로 고향에서 쫓겨난 뒤 세계 여행길에 올랐다. 그는 날카로운 눈과 지성을 발휘해 세계의 동물군, 식물군, 변화무쌍한 대지의 물리적 특징을 묘사했다. 여행하면서 들은 진기한 이야기를 들려주는 한편 날카로운 비판적 시각을 보여주었다.

매년 7월 새벽녘, 시리우스 별이 지평선에 나타날 즈음, 나일 강은 수천 킬로미터 떨어진 남쪽에서부터 눈이 녹은 물로 서서히 차오르기 시작했다. 8월이 되면 수위가 최고조에 달해 범람이 시작되었고 곧 농토가 침수되었다. 9월이 되면 물이 빠졌다. 범람으로 밀려 들어온 새로운 토사층은 기존에 있던 토지를 덮었고 농지는 비옥해졌다. 이집트의 천문학자들은 동쪽 하늘에 뜬 별을 자세히 관찰해 홍수가 임박했는지 예측했고 강의 상류에서는 제사장들이 측심기를 이용해 물이 차오르는 정도를 측정했다.

즐거운 기대를 품은 사람들에게 나일 강은 단지 대자연이 완비한 시설만이 아니었다. 그들에게 나일 강은 자비로운 신과 같은 존재였다.

이집트의 농부들은 저수지를 파고 관개시설을 발명하면서 농작물에 물을 줄 수 있었다. 강에서 물을 끌어올리고 그 끌어올린 물을 수로에 담기 위해서 고대 이집트인들은 노동력을 절약할 수 있는 일종의 기계장치를 발명했는데, 아라비아 말로 이를 샤두프 shaduf라 불렀다. 그림 3

지렛대의 원리를 이용한 샤두프는 받침점으로 작용하는 높은 말뚝 위에 긴 막대를 시소처럼 올려놓은 장치다. 긴 막대의 한쪽 끝

그림 3
이집트 농부들이 나일 강에서 샤두프를 이용해 물을 푸고 있는 모습.
출처《고대 이집트의 삶(Life in Ancient Egypt)》, 아돌프 어먼(Adolf Erman), 1894년.

에는 바구니, 다른 쪽 끝에는 평형추가 달려 있다. 농부는 바구니를 아래로 늘어뜨리고 강에 담가 물을 퍼낸 다음, 평형추의 힘을 이용해 물이 담긴 바구니를 들어 올렸다. 농부는 막대를 흔들어 관개 수로에 바구니에 담긴 물을 비우고 다시 바구니를 강에 늘어뜨려 물을 퍼내는 과정을 반복했다. 이집트의 소작농들은 이 샤두프를 아직도 사용하고 있다.

나일 강은 남쪽에서 북쪽으로 흐르고, 반대로 바람은 북쪽에서 남쪽으로 불었으므로 운송이 편리했다. 강을 이용하면 손쉽게 교역할 수 있다는 것을 깨달은 고대 이집트인들은 세계 최초로 돛단배를 개발해냈다. 돛을 내리면 지중해를 향해 북쪽으로 항해할 수 있었고, 돛을 올리면 남쪽으로 다시 내려갈 수 있었다. 나일 강은 운송의 통로 역할을 담당했을 뿐만 아니라 지리적으로도 사막을 동서로 가로막아 침입자들을 방어하고, 강변을 따라 공동체를 통합해 세계 최초의 국가 형성을 가능케 했다.

계절에 따라 규칙적으로 변하는 나일 강과 달리 항상 변치 않는 모습으로 사람들을 보호해주는 사막은 이집트인의 의식에 영원과 의존의 관념을 불어넣었다. 이집트인들의 안전에 대한 관념은 강과 사막 이외에도 생명의 씨앗인 햇빛을 끝없이 쏟아내는 태양을 보면서 한층 굳세졌다. 태양에 정신적인 의미를 부여한 천문학자들과 제사장들은 세계 최초의 태양력을 고안했다. 그들은 보이지 않는 거대하고 성스러운 풍뎅이가 태양을 굴리고 지나가거나, 신성한 배가 태양을 싣고 하늘을 항해한다고 생각했다.

태양신 라Ra가 서쪽에서는 죽을지 몰라도 동쪽에서 부활해 끊임없이 생명의 순환을 유지한다는 것을 본 고대 이집트인에게는 불멸이라는 관념이 친숙하게 자리 잡았다. 아마도 태양과 마찬가지로 그들 또한 진정으로 죽지 않고 어떻게든 다른 세계에서 환생할 것이라고 유추했을 것이다.

역설적이지만 이러한 형이상학적인 추론은 생명체를 찾아보기 어려운 사막에서 비롯되었다. 고대 이집트인들은 뜨거운 모래밭에 누운 시체가 사막에서 탈수 과정을 겪은 뒤 살이 그대로 보존되어 몇 세기에 걸쳐 원래의 외관을 유지하는 것을 목도했다. 이집트인들은 육체가 사라지지 않는다면 육체에 깃드는 정신 또한 영원할 것이라고 낙관했다. 이 때문에 그들은 사후에도 활용할 수 있다는 믿음으로 사랑하는 사람을 묻을 때 생전의 소장품과 함께 묻었다.

모든 문명에서는 아무리 종교적이더라도 경건한 일에 탐욕이 따르기 마련이다. 당시에는 장례식에서조차 도둑들이 근처 모래 언덕에 숨어 있다가 마칠 때를 기다려 무덤을 파헤치고 보물을 훔쳐갈 기회를 노렸다. 무덤이 약탈당한 광경을 목격하고 가슴이 무너진 가족들은 저승에서 행복한 삶을 안전하게 누릴 수 있도록 시신을 다시 묻었다. 그들은 도둑들의 접근을 막기 위해 무덤을 더 깊이 파야 했다.

하지만 인간의 탐욕은 끝이 없어 아무리 무덤을 깊게 파도 곧 도굴되거나, 그렇지 않더라도 세월이 흘러 도굴되는 경우가 태반이었다. 죽은 자는 그제야 가족들과 마지막으로 완전한 작별을 하는 꼴이었다. 죽은 자의 가족들은 도둑맞은 흔적을 복구하려 무덤을 다시 찾았을 때 무덤에 있는 시신이 부패한 것을 보고서 두려움에 떨었다. 정신의 여행에 없어서는 안 될 정신을 담는 그릇이 더 이상 완전하지 못하다고 생각했기 때문이다. 평평한 무덤은 태양의 열기로 살을 보존할 수 있었지만, 깊은 무덤은 시신을 더 잘 보호하기는커녕 모래 밑 땅으로 습기가 스며들어 부패하기 쉬웠다.

어쩔 줄을 몰라 우왕좌왕한 고대 이집트인들은 화학에 의존해 딜레마를 해결했다. 이집트 지역의 토양은 모래가 많아 보존력이 뛰어난 여러 가지 화학적 혼합물이 풍부했다. 고대 이집트인들은 염화나트륨(소금), 탄산나트륨, 중탄산나트륨, 황산나트륨과 같이 여러 종류의 혼합물을 사용했다. 이집트학을 연구하는 학자들은 이러한 화학적 혼합물을 뭉뚱그려 천연 탄산소다natron라는 이름을 붙였다.

고대의 장의사들이 썼던 천연 탄산소다에는 세 가지 긍정적 효과가 있었다. 첫째, 강력한 건조제로 쓰여 시체의 습기를 제거하고 부패를 유발하는 박테리아의 활동을 억제했다. 둘째, 강력한 지방분해제로 쓰여 부패를 촉진하는 습한 지방세포를 분해했다.

셋째, 감염을 막는 강력한 항균제로 쓰였다. 이집트인들은 소금을 써서 고기를 보존했던 경험에 따라 천연 탄산소다로 피부를 보존할 수 있다는 이론을 세웠다.

이집트인들이 뜨거운 기후환경에서 시체를 부패하지 않도록 처리할 수 있었던 것은 오직 탄산소다 덕택은 아니었다. 물론 탄산소다는 불멸의 삶을 누리기 위한 핵심적인 성분이긴 했다. 하지만 이집트인들은 천연 탄산소다를 사용하기 전부터 아주 정교하게 시신을 처리하는 방법을 알았다. 미라를 만드는 이 기술은 철저한 보안 하에 수행되는 비밀스러운 의식이었다. 하지만 유명한 그리스의 역사가(우리의 그리스 친구) 헤로도토스는 친하게 지내던 제사장들로부터 비밀의 일부를 알아낼 수 있었다. 이러한 비밀들이 한데 모여 영원불멸의 삶을 추구하는 과학의 토대를 쌓았다. 헤로도토스는 세 가지 방부처리 기술을 언급했는데, 죽은 자의 주머니 사정에 따라 쓰는 기술은 달라졌다.

이 가운데 가장 정교한 기술을 쓰려면 일종의 해부과정을 거쳐야 했다. 우선 모든 장기와 내장을 제거해 시신의 습기를 뺐다. 뇌 역시 들어내 버렸는데, 현재의 우리로서는 사뭇 역설적인 행위로 보이지만 당시 이집트인들은 뇌의 정신 작용을 이해하지 못했다. 그들은 생각과 감정을 관장하는 기관이 뇌가 아니라 심장이라고 생각해 시신에 반드시 심장을 남겨두었다. 간, 폐, 위장과 같은 다른 장기들은 시신에서 제거한 뒤 탄산소다로 처리한 다음, 관속에

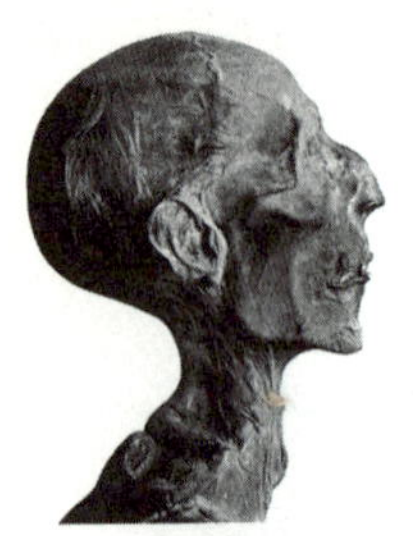

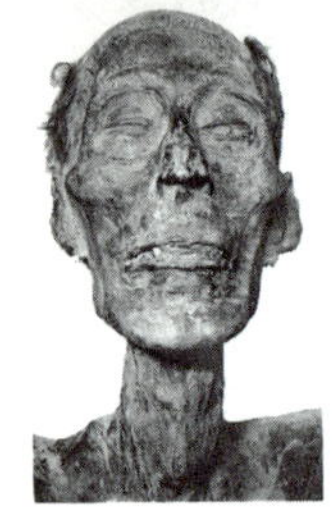

그림 4
람세스 2세 미라의 머리 부분.

보관하거나 몸 안에 다시 집어넣었다. 장기를 제거한 시신을 천연 탄산소다로 채운 다음, 바깥에 마련한 천연 탄산소다 광석 더미 아래에 놓고 햇볕을 쬐게 하여 남은 모든 습기를 제거했다. 35일이 지나면 시신을 깨끗이 닦고 옷가지나 톱밥으로 안을 채워 살아있는 사람처럼 보이게 만들었다. 갈랐던 배를 봉합하고 피부에는 수입산 시더유cedar oil를 발랐다. 부패를 막는 마지막 보루로 몸 전체를 아마(亞麻) 섬유층으로 몇 겹씩 칭칭 동여맨 다음 송진을 녹여 몸 전체에 덮어씌웠다.(이는 아라비아어로 머미아mummia라고 하는데, 이 말에서 단어 '미라'가 유래했다.그림4) 이 절차는 오늘날 새 차에 쓰이는 녹 방지 언더코팅과 다르지 않다. 고대 이집트인들은 꼼꼼히 칠한 관에 튼튼한 보호장치를 설치한 다음, 그 안에 미라를 넣었다. 마지막으로 처리를 끝낸 인체를 석관과 무덤에 안치하기 전에 기도를 바치고 주문을 외웠다. 고대 이집트 종교에서는 인체를 영혼의 마지막 안식처로 생각했기에 정교한 해부와 처리를 거쳐 보존해야 했고, 이 덕에 이집트인들은 다른 어느 고대 문명보다도 인체의 장기와 구조에 대한 풍부한 지식을 갖추게 되었다. 물론 뇌를 없앤 사례에서 드러나듯, 이집트인들은 특정 장기의 정확한 기능은 알지 못했다. 하지만 외과적으로 쌓은 경험과 약리학에 대한 전문적 지식으로 이집트인들은 그리스인들이 등장하기 전까지 고대 지중해 문화에서 의학의 달인으로 통했다.

이집트 의학에 대한 비밀은 고대의 의학 교과서와 미라를 연구하면서 밝혀졌다. 미라는 박물관에 소장되어 있지만 미라 그 자체를 박물관에 비유할 수 있을 정도로 무한한 생물학적 지식의 보고다. 오늘날 미라는 고생물 병리학의 연구 대상으로 자리매김했는데, 고생물 병리학이란 해부와 조직 연구를 주로 이용해 고대의 질병을 연구하는 최신 학문이다. 이집트 미라를 연구한 학자들은 이집트인들이 여러 가지 질병을 앓았다는 사실을 알아냈다. 동맥경화, 고혈압성 신장 질환, 심장마비로 생긴 흉터, 터진 고막, 썩은 치아 및 기관지염, 폐렴, 탄분증(환기가 잘 안 되는 곳에서 연기를 마실 때 생김), 규폐증(모래바람을 들이마셔서 생김), 극심한 맹장염, 담석, 신장결석, 서혜부탈장, 직장탈출증, 통풍, 장내 기생충, 욕창, 관절염, 디스크, 척추 골절, 척추 류머티즘, 난소암, 골수암 등이 그 실례다. 이집트에서 발견된 고대 처방전의 대부분은 눈병에 관한 것이었다. 눈병은 지금도 이집트에서 흔한 질병이다. 유사한 병원균은 유사한 환경에서 살아남기 쉽기 때문이다.

치아 역시 큰 문제였다. 놀랍게도 이집트인들의 치아 문제는 충치가 아니었다. 이집트인들은 달고 끈적거리는 음식을 잘 먹지 않았다. 문제는 치아의 법랑질 표면이 닳아 없어지는 것이었는데, 음식을 씹을 때 모래바람이 음식에 섞여 치아가 갈려 사라진 것이 주요 원인이라고 추정한다.

고대 이집트의 치료사들은 자신들에게 맞는 치료법을 갖고 있었다. 그들은 두 가지 방식으로 질병에 접근했다. 머리를 맞는다거나 다른 상처가 생긴 것처럼 원인이 명백한 질환은 실용적이고 체계적인 처방을 썼다. 이유가 불확실한 질환, 죽은 자의 저주나 신의 분노처럼 미스터리한 원인이 있는 것처럼 보이는 질환에는 정신적인 처방을 썼다. 마술을 부르는 주문을 외워 성난 영혼을 위로하거나 성난 영혼을 쫓기 위해 맛이 쓴 묘약을 쓰기도 했다.

실용적인 방법을 더 확실히 하기 위해 주문을 외우는 경우도 있었다. 정신적인 처방을 받는 환자들은 휴식을 취하면서 믿음의 힘으로 건강을 회복하도록 사원에 부속한 '지속적인 의료' 시설로 보내졌다.

이집트인들이 남긴 의학 교과서를 보면 이집트인들이 의학에 과학적으로 접근했다는 것을 확실히 알 수 있다. 파피루스에 쓰인 고대 이집트의 의학 교과서는 역사적으로 남아있는 최초의 의학 논문이며, 세계에서 가장 오래된 의학용어가 등장한다. 이집트 임상 내과의들의 전유물이라 추정되는 파피루스 두루마리는 고대 이집트의 신왕조 시대New Kingdom of Egypt(투탕카멘 시절 부근)에 쓰였다. 하지만 일부 두루마리는 투탕카멘 시절로부터 수천 년 전, 피라미드가 세워진 당시의 지식까지 담고 있다. 이집트에서 내려오는 이야기로는 이집트 첫 번째 왕조의 파라오였던 제르Djer가 인체 해부학 책을 썼다고 한다. 이집트 최초의 피라미드를 고안한 건축가 임호테프Imhotep는 신이자 의학의 아버지로 숭배되었다.

이 교과서들 가운데 가장 인상적인 작품은 19세기 파피루스를 소장했던 사람의 이름을 딴 에드윈 스미스 의학 파피루스Edwin Smith Medical Papyrus다. 현재 뉴욕 의학 아카데미New York Academy of Medicine에 소장된 이 파피루스는 외과학을 다루는데, 환자를 분류하는 합리적이고 체계적인 기준을 제시한다. 에드윈 스미스 의학 파피루스에서는 여러 질환을 외과적으로 치료할 수 있는 상태, 치료가 가능한 상태, 치료가 불가능한 상태로 나눈 뒤, 질환에 이름을 붙이고 카테고리로 분류한다. 그 후 증상을 설명하고 원인을 진단하며 특정한 처방법을 제안한다. 다른 곳의 무덤 그림을 보면 외과의사가 부목을 덧대고 탈골된 어깨를 맞추고 있는 그림이 있다. 일부 외과 의사는 축 늘어진 유방을 바로잡는 성형수술을 하기도 했다.

에드윈 스미스 의학 파피루스와 같은 문서를 보면 이집트의 의사 집단에는 외과의사뿐 아니라 안과학, 발병학, 피부학, 소화기병학, 부인과학, 치과학 전문가와 같은 각 분야의 전문의가 포함되었다는 사실을 알 수 있다. 하지만 진단을 잘못 내리고 쓸모없는 처방을 내리는 경우가 많았다.(현대의학 역시 마찬가지이지만,

이는 의학이 피하기 어려운 비판이다.)

이집트 내과의사에겐 결정적인 약점이 있었다. 시체를 자주 접했지만, 살아있는 인체가 어떻게 작용하는지는 잘 모른다는 사실이었다. 그들은 맥박을 '심장의 목소리'라고 생각했지만, 순환계의 원리를 이해하지 못하고 동맥, 정맥, 근육, 힘줄, 신경, 도관을 동일한 체계에 속한 같은 '혈관'으로 취급했다. 나아가 머리에 입은 부상이 운동 능력을 상하게 할 수 있다는 사실 말고는 뇌가 신경과 지적능력에 갖는 의미를 깨닫지 못했다.

지금까지 발견된 미라의 입을 관찰한 결과로는 당시 이집트의 치과학에 심각한 한계가 있었던 것으로 보인다. 그저 약한 치아를 단단한 옆 치아에 덧대 금실로 묶은 치료 사례나 마른 농양의 흔적이 미라에서 발견될 뿐이다.

약리학은 어떨까. 창의력이 넘치는 이집트인들은 남이 실패하더라도 나는 성공할 수 있다는 대책 없는 믿음의 소유자였다. 그들은 다양한 동물, 채소, 광물을 이용했다. 의약품은 먹기 좋도록 물, 우유, 맥주, 포도주에 희석하거나 꿀을 넣어 단맛을 섞었고, 국소 처리를 위해 꿀이나 동물지방과 섞기도 했다. 하지만 안타깝게도 처방에 나온 목록이 상형문자로 된 탓에 정확한 의미가 모호하므로 정확히 어떤 성분(특히 약초)을 썼는지 알 수는 없다.

하지만 몇 가지 주목할 만한 예외는 있다. 꿀, 크림, 우유의 혼합물은 목감기와 기침을 다스리는 데 쓰였다. 고인 물에서 자란 페니실린과 유사한 곰팡이는 바깥으로 드러난 상처와 염증에 쓰였다. 어린이들은 이러한 처방을 받아도 효과가 없으면 쥐 한 마리를 통째로 삼켜야 했다.(안타깝게도 고대 이집트 어린이들의 미라를 보면 위에 쪼글쪼글해진 쥐가 들어있다.) 어떤 파피루스에는 피부의 잡티를 제거하는 약제의 조제법과 머리를 빠지지 않게 만드는 레시피, 다양한 종류의 최음제, 심지어는 경쟁자를 대머리로 만드는 주문까지 적혀 있었다. 이집트 의사들은 질병의 세균원인론은 몰랐지만, 페스트균이 전염된다고 생각해 집안의 해충, 벼룩, 파리를 없애는 처방을 제시했다.

질병의 세균원인론(The germ theory of disease)은 박테리아나 기타 미생물(세균)이 질병을 일으킨다는 이론으로 1870년대 루이스 파스퇴르(Louis Pasteur)와 로버트 코흐(Robertt Koch)에 의해 확립되었다.

시신을 정교하게 보존하려면 시신을 영원히 안치할 수 있는 설비를 준비해야 했다. 영원불멸의 삶을 보장하기 위해 반드시 필요한 일이었다. 가장 정교한 설비는 이집트 왕을 위한 피라미드 모양의 무덤이었는데, 미라화Mummification가 간접적으로 생물학 연구와 화학 연구를 촉진한 것과 마찬가지로 피라미드의 설계와 건축은 수학과 천문학의 발전과 나란히 이루어졌다.

이집트 왕들의 무덤, 피라미드는 보석연마와 같이 극도로 정교한 기술로 만든 인공산이라 말할 수 있다. 약 5,000년 전에 만들어진 이 구조물은 이집트인들의 영원함과 영속성에 대한 열망의 기념비적 표현이다. 피라미드의 독특한 삼각 형상을 설명하는 여러 이론 중 가장 단순하고도 설득력 있는 이론은 이 삼각형이 구름을 뚫고 나와 사방으로 퍼진 햇빛을 반사하기 위한 건축상의 설계라는 가설이다. 태양은 눈으로 볼 수 있는 부활의 상징이었기 때문이다.

약 2,600년 전에 세워진 쿠푸Khufu왕의 기자Giza 피라미드는 모든 피라미드 가운데 가장 큰 규모를 자랑한다. 이 기자 피라미드는 유일하게 남아있는 고대 7대 불가사의로 40층 높이에 2톤 반에서 15톤까지 달하는 석회벽돌을 200만 개도 넘게 쌓아 지었다. 특히 외벽의 벽돌은 놀라울 정도로 정교하게 마무리되어 있어 벽돌 사이에 신용카드 한 장도 들어가기 어려울 정도이다.

또 놀라운 것은 당시 바위를 옮길 도르래나 바퀴 달린 탈것이 전혀 없었다는 사실이다. 이집트인들에게는 나무로 만든 단순한 연장밖에 없었고 노동력, 체계화된 조직, 순전한 인내심으로 열악한 장비를 보충했다. 피라미드를 세운 방식에서도 과학의 특징이라 할 수 있는 정밀성이 여실히 드러난다. 그들은 태양이 선사한 불멸의 약속을 일깨우고자 동쪽과 서쪽을 바라보며 피라미드를 쌓았다. 피라미드는 가로 230미터 세로 230미터의 완벽한 정사각형에서 겨우 7인치 모자라며, 남북축은 정북에서 0.1도 정도 틀어졌을 뿐이다.

우주를 동경한 이집트인들은 기자 피라미드를 별과 나란히 세웠다. 천문학자를 겸한 제사장들은 주극성을 눈으로 확인하거나 하늘을 가로지르는 별의 경로를 따라 정북 방향을 알아내고, 피라미드의 축을 표시하는 데 이용했다. 피라미드 안에 숨겨진 좁은 통로는 고대의 북극성(알파 드라코니스Alpha Draconis)을 가리키며 세상을 떠난 파라오의 영혼에게 우주의 여정을 알려준다고 믿었다. 한편, 또 다른 내부 통로는 남쪽의 오리온성단을 가리켰다. 이집트인들은 오리온성단을 보며 부활의 신, 오시리스Osiris를 떠올렸다.

이후 등장한 그리스인들의 추상적인 수학과는 달리 이집트인들의 수학은 땅의 구획을 측정하고, 군대를 먹일 빵의 양을 계산하고, 집을 지을 벽돌 수를 계산하도록 10진법을 사용하면서 시작되었다. 이러한 이집트인들의 수학은 쉽고 실용적이었다. 덧셈과 나눗셈을 수없이 반복하면서 곱셈과 나눗셈의 문제를 해결했고, $\frac{2}{3}$ 기호와 함께 $\frac{1}{4}$이나 $\frac{1}{2}$과 같이 분자가 1인 분수가 쓰였다. 이집트의 필사가들은 간단한 산수 문제와 면적, 부피, 경사를 계산하는(피라미드를 세우는 데 필수적인) 간단한 평면도형, 입체도형 문제를 풀 수 있었다.

그들은 심지어 그리스인들보다 2,000년이나 앞서 대략적인 원주율을 계산할 수 있었다.

고대 이집트인들은 그들의 머리에 든 매우 간단한 방법을 적용하는 동시에 헌신적인 노력을 쏟아 부어 나일 강의 진흙에서 벗어나 별에 닿으려 했다.

고대 메소포타미아

기원전 3500년, 이집트 문명이 태동하기 이전 또 하나의 문명이 고대 이라크에서 태동했다. 그리스 여행자들이 처음 방문한 이후로 고대 이라크는 '강 사이의 땅'을 의미하는 메소포타미아[1]라는 이름이 붙었다. 두 강은 동쪽의 티그리스 강과 서쪽의 유프라테스 강이었는데 이집트의 나일 강과 마찬가지로 티그리스 강과 유프라테스 강은 인구 증가에 용이한 조건을 갖추고 있었다. 신선한 물이 풍부했고 비옥한 충적토로 덮여 농업이 발달할 수 있는 천혜의 조건을 갖추었기 때문이다.

이 지역은 나일 강과 마찬가지로 강과 협곡의 환경이라는 대자연의 축복을 받았지만, 나일 강과는 땅의 물리적 환경이 근본적으로 달랐다. 매년 늘어나는 나일 강의 수위는 예측이 가능해 농장에 새로운 토사를 덮어주었지만, 티그리스 강과 유프라테스 강은 봄

[1] 메소포타미아는 현재 이라크를 중심으로 시리아의 북동부, 이란의 남서부 일대로 세계 4대 문명의 발상지 중 한 곳이다. 흔히 티그리스 강과 유프라테스 강 사이의 지역을 일컬으며 Mesopotamia의 meso는 '사이', potam은 '강'을 뜻한다.

[2] 길가메시(Gilgamesh)는 바빌로니아 문학작품 중 남아있는 대표작 《길가메시 서사시》의 주인공이다. 반신반인으로 전설상의 국가인 우루크의 왕으로 기록되어 있다.

철에 갑작스럽게 범람해 예측이 불가능했다. 막대한 범람은 둑을 따라 늘어진 마을과 도시 전체를 쓸어 버렸다. 실제로 성경에 나온 노아의 방주 설화는 최악의 범람을 다룬 메소포타미아 전설에서 유래한다.

예측 불가능하고 일시적이라는 메소포타미아 환경의 근본적인 두 가지 특징은 사람들의 의식에 비관주의를 불어넣었고 이 비관주의는 계속되는 외세의 침략으로 날로 심해졌다. 평평한 땅이라는 또 다른 환경적인 요소 탓에 제국주의의 야욕에 쉽게 노출되었기 때문이다.

메소포타미아 신들의 성격을 보면 그들이 지배하는 자연세계의 모습이 그대로 드러난다. 그들은 강력하고 변덕스러워 인간에 대한 연민이 거의 없었다. 제물을 바치면 마지못해 축복을 내렸고, 인간은 항상 눈치를 보며 이들의 분노를 달래야 했다. 성경의 창세기는 인간을 신이 만든 우주의 걸작으로 생각했지만 바빌로니아 창조의 서사시에서는 인간이란 흉포한 마둑Marduk 신이 다른 신들에 대한 우위를 드러내는 과정에서 곁다리로 만든 존재에 지나지 않는다고 생각했다.

이와 마찬가지로 영원불멸한 삶의 비밀을 찾아 헤매던 영웅 길가메시[2] 또한 영원불멸의 삶은 신들만의 특혜이며, 인간은 덧없는 삶이 주는 단순한 즐거움에 안주하면 그만이라는 말을 들었을 따름이다.

헤아리기 어려운 대자연과 파괴적인 인간 세상을 살았던 메소포타미아인에게 과학이라는 학문이 자리 잡기는 어려웠으리라. 하지만 그들이 이러한 부정적인 환경을 딛고 과학의 발전에 많은 기여를 했다는 사실을 곧 알게 될 것이다.

메소포타미아인은 주로 이론과학보다는 실용과학에 기여했다. 가장 눈에 띄는 발명품은 농사를 지을 때 노동력을 절약해주는 장치였다. 평원이 티그리스와 유프라테스 강둑을 넘어 저 멀리 뻗어 감에 따라 메소포타미아인들은 작물에 물을 줄 방법을 고안해야 했다. 물이 언덕 아래로 흐른다는 사실을 안 그들은 강에서 평원으로 이르는 운하를 팠다. 하지만 평원에 이르기까지 적절한 경사를 유지하는 것이 과제였다. 경사가 너무 가파르면 물이 운하로 세차게 몰려들어 바닥을 침식했고 작물에 닿지 못할 정도로 수위가 낮아졌다. 반대로 경사가 너무 완만하면 운하에 침전물이 쌓여 물의 흐름을 방해했다.

물을 강에서 끌어와 운하에 천천히 유입시키기 위해 메소포타미아인들은 아라비아에서 샤두프로 알려진 기계장치를 썼다. 이 장치는 오늘날에도 이용된다.(이미 언급한 것처럼, 샤두프는 이집트에서 사용되었고, 현재도 사용 중이다. 어느 문명이 최초로 발명했는지는 알지 못한다.)

받침점에 지렛대를 의지해 힘을 배가시키는 지레의 원리에 따라, 샤두프를 쓰는 농부는 막대의 반대편 끝에 달린 평형추에 의

지해 물이 담긴 바구니를 쉽게 들 수 있었다. 근동 지역에 사는 한 무명의 천재가 이미 아르키메데스 Archimedes("내가 설 곳이 있으면 지구를 움직일 것이다!")가 태어나기 3,000년 전에 지렛대의 핵심원리를 응용한 샤두프를 사용한 것이다. 샤두프를 한꺼번에 여러 개 사용하면 물을 다른 높이로 들어 옮길 수 있었다.

메소포타미아인들은 양동이를 사슬에 이어 만든 체인펌프를 이용해 우물에서 물을 펐다. 물이 담긴 양동이가 꼭대기에 다다르면 저절로 뒤집혀 구유통에 쏟아졌다. 그다음 양동이를 우물로 내리는 과정을 반복했다. 무거운 양동이를 끌어당기는 힘을 절약하기 위해 고대의 발명가들은 도르래를 이용했다. 도르래야말로 고대 이라크의 획기적인 기계였다. 또 다른 메소포타미아인들은 진취성을 발휘해 '씨 뿌리는 쟁기seeder plow'를 발명했다. 중력의 원리를 이용한 이 장비는 농부가 씨를 뿌리려 허리를 굽히는 수고를 덜어주었다. 농부가 쟁기의 손잡이 상단에 있는 깔때기에 씨를 넣으면 씨앗은 쟁기 안의 깔때기를 통해 미끄러져 내려가 쟁기날이 갈아낸 이랑에 바로 떨어졌다.

메소포타미아는 농업의 땅이라기보다는 도시의 땅에 가까웠다. 메소포타미아는 세계 최초의 대도시였

아르키메데스

3세기경 이탈리아 시라쿠사 출신으로 발명가이자 수학자였다. 뉴턴이 등장할 때까지 최고의 과학적 지성으로 자리매김했던 아르키메데스는 기하학과 물리학에서 신기원을 이뤘다. 그는 원주율과 무한의 개념, 크기가 제각기 달라 기존 수학자들이 전부 혼란스러워했던 다양한 도형의 면적과 부피를 측정하는 획기적인 방법을 개발했다. 그는 지레의 원리를 제시했고 욕조 안에서 부력의 원리를 발견했다.

다. 비옥한 땅에 힘입어 부유해진 메소포타미아에는 사람들이 모여들었고 메소포타미아에 모인 천재들은 도시의 삶을 어떻게 개선할 수 있을지 고민했다.

기원전 4000년, 한 이름 없는 건축가가 아치형 구조물이 하중을 지탱하는 장점이 있다는 사실을 깨달았다. 반듯한 기둥과 가로대로 구성된 전통적인 건축 양식과는 달리 아치형 구조물은 하중을 전부 견디지 않고 땅 아래와 바깥쪽으로 분산시켰다.

아치형 설계방식은 압박을 받는 가로대보다 구조적으로 유리했다. 이뿐만 아니라 벽돌 아치는 만들기도 쉬웠는데, 진흙이 흔하고 건축에 적합한 통나무가 드문 땅에서는 이러한 편의성이 매우 중요했다. 속이 꽉 찬 벽과는 달리 재료가 덜 들어갔고 뚫린 공간으로 사람이 드나들 수도 있었다. 아치형 구조물을 잇달아 세우면 견고한 통로로도 쓸 수 있었다.

최초의 벽돌 아치를 세우기 한참 전, 남부 이라크의 질퍽질퍽한 땅 위에 세운 집들은 터널과 비슷한 울타리를 만들기 위해 키가 크고 굵은 갈대를 묶어 구부린 다발을 이용했다. 아치형 구조물을 고안한 사람들은 벽돌을 서로 기댈 수 있도록 비스듬히 깎기만 하면 갈대 대신 이용할 수 있다는 사실을 깨달았다. 추상적인 용어로 설명하면 탄젠트 삼각함수를 연속으로 연이은 곡선을 구현한 것이다. 아치형 구조물을 만들려면 가장 먼저 벽돌 하나하나를 부서뜨리지 않고 쌓을 방법을 알아내야 했다.

해답은 비스듬한 벽돌을 나무틀의 옆면에 더 높게 쌓고, 경사진 주춧돌을 꺽대기에 끼워 제자리에 완벽하게 맞추는 것이었다. 이렇게 하면 발판을 제거해도 중력의 힘으로 무게를 지탱할 수 있었다. 실제로 최초의 아치형 구조물은 응용 물리학이 처음 모습을 드러낸 기념비적 사례였다.

기원전 3500년, 인접한 동방 국가에서는 바퀴를 도자기 제작을 위해 개발했지만 메소포타미아에서는 이를 곧바로 운송에 응용했다. 전쟁의 승리를 기념한 우르Ur 시의 깃발에서 적들의 사지를 베며 전쟁터를 내달리는 사륜전차를 볼 수 있다. 이 광경을 묘사하는 모자이크화는 기원전 3000년 중반으로 거슬러 올라가는데, 이는 바퀴 달린 탈것을 그린 작품 가운데 가장 오래된 것으로 그림에 나오는 사륜전차에는 기수와 창 던지는 사람이 타고 있다. 발굴 결과 고고학자들은 움직이는 발사대에 달린 바퀴를 나무로 만들었다는 사실을 알 수 있었다.

수평막대에 바퀴 두 개를 붙인다는 새로운 발상 덕에 사륜전차는 발명되었다. 회전하는 바퀴의 납작한 표면 위에 가정용 도자기를 놓고 돌렸던 용도에서 더 나아가, 사륜전차의 회전하는 가장자리는 전쟁 기술과 전쟁 과학을 앞당기는 데 쓰였다.

수천 년이 흘러, 이러한 전차는 자동차나 장갑차의 원형으로 탈바꿈한다. 기원전 600년, 바빌로니아의 나보폴라사르Nabopolassar 왕은 유프라테스 강을 더 신속히 가로지르기 위해 115미터 길이의 다리를 놓았다.(그전까지는 배로 건너야 했다.) 당시 사람들의 눈에 이 교각은 엄청나게 커 보였을 것이다. 유체역학적으로 고안된 엄청난 규모의 기둥(너비 8.5미터 길이 20미터)이 교각을 지탱했는데, 급류의 힘을 온전히 받는 상류 쪽은 둥글게 다듬고 하류 쪽은 비행기의 날개처럼 점점 가늘어지게 깎았다. 안타깝게도 기둥이 강 너비의 절반을 차지할 정도로 컸던 탓에 기둥 사이를 흐르는 물의 속도가 빨라져 구조물 주변의 강바닥을 침식했다. 그럼에도 바빌로니아의 거대한 교각은 600년이 넘는 세월 동안 가까스로 자리를 지켜냈다.

기계공학과 물리학의 혁신 말고도 메소포타미아인들이 남긴 도자기나 각종 화학물질을 거르고, 증류하고, 추출하는 기구와 같은 고대 유물을 보면 화학에서도 놀라운 발전을 이뤘다는 사실을 알 수 있다. 산, 석회, 소다, 규산염을 이용해 만든 비누와 그을린 가죽, 염색한 양털, 유약, 유리 같은 제조물에서 그들의 과학과 기술에 대한 노하우를 엿볼 수 있다. 메소포타미아인들이 가장 즐겨 마셨던 음료는 맥주였다. 당시 맥주의 종류가 70종이 넘는다는 사실을 볼 때 그들이 발효의 원리를 정교하게 이해했다는 사실을 알 수 있다.

이라크에서 발굴된 유물 가운데 가장 관심을 끄는 것은 '바그다드 배터리Baghdad Battery'다. 파르티아 왕조(기원전 250년에서 서기 250년 사이)의 바그다드 무덤에서 발견된 이 유물은 한쪽 끝이 봉합된 구리 튜브 잔해를 담은 원뿔꼴 모양의 항아리와 쇠막대, 아스팔트 접착물로 구성되어 있다. 현재까지 가장 설득력 있는 학설은 이 물체가 원시적인 배터리로 기능했다는 이론이다. 쇠막대를 담은 구리 튜브에 산(예컨대 식초)을 채우면, 이 장비는 2주 넘게 0.5볼트의 전류를 생산할 수 있다. 충분한 전류를 만들 수 있을 만큼 선을 감으면 이러한 전지의 연속체는 도금된 구리반지처럼 도금된 금속을 만드는 용도로 쓸 수 있었다. 이 기술은 이라크의 장인이 현재까지도 사용하는 기술이다. 배터리가 발견된 무덤은 선조의 무덤이거나 이 장치를 개발한 발명가의 무덤일 수도 있다. 사후에도 그의 기술을 계속 쓸 수 있도록 발명가와 함께 묻었을지도 모른다.

고대 메소포타미아인들은 화학적 지식을 의학에 적용했다. 실제로 바그다드 배터리에 대한 또 다른 학설 중에는 고통을 완화하기 위해 전기 자극을 이용했을 것이라는 가설이 있다.

메소포타미아의 의학에 관한 자료는 기원전 7세기에 아시리아를 다스리던 아슈르바니팔Ashurbanipal 왕의 도서관에서 찾을 수 있다. 니네베Nineveh의 궁전 잔해에서 발견된 24,000개의 설형문자 점토판에는 250개의 채소로 만든 재료와 120개의 광물질이 의료 용도로 나열되어 있다. 광물질에는 아스트린젠트로 알려진 질산칼륨(초석)이나 소독제로 쓰이는 염화나트륨(소금)이 있었다. 이 광물을 추출하고 정제하기 위한 기술을 보면 고대인들의 화학에 대한 이해가 남달랐다는 사실을 알 수 있다. 심지어 치료 효과를 극대화하기 위해 어떤 시점에 어떤 약초를 채집해야 하는지에 관한 지침마저 있었다. 그들이 사용한 수많은 자연 추출물의 치료 효과는 현대 과학이 입증했다.

설형문자 점토판의 내용을 읽어보면 치료해야 할 질병과 처방법을 꽤 상세히 기술했다는 것을 알 수 있다. 경구용 약제나 연고, 습포제, 흡입제는 물론 눈이나 귀에 방울로 떨어뜨리거나 질이나 페니스에 속이 빈 갈대나 튜브를 넣어 불어넣는 방법도 있었다. 치료법으로 구토제, 관장약, 좌약이나 뜨거운 목욕법도 언급된다. 권장되는 처방의 상당수가 현대 의학의 처방법과 일치한다는 것은 의미가 절대 가볍지 않다.

메소포타미아 의사들은 환자의 체온과 맥박, 반사작용, 피부와 소변 색깔을 관찰했다. 그다음 병세의 진행을 따라 진단을 내리고 적확한 치료법을 결정했다. 설형문자로 된 교과서는 장폐색, 배앓이, 설사와 같은 장 관련 문제부터 만성두통, 간질, 황달, 통풍과 같은 신경계 질환 그리고 머릿니 감염, 몸이 감염, 결핵, 천연두, 발진티푸스와 임질과 같은 성병의 특성과 치료법까지 설명한다. 이 문헌이 질병의 세균원인론을 직접적으로 설명하지는 않지만, 기원전 18세기의 기록을 보면 가까운 사람과 접촉해 생기는 감염의 위험성을 경고한다. 1,000년 후, 메소포타미아의 산파들은 일종의 산모용 '리트머스 종이'를 이용해 임신 여부를 진단했다. 이 리트머스 종이는 식물의 추출물에 담근 일종의 탐폰(원통 모양으로 질에 삽입하는 생리대)으로 질 분비물의 산도 변화에 반응했다.

사악한 영혼이 일부 질병을 일으킨다는 믿음 탓에(메소포타미아인들은 사악한 영혼의 종류가 6천 개나 된다고 믿었다!) 아수asu라 불리는 의사들은 아쉬푸ashipu라 불리는 영적 치료사들과 함께 일했다. 영적 치료사들은 환자에게 문제를 일으킨 악마를 쫓는 임무를 수행했다. 그들은 환자가 어떤 죄를 저질러 영혼을 화나게 했는지 알 수 있도록 도와준 다음, 악마를 쫓는 의식을 치렀다. 이와 같은 질병에 대한 원시적인 단계의 접근 방식은 신체적 건강이 정신적 건강과 관련이 있다는 것 그리고 만약 질병이 근심이나 죄의식에 짓눌려 정신적으로 발생하는 것이라면 질병에는 심리적인 원인이 있을 수 있다는 통찰이었다. 실제로 메소포타미아의 내과의사들은 정신병을 잘 알고, 발기불능의 원인이 심리상태에 기인한다는 이론을 세웠다.

기원전 15세기에 활동한 그리스의 여행가이자 역사학자, 헤로도토스는 고대 메소포타미아 의학의 놀라운 면을 소개했다. 메소포타미아에서는 가족이나 친척이 아프면, 친척들이 광장에 환자를 데리고 왔다. 같은 증상에 시달린 적이 있는 시민은 광장을 지나가면서 환자에게 조언했다. 이러한 '공동체 의학'의 원형은 오늘날 사람들이 인터넷 채팅이나 포럼에서 자신들의 경험 및 처방에 대한 지식을 공유하면서 공감을 이루는 방법과 여러모로 유사하다.

이러한 과학적 치료와 정신적 치료의 관계는 천문학과 점성술 사이에 놓인 메소포타미아 사상의 고리와 비슷하다.

메소포타미아인들은 공동체의 운명이 하늘에 쓰여 있다고 믿었기에 별을 관찰해 얻는 사실적인 정보들을 정신적인 길잡이로 이용했다. 그리고 기근이나 전쟁에 대한 경고를 위해 하늘을 살피도록 그들을 이끈 이 정신적인 추진력이 과학적 정보의 막대한 저장고를 만들어냈다.

망원경이 없었던 제사장들은 천왕성, 해왕성, 명왕성(태양계에서 최근 제외된)과 같은 별을 볼 수 없었다. 하지만 메소포타미아인들은 수성, 금성, 화성, 목성, 토성의 경로를 세밀하게 추적했다. 아침에 가장 먼저 떠올라 저녁에 가장 늦게 지는 금성에는 사랑의 여신의 이름을 붙였다. 후세의 그리스인들과 로마인들도 이러한 관습을 그대로 따랐다.[1]

하늘에 뜬 별들의 모습을 그려보면서, 메소포타미아인들은 뚜렷한 별들을 점으로 연결해 그림을 그리고 별자리에 이름을 붙였다. 그리스어나 라틴어로 번역된 이 이름들은 오늘날 우리가 부르는 별자리 이름들과 같다. 밤하늘에 떠 있는 황소 모양의 별자리는 타우루스Taurus가 되었다. 쌍둥이twins는 쌍둥이자리Gemini, 게crab는 게자리Cancer, 사자lion는 사자자리Leo, 저울balance scales은 천칭자리Libra, 전갈scorpion은 전갈자리Scorpio, 궁수archer는 사수자리Sagittarius, 염소goat를 닮은 동물은 염소자리Capricorn, 물동이를 안고 있는 남자는 물병자리Aquarius, 전설의 용은 바다뱀자리Hydra로 부른다.

또한 메소포타미아인들은 하늘을 황도십이궁도로 나누고, 왕과 시민을 위해 점성술을 펼쳤다.(반면 제사장들은 미래의 계시를 알기 위해 하늘을 보지 않고, 제물로 바친 동물의 내장을 관찰하는 쪽을 택했다.) 최초로 은하수를 발견한 천문학자들은 단계별로 변하는 달에 매료됐고 후에 이슬람인들과 유대인들이 사용하는 월력을 고안했다. 사실 당시 히브리인은[2] 수천 년 전 바빌로니아 천문학자들이 쓴 달의 이름을 그대로 따르고 있었다. 그들은 수표(數表)와 일기에 항성과 행성의 움직임 및 일식과 월식의 주기, 혜성의 등장을 기록해 소중한 자료를 축적했고, 이는 그리스인들의 우주관을 형성하는 데 도움을 주었다.

천체의 사건을 기록하고 예측하려는 정신적 욕구는 농장과 땅에서 나온 산출물을 측정하기 위한 실질적인 욕구와 함께 수학의 발전을 촉진했다.

메소포타미아에서는 10진법(10과 10의 배수)과 60진법(숫자 60에 근거한)을 혼합한 수학체계를 사용했다.

[1] 메소포타미아에서는 금성의 아름다움(밝기) 때문에 미의 여신 이슈타르(Ishtar)라 불렸고 로마에서는 사랑과 미와 풍요의 여신인 비너스(Venus), 그리스 또한 금성을 미의 여신의 이름을 따서 아프로디테(Aphrodite)라 불렀다.

[2] 기원전 14세기부터 기원전 13세기 사이에 메소포타미아에서 팔레스타인으로 옮겨 와 살던 고대 유목 민족을 일컫는 말로 이 책에선 메소포타미아인과 같은 의미로 쓰였다.

하늘을 측정했던 360도 원, 우리의 삶을 지배하는 60분의 시간, 수치계산법을 위해 이용한 0의 개념은 오늘의 세계를 만든 메소포타미아인이 남긴 유구한 수학적 유산이다.

고대 이스라엘

고대 이스라엘인은 유일신교를 통해 종교의 역사에 기여했다. 이집트인이나 메소포타미아인들과는 달리 유일신의 전통이 고대 이스라엘에 살았던 유대인의 정신을 형성했다. 종교사의 관점에서 히브리인들의 유일신교는 고대 이스라엘인의 과학적 세계관의 발전에 심오한 영향을 미쳤고, 성서적 사고와 사상이 조율된 이스라엘 문화에는 더 깊은 영향을 미쳤다.

고대 이스라엘인의 유일신적 관점은 모든 입법, 행정, 사법권이 유일신에게 귀속한다는 세계관을 형성했다.그림5 아브라함이 소돔과 고모라Sodom(a) and Gomorrah를멸망시키지 말아 달라고 신과 '말다툼'을 벌였던 것처럼 인간이 신에게 청원하거나 기도할 수는 있었지만, 신이 복종해야 할 높은 권위나 원칙은 애초부터 존재하지 않았다.

나아가 히브리인들은 신을 우주와 모든 생명체의 창시자로 생각했다. 따라서 히브리인들의 유일신은 모든 자연현상의 창조주였

그림 5
고전에서 시나이 산으로 알려진 산. 성경에서는 모세가 하느님의 십계명 판을 받은 곳이다.

다. 그들의 창조주는 대자연을 창조한 것에서 멈추지 않았다. 대자연의 창조는 인간이라는 가장 완벽하고 장대한 걸작을 만들기 위한 서곡에 불과했다. 십계명에서 잘 드러나듯, 신의 마지막 창조물인 인간은 선악을 구분하는 자유의지를 갖추고 있었다. 인간은 물질에서 비롯되어 신의 형상에 따라 빚은 존재, 신의 명령을 따르며 번성하는 존재였다.

신은 우주를 지배하는 법칙에 구속되지 않았다. 성경에서 말하는 '기적signs and wonders', 말하자면 자연적 현상을 거스르는 경이로운 행위를 보여주면서 대자연의 질서를 마음대로 뒤흔들 수 있는 존재가 바로 신이었다. 예컨대 신은 바다를 가를 수 있었고, 해시계를 거꾸로 돌려 그림자를 만들고, 태양을 하늘에 고정할 수도 있었다.

소돔과 고모라는 구약성서 창세기에 기록된 악덕과 퇴폐의 도시이다. 타락한 두 도시를 하느님이 파괴하려 하자 아브라함이 열 명의 의인을 찾으면 어찌하겠느냐고 묻는다. 하느님은 그렇다면 파괴하지 않겠다고 하였으나 의인이 열 명이 되지 않아 다시 파괴하기로 마음먹는다.

히브리 신학의 이 권위적 요소는 인간의 독립적인 사고를 억누르고 방해하려는 성향이 강했다. 아담과 이브는 선악과를 맛봐서는 안 됐다. 또한 그들은 신의 계명을 어기는 바람에 에덴동산에서 쫓겨나는 혹독한 형벌을 받아야만 했다. 에덴동산은 호기심을 억누르는 인간만이 누릴 수 있는 낙원이었다.

지상에서 인간이 할 일은 지성을 추구하는 일이 아니라 도덕을 추구하는 일이었다. 성경에서 말하는 것처럼, 신이 인간에게 요구하는 것은 조건 없는 복종이었다. 그나마 사람들이 '연구'한다고 말할 수 있는 것은 신의 윤리적 가르침을 부지런히 공부하고 성실히 수행하는 일이었다. 그들에게 진리란 아직 발견되지 않은 것이 아니라 이미 밝혀진 것이었다. 구약성서의 잠언(箴言)에는 이런 말이 나온다.

> "지혜의 시작은 주님을 경외함이며,
> 거룩하신 분을 아는 것이 곧 예지다." 잠언 9:10

어떻게 생각하면 대자연은 신의 위대함을 기념하는 것이기에 그 자체만으로 탐구할 필요가 없었다. 그저 대자연은 역사라는 무대 위에서 신의 가르침에 따라 도덕극을 펼칠 때 필요한 배경에 불과했다. 심지어 히브리인들은 문둥병과 같은 질병조차 과학적인 치료를 필요로 하는 질병이 아니라 인간에게 찾아온 신의 저주로 여겼다.

성경의 반지성적 성향은 욥기[1]에서 명확히 드러난다. 신심이 깊은 욥은 신이 사탄과의 내기에서 승리할 수 있도록 신에게 고통을 당했다. 재산과 아이를 모두 잃고 질병에 걸리는 혹독한 처벌에도 욥은 자신의 죄를 인정하려 들지 않았다. 욥은 결백을 부르짖으며 신이 왜 이처럼 혹독한 고통을 안겨주는지 따져 물었다. 신은 인간의 힘이 가여울 만큼 약하고 인간의 지식은 너무나 보잘것없다는 것을 보여주며 한낱 인간은 설명을 요구할 권리가 없다고 냉담하게 답해 주었다. 신은 도도하게 말했다.

> "내가 땅을 세울 때 너는 어디 있었느냐." 욥 38:1
>
> 욥은 겸손하게 무지를 고백하는 것이 할 수 있는
>
> 전부였다.
>
> "저는 보잘 것 없는 몸, 당신께 무어라 대답하겠습니까.
>
> 손을 제 입에 갖다 댈 뿐입니다." 욥 40:4

구약성서에 나오는 인물들은 각자 다른 성격을 지녔다. 전도서를 쓴 코헬렛Koheleth[2]정도가 독립적인 사고를 할 줄 아는 사람일 것이다. 코헬렛은 인생에 회

[1] 구약성서의 한 편으로 욥의 고난을 통하여 하느님은 하늘에 있는 자들과 땅에 있는 자들과 땅 아래 있는 자들의 주(主)임을 가르치기 위하여 기록한 것을 말한다.

[2] 기독교와 유대교에서 쓰이는 구약성경의 한 책 전도서(傳道書)를 일컫는 말이기도, 전도서를 쓴 사람을 일컫는 말이기도 하다. 전도서 1장 1절에서 저자는 자신을 다윗의 아들이며 예루살렘의 왕인 전도자(코헬렛)이라 밝히고 있는데 유대교, 초기 기독교와 개신교에서는 이 책의 저자를 솔로몬 왕이라 여겼다. 오늘날 학계에서는 전도서의 저자를 기원전 250년경 예루살렘 사원 근처에 거주하던 지식인이라 추정한다.

의를 느껴 인생에 어떤 목표를 추구하는 것을 바람을 쫓아가는 것과 비슷하다고 생각했다.

"허무로다, 허무." 코헬렛은 말했다.
"허무로다, 허무. 모든 것이 허무로다!" 전도서 1:2

이러한 무의미한 추구 가운데 특히 그가 탓했던 것은 지식을 추구하는 일이었다.

"지혜가 많으면 걱정도 많고, 지식을 늘리면 근심도 늘기 때문이다…
책을 많이 만들어 내는 일에는 끝이 없고 공부를 많이 하는 것은
몸을 고달프게 한다." 전도서 1:18
결국 인간은 찾으려 하는 지식의 답을 발견할 수 없다.
"나는 하느님께서 하시는 모든 일과 관련하여 태양 아래에서
이루어지는 일은 인간은 파악할 수 없음을 보았다.
인간은 찾으려 애를 쓰지만 파악하지 못한다." 전도서 8:17
현명한 사람 역시 아무리 노력해 봤자 마찬가지다.
"지혜로운 이에 대해서건 어리석은 자에 대해서건
영원한 기억이란 없으니, 앞으로 올 날에는 모든 것이 잊히는 법.
아, 정녕 지혜로운 이도 어리석은 자와 함께 죽어가지 않는가!" 전도서 2:16

코헬렛의 냉소주의는 욥의 복종을 두둔한다. 두 인물 모두 궁극적 진리란 인간의 한계를 넘는 일이라고 결론을 내렸기 때문이다. 실제로 인간이 다시 돌아오지 못하도록 에덴동산의 경계에 배치한 천사는 불타오르는 검을 휘두르며 아직도 그 자리에 서 있다.

고대 이스라엘의 종교적 가치관에서는 비판적 사고와 자유로운 질문을 금기시했다. 특히 우주의 원리를 묻는 것을 터부시했고, 그러한 지식을 별로 중요하지 않은 것으로 취급했다. 이는 사실 인간이 이해할 수 있는 범위를 넘는 일이었다. 게다가 히브리인들은 과학의 근원지라 할 수 있는 물질계를 폄하하고, 인생의 정신적 측면에 몰두했다.

과학의 발전이 만개하려면 지중해에 새로운 문화적 가치관을 지닌 사람들이 나타나야 했다. 과거의 발견을 기초로 지식을 쌓고, 에덴동산의 선악과를 다시 찾아갈 용기를 낼 수 있는 사람들, 이 독특한 사람들이 바로 그리스인들이었다.

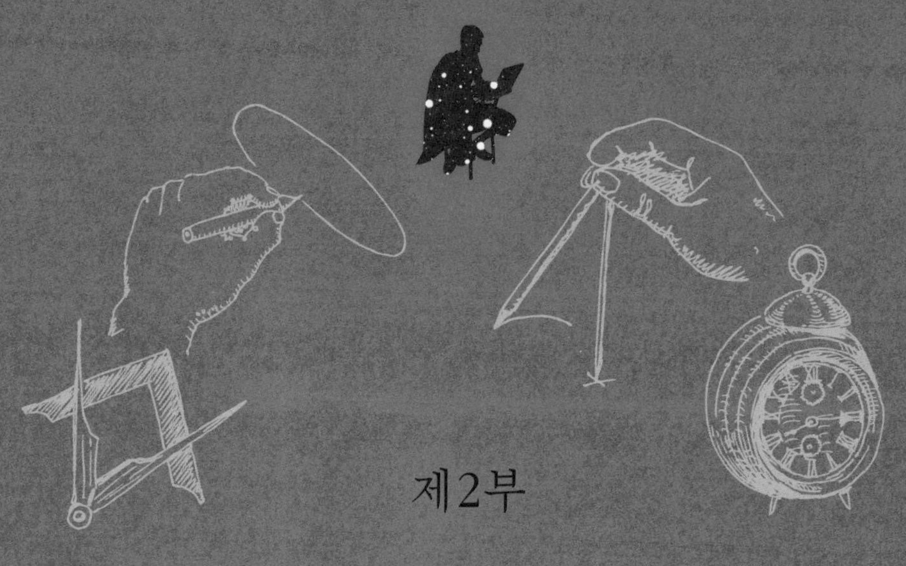

제2부

그리스인, 과학을 시작하다

“이 위대한 책 안에는 철학이 있다.
철학은 곧 우리 눈앞에 놓인 우주다. 하지만 언어를
배우지 못하고 문자를 해석하지 못한다면 우주를 이해하는 것은
불가능하다. 우주는 수학의 언어로 쓰여 있고,
수학의 문자는 삼각형, 원과 같은 기하학 도형들이다.
수학의 언어 없이는 우주를 티끌만큼도 이해할 수 없다.
수학의 문자 없이는 어두운 미로에서 헤매게 된다.”

—갈릴레오 갈릴레이Galileo Galilei, 《분석하는 자The Assayer 제6권》 中

그림 6

아리스티포스가 '인간의 발자국'을 발견하는 모습을 묘사한 그림. 출처 《아르키메데스》, 토마스 히스(Thomas Heath), 1920년.

한 가지 일화를 살펴보자. 그리스 철학자 아리스티포스Aristippus는 동료와 함께 배를 타고 여행하다가 낯설고 외딴 해변에 난파한 적이 있었다. 낙담한 채로 해변을 헤매던 그는 모래사장에 그려진 기하학 도해를 우연히 발견했다.

"친구들, 이것 좀 보게." 그는 소리쳤다. "인간의 발자국을 발견했어!"그림 6 아리스포스는 사람이 산다는 증거를 '발자국'이라 표현했다. 기하학과 수학은 인간의 고유한 언어이기 때문이다. 고대 그리스인들이 인식한 것처럼, 기하학과 수학은 우주의 언어이기도 하다.

그리스인들의 과학은 세 가지의 근본적인 가정 위에 토대를 마련했다. 모든 자연 현상의 이면에는 질서가 존재하고, 이러한 질서는 고유하고 정돈되어 있으며, 인간의 지성으로 이를 발견할 수 있다는 것이다. 숨겨진 질서가 대자연의 이면에 자리 잡고 있다는 첫 번째 가정은 어떤 관점에서 보면 모든 현상이 우연하게 일어날 수 있다는 가능성을 배제하므로 지나치게 순수한 가설이라 할 수 있다. 선사시대부터 유래한 이 믿음은 미지의 세계인 우주에 대한 공포를 몰아내 인간의 조상으로 하여금 마음의 평안을 찾도록 도와주었다. 이러한 세계관에 힘입어 만물의 현상을 지배하는 고대의 신들이 탄생했고, 고대의 제사장들은 이들을 의식과 기도로 달랠 수 있다고 믿었다.

자연의 질서가 고유하고 정돈되어 있다는 두 번째 가정은 한결 예외적이면서 도발적이었다. 신에 대한 전통적인 관념에 도전하는 이론이었기 때문이다. 사람들은 신이 우주를 제멋대로 다스리며 때로는 변덕마저 부린다고 생각을 했다. 고대 지중해 세계에서 오직 이집트인들만이 정의와 질서의 장대한 원리(마트ma'at라 불리는)를 믿었고, 신들도 이 원리를 벗어날 수는 없다고 생각했다. 과학이 태동하기 이전에(과학이 등장한 이후에도 어느 정도 기간은) 그리스 인들은 바빌로니아인들과 마찬가지로 인간에 비해 그다지 나을 것 없고, 인간과 크게 다르지 않은 신들을 숭배했다. 이러한 신들의 모습은 신화 속에서 찾아볼 수 있다. 그리스의 과학은 종교적 전통과 신화의 원형에 반기를 들었다.

인간이 대자연의 숨겨진 질서를 식별할 수 있다는 세 번째 가정은 헬레니즘의 성향이 유달리 드러나는 가장 획기적인 가정이다. 왜냐하면 고위 성직자들에 대한 조건 없는 복종을 인간의 지적 호기심과 자율성으로 대체했기 때문이다. 대자연의 비밀을 찾는 방법론은 인간의 이성으로 탈바꿈했다. 이러한 이성을 가장 순수하게 드러낸 언어는 바로 수학이었다. 인간이 타고난 이성은 우주가 타고난 이성을 설명할 수 있었다.

이집트와 메소포타미아의 초기 문명은 수학 분야에서 앞서나갔고, 그리스 문명이 태동하기 수백 년 앞서 복잡한 대수학 원리와 기하학 원리를 발달시켰다. 동방의 문명에서는 이러한 원리를 실용적으로 응용하는 데 초점을 맞췄다. 농업, 상업, 건축과 같은 분야에서 무언가를 측정하기 위한 목적이었다. 고대 그리스 사상가들은 숫자가 없으면 아무것도 완벽히 이해하거나 설명할 수 없다는 사실을 알고 있었다. 이에 아리스토제누스Aristoxenus는 이렇게 말했다. "그들은 시장에서 숫자를 끌어내 숫자 그 자체에 영예를 돌렸다."

수학자 피타고라스Pythagoras 역시 기원전 600년에 이러한 업적을

피타고라스

기원전 6세기경 사모스섬 출신의 수학자, 철학자이기도 했다. 이탈리아의 신비 공동체를 창립한 인물로 철학자(Philosopher)라는 단어를 만들었다고 한다. 피타고라스는 우주에 조화로운 질서가 숨어있으므로 우주는 지구와 마찬가지로 완벽한 구의 모양이라고 주장했다. 또한 모든 물리적 현상은 인간의 지성으로 식별할 수 있는 근본적인 수학적 연관성을 표현한다고 주장했다.

올렸던 선각자들 가운데 한 사람이었다. 피타고라스는 우주를 '코스모스Cosomos'라고 불렀는데, 이 단어는 부분의 조화로운 배치, 아름다움과 질서를 의미한다. 그의 추종자들은 '테트락튀스tetractus'(그리스어로 테트라tetra란 4를 의미한다.)를 숭상했다. 테트락튀스란 짝수와 홀수 1, 2, 3, 4를 번갈아 배열해 만드는 신비로운 기호다. 이를 구성하는 숫자 1, 2, 3, 4를 더하면 10이 되는데, 10은 우주와 영혼에 내재한 통일성을 상징하는 완벽한 숫자였다. 그리스 수학자들은 기초적 정의와 자명한 진리를 연역해 혁신적 공리와 따름정리corollary를 도출했다. 이 과정에서 그들은 논리와 틀을 갖춘 발전을 이룩하고, 물리적 현실의 태곳적 모습을 탐험해 구체화했다. 사각형, 원, 삼각형, 정육면체, 구, 원기둥과 같은 우주를 구성하는 요소와 이들의 모양, 표면적, 부피와 같은 영원한 공통분모가 그들의 관심사였다.

아르키메데스나 유클리드Euclid와 같은 고대 그리스인들은 현대 수학에서 일반적으로 쓰이는 등식을 이용하지 않았다. 그들은 서기 300년이 되어서야 수학공식과 문자 도해로 표현한 간단한 문장을

유클리드

기원전 4~3세기경에 활약한 그리스의 수학자이다. 플라톤의 아카데미아에서 수학하고 뒤에 프톨레마이오스 1세에게 수학을 가르쳤다고 알려졌다. 기하학의 창시자로 오늘날에도 영향력을 미치는 여러 권짜리 《기하학원론》에서 유클리드는 당시의 수학적, 기하학적 지식을 종합했다.

활용했다. 이성에 몰두했던 그리스인들에게는 무리수와 무한대의 개념이 가장 해결하기 어려운 과제였다. 무리수와 무한대의 개념은 이성의 정확성과 우주의 유한론에 도전하는 관념이었기 때문이다. 그리스 사상가들이 제기했던 기본 과제는 오직 한 가지 목표밖에 없었다. 우리가 사는 이 우주, 그것의 구조를 알고 싶은 염원이었다. 결국, 그들은 시각적 영상과 소리의 이동, 사물의 운동, 천체의 진행을 깊이 연구하면서, 우주 자체를 연구하는 것에서 나아가 우주 공간에서 움직이는 사물을 연구하기 위해 정밀한 방법을 응용하기 시작했다. 그리고 마침내 그들은 우주에 존재하는 생명의 본질과 인체의 신비 또한 연구하기에 이르렀다.

자, 지금부터 이 광대한 탐험의 세계에 발을 들이고, '모래사장의 발자국' 이 인도하는 곳으로 여행을 떠나 보자.

아르키메데스

헤론

히파르코스

프톨레마이오스

엠페도클레스

아르키메데스

모든 과학분야를 지배한 천재

난제의 해답을 우연히 찾고 '유레카' 를 외친 아르키메데스는 레오나르도 다 빈치와 마찬가지로 유능한 발명가이자 총명한 수학자였다. 그는 '앞서 가는 학문의 1인 기관' 이자 뉴턴이 등장할 때까지 최고의 과학적 지성이었다. 원주율과 무한의 개념, 크기가 제각기 달라 기존 수학자들이 전부 혼란스러워했던 다양한 도형의 면적과 부피를 측정하는 획기적인 방법, 한순간에 함대를 태워버리는 전쟁무기 모두 그가 만든 것이었다.

헤론

인류의 발전을 1500년 앞당길 뻔 했던 사람

헬레니즘 시대 알렉산드리아에 활약한 가장 탁월한 발명가였던 헤론의 발명품은 놀랄 만큼 다양하고 고차원적이었다. 그가 발명한 것 중에는 자동극장, 자동문, 로봇 새, 땅과 바다에서 동시에 작동하는 주행 기록계도 있었다. 무엇보다 놀라운 건 헤론은 세계 최초로 증기기관을 발명했다는 것이다. 만약 그가 증기기관을 응용할 줄 알았다면 산업혁명은 1,500년 앞서 일어났을 것이다.

히파르코스

하늘의 지도를 만든 천재 천문학자

히파르코스는 약 2천 년 전 기술로 정확한 천구 좌표에 따른 항성표를 만들었다. 이 항성표에는 위도와 경도가 표시되어 있으며 별의 위치가 표시되어 있었다. 그는 별을 관찰하면서 아스트롤라베라는 별을 관찰하는 천문기계를 발명했다. 이는 1,600년 후 망원경이 생길 때까지 천문학자의 필수품으로 자리 잡았다. 별의 밝기로 구분한 것도 히파르코스가 최초였다. 그의 구분법은 현재 우리도 쓰고 있다.

프톨레마이오스

우주의 백과사전을 만들다

프톨레마이오스는 알마게스트라고도 불리는《수학집대성Mathematike Syntaxis》이라는 우주의 백과사전을 만들었다. 이 책에서 그는 천체의 기제를 설명할 수 있는 수학적 모델을 수립했으며 현재까지 같은 이름으로 불리는 48개의 성단을 소개했다. 일식과 월식의 예보방법과 1,000개가 넘는 별의 위치와 밝기를 기록한 별의 목록도 기록되어 있다. 프톨레마이오스는 비록 천동설을 중심으로 연구했지만 코페르니쿠스가 지동설을 발표할 때까지 1,600년간 우주의 진리를 지배했다.

엠페도클레스

'원자'를 구분한 최초의 사람

엠페도클레스는 우주가 네 가지 주요 '뿌리'(흙, 공기, 물, 불)로 구성되어 있다는 이론을 창안한 사람이다. 물질의 성립과 분해를 설명하기 위해 그는 이러한 기본요소가 사랑에 의해 끌리고 분쟁으로 서로 밀어낸다고 주장했는데 이는 플라톤이 구분한 원소로 발전하여 오늘날 현대 물리학의 '원자'를 연구하는 데에 기반이 되었다. 이뿐만 아니라 그는 많은 사람이 뇌가 순환계의 중심이며, 심장이 지성을 담당한다는 의견에도 심장이 순환계의 중심에 있다고 믿었고, 심장을 인체의 핵심 기관으로 취급했다.

제3장

광학

시각의 과학, 광학은 지식에 목마른 그리스인들로부터 자연스럽게 유래했다. 고대 그리스어인 '알게 된다idein'라는 말에는 '보았다'라는 뜻이 들어 있는데, 그들의 언어에서 알 수 있듯이 그리스인들은 신체기관 중에 무엇인가를 배우게 되는 기관으로 시각을 으뜸으로 꼽았다. 고대 그리스의 전쟁 영웅들은 과학자들보다도 먼저 이 시각의 소중한 가치를 깨달았다.

그리스인들이 시각에 얼마나 큰 가치를 두었는지는 가장 오래된 두 편의 서양문학인 《일리아드Iliad》와 《오디세이아Odysseia》에서 명백히 드러난다. 기원전 18세기에 그리스의 장님 시인 호메로스Homeros가 쓴 이 서사시들은 그보다도 오래된 이야기를 담고 있다. 《일리아드》에서는 트로이 전쟁에 참전한 아킬레스의 역할을, 《오디세이아》에서는 귀향하는 오디세우스에게 닥친 역경을 자세히 서술한다.

우선 《일리아드》에 등장하는 건장한 그리스 전사 아약스를 예로 들어 보자. 이 무지막지한 인간 병기는 과학자도, 지성인도 아니었다. 그리스와 트로이의 맹렬한 전투가 벌어지던 와중에 전쟁터가 갑자기 어둠에 휩싸였다. 아군과 적군을 구분할 수 없게 된 아약스는 신들의 제왕인 제우스에게 기도를 올렸다. "제우스신이

시여, 어둠에서 우릴 구하시고 하늘에 빛을 되돌리소서. 앞을 볼 수 있게 해주소서. 우리의 목숨을 앗아가실 생각이라면, 광명 아래서 그리 하소서."

아약스의 말에서 그리스인들의 본질적 성향이 드러난다. 눈으로 보고 이해하는 일에 목숨마저 아끼지 않겠다는 강박관념이다. 이러한 고집스러운 성향 덕택에 수백 년 후 그리스인들은 과학의 아버지가 될 수 있었다.

또 다른 예로 《오디세이아》에 등장하는 서사시의 영웅, 오디세우스를 들 수 있다. 나중에 율리시스라는 이름으로 알려진 이 영웅은 건장한 아약스와는 사뭇 다른 영리한 전사였다. 그는 꾀를 써 적을 무찌르고 위험을 피했다. 변화무쌍한 상상력을 갖춘 그는 생각하는 남자들의 영웅이었다.

예컨대 트로이 목마를 계획한 사람도 오디세우스였다. 트로이가 전면전을 거부하자 오디세우스는 속임수를 써 트로이를 무너뜨리고자 마음먹었다. 그는 특공대로 채워진 거대 목마를 이용해 순진한 트로이인들을 속이고 진지 내로 들어간다는 작전을 짰다. 트로이가 패망한 이유는 말 안에 숨겨진 '보이지 않는' 위험 탓이었다.

승리를 거머쥔 그리스인들이 트로이를 떠나면서 오디세우스는 여러 가지 위험에 부딪혔다. 가장 위험했던 경험 가운데 하나는 키클롭스라고도 불리는 외눈박이 식인 거인 폴리페모스와의 만남이었다. 오디세우스와 그의 부하들은 무시무시한 폴리페모스가 사는 동굴에 갇혀 죽기 일보직전의 위기에 처했다. 오디세우스의 넘치는 지혜가 그와 부하들을 살릴 수 있었다. 거인이 취한 것을 보고 오디세우스는 자신을 가리켜 '노 맨'이라 소개한 다음 거인이 지나갈 때 부하들과 힘을 합쳐 날카로운 꼬챙이로 눈을 찔렀다. 아픔에 비명을 지르던 키클롭스는 "노 맨 헛 미No man hurt me!('노 맨'이 나를 해친다!)"라 외치며 친구 괴물들에게 도움을 청했다. 키클롭스는 '노 맨'이 나를 해친다는 뜻으로 말했지만 친구들이 듣기에는 '아무도 날 해치지 않아'라는 뜻으로 들렸다. 안심한 친구 괴물들은 각자의 동굴로 돌아갔다. 다음 날 아침, 눈이 먼 키클롭스가 양 떼에게 풀을 먹이려 동굴 입구의 바위를 없애고 양 떼를 풀어놓았을 때 오디세우스와 부하들은 양 떼 사이에 몸을 숨기고 도망쳤다. 배에 몸을 실은 오디세우스는 제대로 골탕 먹은 괴물의 약을 올리기 위해 자신의 진짜 이름을 큰 소리로 알려줬다. 아마도 괴물은 평생 그의 이름을 잊지 못했을 것이다.

어두운 동굴에 갇혀 있던 오디세우스는 말 그대로 유약한 '노 맨No man(보잘것없는 사람)'이었다. 하지만 내면의 지혜와 용기를 끌어내면서 자신의 정체성을 되찾고 다시 '썸원someone(중요한 사람)'으로 돌아와 자랑스럽게 자유의 햇빛을 누릴 수 있었다. 오디세우스의 여정에 항상 함께 했던 수호천사는 지혜의 여신 아테나였다. 그림 7

그리스 신화에서는 아테나 여신이 인간에게 올리브 나무를 선물한다. 그리스인들은 올리브 나무를 매우 소중하게 생각했다. 올리브는 그리스인의 주식이기도 했지만 고대 그리스에서는 올리브 나무를 램프를 밝히는 땔감으로도 이용했기 때문이다. 따라서 지혜의 여신은 인류에게 어둠을 쫓아낼 수 있는 선물을 준 셈이었다. 인간을 무력하게 만드는 무지의 어둠 또한 반드시 쫓아내야 할 어둠이었다.

호메로스는 오디세우스가 10년간 바다를 여행하면서 '사람들이 사는 많은 도시를 보고 그들의 지식을 배웠다.'라고 노래했다. 강조 표시가 된 부분이 그리스 과학의 역사에서 가장 중요한 말이다. 사진을 찍고(카메라가 있었다면), 기념품을 수집했던 오디세우스는 단순한 관광객이 아니었다. 그는 자신이 경험한 문화의 생활양식과 사고방식에 매료된 진정한 의미의 여행자였다. 그는 자신이 탐험한 세상이 이룬 업적을 이해하기에 목말라 스펀지가 물을 빨아들이듯 머리로 경험을 흡수한 인물이었다.

기원전 5세기의 극작가 아이스킬로스Aeschylus에 따르면, 오디세우스의 귀향이 10년이나 걸린 데 반해 트로이가 무너졌다는 소식은 그리스에 몇 분 만에 도달했다고 한다. 아이스킬로스가 쓴 희곡 《오레스테이아Oresteia》에는 미케네의 클리템네스트라 왕비가 트로이의 요새로부터 그리스 왕궁에 이르기까지 산 넘고 물 건너 봉화 체계를 구축했다는 내용이 나와 있다. 이 거리는 자그마치

400킬로미터가 넘는다. 왕비가 봉화를 만든 목적은 과학적인 이유에서가 아니었다. 남편 아가멤논을 살해할 계획을 현실로 옮기기 위해 남편이 전쟁에서 언제 돌아오는지 알기 위해서였다.

그림 7

기원전 5세기에 아테네 동전에 새겨진 지혜의 여신 아테나의 그림.

기술이 파괴적인 야망을 달성하기 위해 쓰일 수 있다는 사실은 고대 기술에도 마찬가지로 적용된다.

시각의 본질

호메로스 이후 아이스킬로스에 이르기까지, 고대 그리스인들은 시각의 본질을 연구하기 시작했다.

그리스 문명은 보는 것만으로 만족하는 여느 문명과 달랐다. 그리스인들은 현상을 그저 당연하게 받아들였던 사람들과는 달리 다른 어느 문명도 하지 못했던 의문을 제기했다. 고대 동방국가에서 종교란 자연현상을 과학적으로 연구하지 못하도록 가로막는 장애물에 가까웠다. 한편 고대 이집트에서는 호루스의 눈 Eye of Horus이 부적으로 쓰였다. 사람들은 호루스의 눈이 마법을 발휘해 그들을 보호해준다고 생각했다. 메소포타미아에서도 성직자들의 눈에 나타난 징조가

호루스의 눈은 고대 이집트어로는 우자트(Udjat)라고 하며 고대 이집트의 신격화된 파라오의 왕권을 보호하는 상징이자 고대 이집트 호부(護符, 부적)의 일종이다. 태양의 눈, 라의 눈 또는 달의 눈이라고도 불리며 고대 이집트인들은 이를 개인에게는 신체적 번영을, 우주에 대해서는 풍요를 주는 상징으로 삼았다.

미래를 예언해 준다고 생각했다. 이집트와 메소포타미아 모두 현실을 파악하는 과정이 이성에 근거한 정밀함과는 거리가 멀었다.

그리스의 철학자들은 시각의 본질을 깊이 사색하면서 시각작용을 설명하기 위해 전혀 다른 두 가지 가설을 제안했다. 그중 한 이론은 물체가 눈으로 영상을 전송한다는 이론이었고, 다른 이론은 눈에서 발사한 빛이 물체에 닿는다는 이론이었다. 당시 그리스에서는 후자가 전자에 비해 더 보편적인 견해였다.

엠페도클레스Empedocles(기원전 432년~492년)는 첫 번째 이론을 지지해 물체가 뭔가를 발사해 눈 안의 구멍으로 흡수된다고 주장한 반면 데모크리토스Democritos(기원전 370년~460년경)는 실제로 발산되는 것은 작은 입자나 '원자'라고 주장했다. 이후 에피쿠로스Epikouros(기원전 340년~269년경)는 모든 영상이 상상을 초월하는 속도로 이동한다고 주장했다.

플라톤Plato(기원전 429년~347년경)은 그의 철학《대화편—티마이오스Timaeus》에서 이와는 완전히 다른 견해를 취했다. 그는 시각이란 빛으로 휩싸인 물체가 눈에서 발산되는 순수하고 폭발적인 에너지와 만난 다음, 다시 눈으로 흘러 정신에 다다르는 것이라는

엠페도클레스

기원전 5세기경 그리스 철학자이자 시인, 의학자로 그리스 시칠리아 섬 출신이다. 우주가 네 가지 주요 '뿌리'(흙, 공기, 물, 불)로 구성되어 있다는 이론을 창안했다. 또한 그는 심장이 순환계의 중심에 있다고 믿었고, 심장을 인체의 핵심 기관으로 취급했다. 눈에서 나온 광선이 시각적 영상을 형성한다는 당시 주류의 견해와는 달리, 그는 시각적 영상이 물체에서 눈으로 직접 전송된다고 믿었다.

데모크리토스

기원전 4세기경 고대 그리스 철학자로 트라키아 출신이다. 데모크리토스는 스승 레우키포스가 처음 주장한 이론을 가다듬어 모든 사물은 파괴될 수 없는 작은 원자가 독특한 형태로 결합된 실체라고 말했다. 그는 이러한 입자들이 변덕스러운 신의 뜻에 순종하기보다 객관적이고 불변하는 자연의 법칙에 따라 활동한다고 주장했다. 또한 이동하는 원자가 빛을 구성한다고 주장했다.

견해를 주장했다. 이후 수학자 유클리드(기원전 325년~250년경)와 프톨레마이오스Klaudios Ptolemaios(서기 2세기)는 플라톤의 주장을 지지했다. 그들의 견해에 따르면 인간의 눈은 레이더처럼 빛을 발사하고, 발사된 빛은 인식한 물체를 만날 때까지 직선으로 나아간다.

기원전 5세기, 크로톤의 알크마이온Alcmaeon은 눈과 같은 감각 기관을 뇌에 연결하는 통로가 있다고 주장했다. 마침내 칼케돈의 헤로필로스Herophilus(기원전 330~260년경)가 시체의 눈을 해부하여 뇌에 연결된 시신경을 발견하기에 이른다.

하지만 헤로필로스는 이 발견을 근거로 기본적인 철학적 명제조차 수립할 수 없었다. 신경 신호가 어떻게 흐르는지를 증명할 방법이 없었기 때문이다. 이론화의 과정을 생략했음에도 과학은 묵묵히 제 갈 길을 가고 있었다.

헤로필로스의 실험 이전에도 시각의 본질에 대한 논쟁은 사실 그저 논쟁일 뿐이었다. 기원전 400년, 아테네의 '황금시대'에 그리스 사상가들은 실제로 행한 실험의 핵심보다는 논리 그 자체의 완결성에 의지하려는 경향이 강했다.

하지만 초기 철학자들이 벌인 논쟁의 가치를 폄하해

헤로필로스

기원전 4~3세기경 그리스 칼케돈 출신으로 주로 알렉산드리아에서 활약한 그리스의 해부학자이다. 최초로 여러 사람 앞에서 인체를 해부한 사람으로 알려졌다. 그는 인간의 눈을 해부하여 각막, 홍채, 망막을 구별했다. 뇌에 이르는 시신경을 발견하고 뇌가 신경계를 관장하는 중추라고 생각했다. 또한 심장 안팎으로 순환하는 순환계를 탐구해 맥박을 진찰하고, 감각신경과 운동신경을 구별했으며 인간의 생식기를 연구했다.

서는 곤란하다. 현실과 다르거나 아무리 추상적이라도, 이 또한 현대과학을 비롯한 과학의 편린이기 때문이다.

아테나는 지혜의 여신이었다. 하지만 지혜를 얻기란 쉬운 일이 아니었다. 아테나 여신을 가장 먼저 숭배한 고대 그리스인들은 진리를 얻을 수 있는 가장 확실한 통로는 신의 계시가 아니라 이성이라고 생각했다. 그들은 이처럼 급진적인 관념을 품었지만, 진리를 향한 여정은 당연히 험난할 수밖에 없다고 생각했다. 자유와 논리를 사랑했던 그들은 반대편 면에 갈아야 칼날이 날카로워지는 것처럼, 진리 또한 오고 가는 변증법적 논쟁을 통해야만 가장 잘 발견할 수 있다는 믿음을 품고 자유로운 토론을 즐겼다.

사실 시각의 메커니즘을 두고 벌어진 고대의 논쟁은 2,000년이 지나 빛의 본질에 대한 과학논쟁으로 이어졌다. 18세기의 과학자 대부분은 빛이 입자로 구성되었다고 생각했다. 19세기에는 빛이 파동으로 이루어졌다는 사실을 발견했고, 20세기에는 빛이 입자로 구성된 파동의 형태로 이동한다는 결론에 도달했다. 그리스인이 아니었다면 이러한 과학적 발전이 불가능했을 것이다. 그리스인들은 여러 법칙을 검토한 다음, 해당 법칙의 이론적 가치를 과감하게 논의하여 후세의 과학에 이바지했다.

그리스인들은 반사, 굴절, 원근, 착시의 4가지 현상에 초점을 맞춰 시각을 탐구했다.

반사의 수수께끼

그리스의 사상가들은 시각을 널리 탐구하면서 반사라는 현상에 특히 매료되었는데 이 현상은 가장 가슴 아픈 그리스 신화로 꼽히는 나르키소스의 전설에 영감을 제공하기도 했다.

젊은 나르키소스는 그 누구도 범접할 수 없는 미남 청년이었다. 그는 성별과 관계없이 많은 사람으로부터 구애를 받았지만, 모두 야멸차게 거절했다. 거절당한 누군가가 나르키소스를 저주하면서, 언젠가 그 또한 거절의 아픔을 똑같이 경험하게 해달라고 신에게 빌었다.

어느 날 숲 속을 걷다가 연못을 발견한 나르키소스는 세수를 하려고 허리를 굽혔다. 그가 허리를 굽히자 사랑스러운 얼굴이 자신을 바라보고 있었다. 수면에 비친 얼굴이 자신의 얼굴이라는 사실을 깨닫지 못한 그는 밖으로 나와 달라 애원하며 수면으로 더 가까이 다가갔다. 하지만 아무 소용이 없었다. 계속되는 거절에 나르키소스의 에로틱한 욕망은 커져만 갔다. 마음의 상처가 끊이지 않은 나르키소스는 식음을 전폐하고 연못의 가장자리에 남아 날로 야위어 갔고, 결국 실연의 아픔 속에 세상을 떠났다. 자아도취에 빠진 이를 죽음으로 몰고 간 비극적 이야기에서 극단적인 자기애를 표현하는 나르시시즘이라는 단어가 비롯되었다.

반사의 효과는 신화의 주제일 뿐 아니라 과학의 주제였다. 그리스 과학자들은 이를 두고 진지하게 사색했다.

기원전 300년경, 유클리드는 재론의 여지가 없는 확고한 논리에 의해 두 점 사이의 가장 짧은 경로가 직선이라는 사실을 증명했다. 서기 1세기, 헤론Heron은 유클리드의 삼각형 연구를 기초로 평평한 거울의 입사각이 반사각과 같다는 사실을 증명했다. 말하자면, 거울과 관찰자의 시선이 이르는 방향 사이의 각이 거울의 표면에서 물체에 이르는 각과 같다는 의미다.(고대 그리스인들의 거울은 오늘날의 거울처럼 은을 칠한 유리가 아니라 윤을 낸 동전이나 구리라는 사실을 주목해야 한다.) 한 세기가 흘러, 반사적 성질에 대한 헤론의 이론적 모델은 알렉산드리아 사람이었던 그의 친구 프톨레마이오스에 의해 실험으로 증명되었다.

헤론의 논문은 현재까지 전해지는 거울에 관한 논문 중 가장 오래된 자료다. 아래 단락에서 그는 거울의 반사면을 색다른 방법으로 응용하는 여러 가지 방법을 소개한다.

반사율reflectivity은 과학의 연구 과제로 손색이 없을 뿐 아니라, 훌륭한 눈요깃거리를 제공한다. 보통 거울은 물체의 반대편을 보여준다. 하지만 과학을 응용해 물체의

헤론

헬레니즘 시대 알렉산드리아에 활약한 가장 탁월한 발명가이자, 기계학자, 물리학자, 수학자였다. 헤론은 우수한 자동 장치를 설계했는데, 그 종류로는 자동 극장, 날개를 파닥이며 노래하는 금속 새, 땅과 바다에서 동시에 작동하는 주행기록계, 세계 최초로 증기 기관도 있었다. 그는 수학 명제를 문자 도해를 이용해 표시했고, 이는 근대 대수학의 초석이 되었다.

디오클레스

기원전 5~4세기경 에게해 에보이아섬 카리스토스 출신으로 아테네인들은 그를 일컬어 '제2의 히포크라테스'라 불렀다. 그는 최초로 해부학 교본을 저술했으며 해부학이란 단어 또한 그가 만들었을 것으로 추정한다. 디오클레스는 외과 수술 후 처방법을 개혁했다. 교육자로서 그는 내과 의사들에게 임상 경험의 중요성과 환자들을 개인별로 다뤄할 필요를 강조했다.

오른쪽 면이 오른쪽에 나타나고,

왼쪽 면이 왼쪽에 나타나는 거울을 만들 수 있다.

거울을 통해 등을 볼 수도 있다.

물구나무를 선 것처럼 보이게 할 수도 있고,

눈이 세 개 있거나 코가 두 개 있는 것처럼 보이게 할 수도 있고,

얼굴을 찌그러뜨려 슬픈 얼굴로 보이게 할 수도 있다.

반사의 과학은 구경거리를 제공해 줄 뿐 아니라

실용적인 용도로 응용할 수 있다는 점에서 매우 중요하다.

반사의 과학을 이용하면 집에서도 누가 밖에 있는지,

그들이 뭘 하는지 몰래 알 수 있다.

또한 거울이 부착된 시계를 쓰면, 시간이 지나면서

회전하는 서로 다른 이미지를 보여주어 밤낮을 구분할

수 있게 해 준다. 거울 앞에 선 모습을 비추지 않고,

조종하는 사람이 임의로 영상을 바꿀 수 있는 거울도 있다.

—헤론 《반사Catoptrica》 中에서

이집트 알렉산드리아Alexandria에서 활동하던 그리스 과학자들은 복잡한 수학 공식을 고안해 거울의 구부러진 표면에 비친 이미지를 설명했다. 기원전 200년, 그리스 수학자 디오클레스Diocles는 〈타오르는 거울 위On Burning-Mirrors〉 라는 논문을 저술했다. 그는 원뿔도법을 예로 들며, 포물면거울[1]이 빛

을 한곳에 모아 불을 붙일 수 있다는 견해를 제시했다.

헬레니즘 시대의 알렉산드리아는 지중해의 문화적 수도나 다름없었다. 알렉산드리아의 기념비적인 '왕관보석[2]'으로는 알렉산드로스 대왕Alexandros the Great의 무덤, 과학자와 학자를 위한 연구 시설로 쓰였던 알렉산드리아 도서관 및 알렉산드리아 박물관, 장엄한 등대그림 8를 꼽을 수 있다. 이 장엄한 등대는 바위섬의 이름을 따 '파로스Pharos' 등대라 불리며, 알렉산드리아의 광활한 항구로 배를 이끄는 길잡이의 역할을 담당했다. 고대 7대 불가사의에 속하는 이 등대는 프톨레마이오스 1세Ptolemaeos I와 프톨레마이오스 2세Ptolemaeos II(수학자와 동명이인일 뿐이다.)가 통치하던 기원전 3세기 무렵에 세워졌다. 고대 7대 불가사의에는 기자 피라미드, 바빌로니아의 공중정원, 올림피아의 제우스 신상, 할리카르나소스Halicarnassus의 마우솔레움Mausoleum, 에페소스Ephesus의 아르테미스 신전, 로도스Rhodes의 콜로서스Colossus가 있는데, 가장 후대에 만들어진 파로스 등대는 항해의 관점에서 가장 실용적인 건축물이었다.

이집트의 해안선은 매우 완만하여 지중해 선원들에

[1] 포물면거울(parabolic mirror)은 오목거울의 하나로, 반사면으로서 회전 포물면을 사용한 반사경을 말한다.

[2] 왕관보석(crown jewel)이란 M&A 용어로 피매수회사의 사업부문 또는 자회사 중에서 자산가치, 수익가치 및 사업전망에서 가장 매력적인 사업부문이나 자회사를 말한다. 이 책에서는 알렉산드리아의 문화 중 가장 가치 있는 것을 일컫는 말로 쓰였다.

겐 위험한 암초와 모래톱을 피해 항구를 찾는 일이 쉽지 않았다. 그들은 길잡이로 삼을 만한 거대한 랜드마크가 필요했다. 이러한 필요에 따라 건물을 설계하다 보니 건물은 무려 90미터가 넘는 높이까지 올라갔고 이집트 하늘의 햇빛을 받아 환히 빛날 수 있도록 흰색 돌(석회석, 대리석, 화강암)을 재료로 삼았다. 약 60미터 높이의 사각 받침 위에 30미터 높이의 육각형 탑이 솟아 있고, 육각형 탑은 15미터 높이의 3층짜리 원통형 상단을 받치고 있었다. 꼭대기에는 항해사들의 구세주인 포세이돈의 동상이 금박을 두른 채 햇빛을 반사하고 있었다. 기저의 네 귀퉁이에는 트리톤 조각상(신화에 나오는 바다의 보초병)이 고대에 '무적(霧笛)'으로 쓰였던 소라껍데기를 불고 있다. 워싱턴 기념비의 절반 높이를 약간 넘는 알렉산드리아의 등대는 당시의 고대 건축물 가운데 가장 높았다. 기자 피라미드 세 개 중 두 개만이 이보다 높을 뿐이다. 파로스 등대는 이집트의 오벨리스크로부터 설계의 영감을 얻었는데, 30미터 높이의 오벨리스크 역시 이집트인이 숭배하던 태양신

그림 8
알렉산드리아 등대의 상상도.

라가 내린 빛을 반사하도록 금박을 두르고 있다.

등대 안으로 들어가면 가장 낮은 층에 있는 넓은 계단에서 시작해 좁은 나선형 계단을 타고 올라가 꼭대기까지 닿을 수 있었다. 벽에 뚫린 유리창들을 통해 들어오는 빛이 계단으로 올라가는 사람을 비췄고 건물의 가장 높은 구획에는 화로가 자리 잡고 있었다. 구부러진 반들반들한 구리거울 덕분에 등불은 밤에도 맹렬히 타올라 50킬로미터나 떨어진 바다에 있는 배들도 불빛을 볼 수 있었다. 낮에는 햇빛이 거울 안에서 일렁거렸다. 이를 보고 '밤에는 마치 반짝이는 별처럼 보인다.' '낮에는 피어나는 연기를 볼 수 있다.'라는 글을 남긴 여행자도 있었다.

하지만 불을 지필 땔감을 어떻게 조달했을까? 이집트에서는 통나무가 귀했으므로 경이로운 일이 아닐 수 없다. 연료로 삼을 수 있는 것들은 수입한 나무나 올리브유, 말린 거름 정도였다. 100미터가 넘는 탑 꼭대기에 어떻게 연료를 올릴 수 있었는지는 아직도 풀리지 않은 수수께끼다. 물론 화로는 더 낮은 층에 있어도 무방했다. 하지만 화로가 아래에 있다면 불빛을 꼭대기까지 보내기 위해 거울이 줄을 이루고, 연기로 찬 굴뚝이 등대 안에 있어야 했을 것이다.

소스트라토스
기원전 4~3세기경 그리스의 건축가로 소아시아(오늘날 터키) 크니두스 출신이다. 프톨레마이오스 2세의 지시로 알렉산드리아의 파로스 등대를 설계했다. 이 등대를 권위의 상징으로 삼으려 했던 프톨레마이오스 2세는 등대에 자신의 이름을 새길 것을 명했으나 후대에 자신의 이름이 알려지길 바란 소스트라토스는 대리석에 자신의 이름을 새기고 그 위에 회를 덧칠해 왕의 이름을 새긴 일화로 유명하다.

파로스 등대를 설계한 소스트라토스Sostratus는 그리스의 기술자이거나 부유한 알렉산드리아의 신하였을 것이라 추측된다. 출처를 알 수 없는 설화에 따르면 소스트라토스는 대리석에 자신의 이름을 아로새긴 다음 석고로 덮고 그 위에 왕의 이름을 새겼다고 한다. 프톨레마이오스 2세의 이름은 시간이 흐르며 지워지겠지만, 자신의 이름만은 영원토록 남겨 온 세상에 명성을 드높이기 위해서 였다.

고대 7대 불가사의답게 파로스 등대는 모자이크, 동전, 심지어 석관에까지 새겨졌다.그림 9 이 과정에서 고대 로마의 항구 오스티아Ostia를 비롯한 고대 등대의 모델이 되는 동시에 현대식 등대의 모델로 자리 잡았다. 천재 건축가의 상징물로 자리 잡은 파로스 등대는 1300년에 대지진으로 무너질 때까지 1500년 가까운 시간을 선원들의 이정표로 당당히 자리매김했다.

곤경에 처한 선원들을 돕는 것 말고도, 그리스 신화에서 나오는 것처럼 거울은 치명적인 무기로도 쓰였다.

그리스 신화에서 등장하는 메두사는 보는 순간 돌로 변하는 무서운 고르곤 괴물이었다. 이 괴물을 해치우겠다고 결심한 영웅 페르세우스는 아테나 여신으로

그림 9
알렉산드리아의 등대가 새겨진 로마제국 시대의 동전.

부터 반들반들한 구리방패를 얻고 이를 교묘히 이용하는 방법을 배웠다. 메두사의 은신처를 발견한 그는 메두사 뒤로 몰래 기어올라갔다. 페르세우스는 눈을 마주치지 않기 위해 고개를 돌리고 방패에 비친 모습을 바라보며 살금살금 다가가 칼을 휘둘러 고르곤의 목을 베었다.

전쟁에서 쓰이는 거울의 효용은 신화에만 국한된 것이 아니었다. 고대의 역사에서 과학적 독창성을 발휘해 실제로 거울을 전쟁에 이용한 적이 있었다.

기원전 3세기경, 로마인들은 서부 지중해의 패권을 두고 북아프리카의 도시국가인 카르타고Carthago와 경쟁했다. 카르타고인들은 아프리카에서 이미 로마인들에게 패한 적이 있었음에도 한니발Hannibal의 지휘 아래 이탈리아 북부에서 알프스를 다시 건너 로마인들과 전쟁을 벌이려 했다. 이때 과거 로마와 동맹을 맺었던 시라쿠사Siracusa의 부강한 도시국가인 시칠리아는 카르타고를 지원하기로 하지만, 시라쿠사를 다시 발밑에 두고 싶었던 로마인들은 기원전 213년, 육·해군 연합군으로 시라쿠사를 포위했다.

수백 년 전 그리스 혈통의 군주가 시라쿠사를 그리스의 식민지로 삼은 적이 있었다. 카르타고가 패배한 제1차 포에니 전쟁 직후, 그리스 수학자 아르키메데스는 기원전 300년경 시라쿠사에 거처를 마련하고 도시국가를 다스리는 왕을 위해 일했다. 로마의 습격을 예언한 그는 제2의 고향이 휘말릴 전쟁을 대비하도록 자신의 재능을 펼쳤다.

아르키메데스가 발명한 가장 화려한 무기는 '죽음의 광선Death Ray'이라 알려진 레이저 총과 같은 장치였다. 이 무기는 시라쿠사의 항구로 돌진하는 로마의 전투함대를 불태울 수 있었는데, 이 이야기는 그리스 역사학자 카시우스 디오Cassius Dio(서기 164년~229년경)가 로마의 번성을 광범위하게 설명하는 책 《로마사History of Rome》에서 등장한다. 시라쿠사가 어떻게 포위되었는지, 아르키메데스가 어떻게 로마를 물리치는 데 기여했는지는 제15권에 등장하는데, 안타깝게도 책에서 이 부분이 찢겨 나갔다. 하지만 12세기 비잔티움제국에서 만든 두 권의 요약본은 남아있어 그 중 한 권에서 다음과 같은 사실을 확인할 수 있다.

'놀랍게도 아르키메데스는 로마 함대 전체를 한 줌의 재로 만들었다. 특수한 형태의 거울을 태양 쪽으로 기울여 배를 향해 광선을 모았다. 두껍고 평탄한 거울은 공기를 쉽게 달궈 거대한 화염을 일으켰다. 아르키메데스는 정박지에서 대기하고 있는 전함을 향해 거울을 비춰 함대 전체를 완전히 불태웠다.'

제2권에는 좀 더 자세한 설명이 나와 있다.

'마르켈루스Marcellus(로마 장군)가 방어군의 사정거리 밖으로

선단을 후퇴시키자, 늙은 아르키메데스는 육각형 거울 사이사이로
더 작은 사각형 거울을 배치하고
사슬로 움직일 수 있도록 경첩을 달았다.
그리고 한낮의 뜨거운 햇빛을 반사시켜
한 곳에 모아 놀라운 위력으로 사거리 안의 함대를 불태웠다.
아르키메데스는 자신의 무기를 이용해 마르켈루스를 격파해냈다.'

비잔티움 시대에 요약된 상기 자료들을 살펴보면 이야기의 핵심은 대동소이하지만, 서기 1200년경에 저술되었다는 점은 마음에 걸리는 부분이다. 게다가 자료에서 인용한 카시우스 디오의 글 역시 작가가 직접 장면을 목격하지도 않았고 전쟁 이후 4세기나 지나서 쓴 글이라는 이유로 자료의 신뢰성에 의혹을 품을 수 있다. 하지만 이와 별도로, 태양광을 이용한 고대 그리스의 '죽음의 광선' 무기가 과연 가능했을지는 충분히 의심할 만하다. 아르키메데스와 동시대에 살았던 디오클레스가 그러한 장치를 이론상으로 묘사하지만 않았더라도 이러한 의심은 더했을 것이다.

아르키메데스의 전설을 사실이라 확신했던 그리스 기술자 이오아니스 사카스Ioannis Sakkas는 1973년에 고대 스승의 업적을 그대로 재현했다. 그리스 황실 함대에 속한 70명의 선원이 거울처럼 반들반들한 쇠방패를 들고 늘어서자 목선에 불이 붙었다. 이러한 놀라운 쾌거는 후에 영화로까지 만들어졌다. 2005년에도 데이비

드 월리스David Wallace교수가 이끄는 MIT공대 학생들이 똑같은 위업을 재현했다. MIT팀은 일반 거울 127개를 구입한 다음, 거울을 하나씩 들고 캠퍼스 건물의 지붕에 두 줄로 서 아치형 모양을 만들었다. 그리고 30미터 밖에는 목선의 옆면을 본뜬 모형을 세웠다. 10분 뒤 학생들은 불꽃이 인 선체가 화염에 휩싸이는 광경을 목격할 수 있었다.

디스커버리 채널의 〈호기심 해결사Mythbusters〉 프로그램은 MIT팀을 초대해 실제 환경에서도 동일한 결과가 나올 수 있는지 실험했다. MIT팀은 반들반들한 동판으로 만든 0.3제곱미터 크기의 타일 4단을 쌓아 약 33미터 바깥에서 물 위에 떠있는 목제 보트를 겨냥했다. 한곳에 모인 태양광은 나무를 까맣게 그을리고 선체에 10인치의 구멍을 만들었지만 보트를 태우지는 못했다. 팀은 물에서 건져 올린 낚싯배가 아직 마르지 않은 탓이라고 추측했다.

월리스 교수는 아르키메데스가 실제로 태양을 이용한 '죽음의 광선'을 고안하거나 이용했다는 사실을 증명하지 못했다. 하지만 이러한 장비가 일정한 환경 아래에서는 실제로 작동한다는 사실은 증명해냈다. 항구에서 출렁이거나 노를 저으며 움직이는 배를 겨냥해 빛을 한 점에 모은다는 것은 말처럼 쉬운 일이 아니었을 것이다. 시라쿠사의 항구는 동쪽을 향해 있었다. 중천에 뜬 태양의 빛을 반사하려면 하늘도 맑아야 했다. 거울이 반사한 눈부신 빛은 공격 태세를 갖춘 로마의 지휘관과 선원의 시야를 방해했을 것이다.

아르키메데스의 용맹한 노력에도 로마인들은 결국 시라쿠사의 벽을 부수는 데 성공했다. 도시가 약탈자의 손에 넘어갔을 때, 아르키메데스는 로마 병사의 일어나라는 명령을 무시하다가 비참한 죽음을 맞이해야만 했다. 그는 모래 위에 기하학 도해를 그리는 데 정신이 팔려 있었다.

타는 유리

클라우디우스 프톨레마이오스

서기 1~2세기 천문학자이다. 그의 천문학 연구는 알마게스트라고도 불리는 《수학집대성 Mathematike Syntaxis》에서 잘 드러난다. 그는 천문학 연구를 통해 천체의 기제를 설명할 수 있는 수학적 모델을 수립했다. 하지만 지동설이 아닌 천동설의 관점을 따른 탓에 오류의 한계를 벗어날 수 없었다. 히파르코스의 학문적 성과를 기초로 하여 그는 48개의 성단을 항성표에 소개했다.

구부러지는 빛이나 산란 현상을 소개한 자료 가운데 으뜸을 살펴보려면 2세기까지 거슬러 올라가야 한다. 기원후 2세기 프톨레마이오스는 《광학Optics》이라는 책에서 굴절의 수학적 원리를 논의한 것뿐 아니라 테이블 윗면을 이용해 빛이 공기에서 물로, 공기에서 유리로, 물에서 유리로, 한 물질에서 밀도가 다른 물질로 이동할 때 무슨 일이 일어나는지 꼼꼼히 실험해 이론을 정립했다. 그는 빛이 밀도가 더 큰 물질로 이동할 때 반듯하게 나아가지 않고, 매질 표면의 수직면으로부터 각을 이뤄 진행한다는 사실을 발견했다. 또한 단계별로 눈금을 매긴 특수한 원판을 이용해 시선이 변할 때 물에 잠긴 물체가 얼마나 변하는지를 측정했다.(앞서 살핀 것처럼, 유클리드와 마찬가지로 프톨레마이오스는 '시야를 밝히는 빛'이 눈에서 나와 물체로 이동한다고 생각했다.)

프톨레마이오스가 이룬 업적은 오랜 기간 그리스인들에게 익숙했던 현상을 체계적으로 조사하는 일이었다. 이러한 현상은 우리에게도 익숙하다. 동전을 항아리 모서리 가까이에 놓은 다음 항아리에 물을 채우면, 동전이 항아리 한가운데로 이동하는 것처럼 보인다.(이 실험을 하려면 그리스인들이 썼던 것과 비슷한 무거운 동전이 필요하다. 그렇지 않으면 물을 부을 때 움직이지 않도록 동전을 연필 끝 지우개로 꾹 눌러야 할 것이다.) 프톨레마이오스가 기여한 바는 이미지의 변화를 꼼꼼히 측정하고 모든 입사각에 공통되는 굴절각을 예측하여 모든 상황에 적용할 수 있는 통일된 공식을 개발한 것이었다.

그리스인들이 일상에 적용했던 굴절의 원리는 고대 희극의 한 구절에서도 드러난다. 고대 그리스 희극의 거장은 기원전 5세기 아테네의 극작가 아리스토파네스Aristophanes였는데 희곡《클라우드The Clouds》에서 그는 소크라테스를 희화화하며 복잡한 추론이 도덕성을 해칠 수 있다는 사실을 풍자했다. 여기에서 아리스토파네스는 송사를 피하려는 스트렙시아데스라는 약삭빠른 인물을 소개한다.

스트렙시아데스 : 고소를 안 당하는 기막힌 방법을 알아냈어요.
내 말에 고개를 끄덕일 수밖에 없을 거예요.

소크라테스 : 어떻게요?

스트렙시아데스 : 음, 약국에서 파는 돌을 본 적 있나요?
투명한데다가 불을 붙이는 용도로 쓸 수도 있어요!

소크라테스 : 유리를 말하는 건가요?

스트렙시아데스 : 맞아요! 법정의 서기가 밀랍판에 소송사건을 쓰고
있을 때 그 사람 옆에 서서 돌로 햇빛을 받아 글자를
녹이면 돼요!

소크라테스 : 기가 막힌 생각이네요!

이 구절에서는 아르키메데스의 죽음의 빛이 등장하기 200년 전에 이미 아테네인들이 유리로 햇빛을 증폭시켜 불을 피웠다는 사실을 알 수 있다. 그렇다면 그들은 당연히 이러한 렌즈를 통해 물체를 확대해 볼 수 있다는 사실 또한 알았을 것이다.

유리로 햇빛을 증폭시키든, 렌즈를 통해 물체를 확대하든 빛은 굴절되거나 구부러진다. 유리의 표면에서 반사될 때 빛은 퍼져나가 우리 눈에 비치는 영상을 확대한다. 빛이 태양과 같은 방시체에서 나올 때, 빛은 렌즈의 곡면을 통해 초점에 맞춰져 열을 모은다. 하지만 과연 고대 그리스인들이 이러한 광학 원리를 이해했을까?

고대의 그리스인들은 아리스토파네스의 '볼록 렌즈burning glass'와 같은 곡면 렌즈에서 볼 수 있는 굴절현상을 연구하지 못했다. 그들이 렌즈를 시력 교정의 용도로 만들었는지는 여전히 학자들의 논의 대상이다. 유리뿐 아니라 크리스털, 호박으로 만든 투명한 렌즈와 같은 물체는 작은 물체를 자세하게 보기 위해서라기보다는 예술품이나 보석류의 장신구로 이용되었다.

유클리드의 제5 명제

아리스토파네스의 희극을 보고 폭소를 터뜨리기에 앞서, 기원전 5세기 아이스킬로스나 소포클레스Sophocles의 비극은 아테네의 관람객들에게 감동을 주기도 했지만 동시에 많은 생각에 잠기게 했다.

고대 그리스 연극은 겉보기에 매우 보수적이었다. 배우들은 전통 가면을 쓰고 무대는 표준화된 모형궁전이나 사원을 배경으로 했다. 하지만 5세기경, 사모스의 아가타르코스Agatharchus가 배경을 칠하는 데 혁신적인 방법을 도입했다. 원근법을 써서 가상의 배경

아가타르코스

기원전 5세기경 아테네의 사실주의 화가이다. 최초로 원근법을 이용해 무대 배경을 그린이로 전해진다. 그가 원근법을 이용해 그린 무대 배경으로 알려진 것은 아이스킬로스의 비극으로 그의 무대 배경은 착시효과를 매우 잘 살려 플라톤의 극찬을 받았다고 전해진다. 아가타르코스는 책을 통해 자신의 기술을 소개했고, 그리스 과학자들은 이에 영향을 받아 원근법의 비밀을 연구했다.

을 더 자연스럽게 만들었던 것이다. 사물의 일부가 전경의 앞에 도드라져 보이는 반면, 다른 사물은 멀리 있는 것처럼 보였다. 아이스킬로스와 소포클레스는 아가타르코스를 수하에 두고 무대의 그림이라는 뜻의 스케노그라피아skenographia(고대 그리스의 투시화법)라는 기술을 다룬 책을 남겼다.

당시까지 그리스 미술에서는 물병을 칠할 때 말고는 원근법을 거의 이용하지 않았다. 아가타르코스의 혁신 덕에, 더 많은 그리스 예술가들이 원근법을 시도했다. 예컨대 조각가들은 단축법이라 불리는 기술을 써 양각으로 새긴 대리석 프리즈[1]로 사원을 장식하거나 더 멀리 있다는 것을 표시하기 위해 배경에 있는 사람을 더 작게 만들었다. 그리스의 벽화를 그린 화가들은 모든 수평선에 하나의 소실점을 잡았다. 많은 학자는 이를 이탈리아 르네상스 예술가들의 공으로 돌린다. 르네상스 시대의 화가들은 비트루비우스Vitruvius와 같은 로마인이 후세에 남긴 자료와 유클리드의 책에 나온 시각의 고찰을 토대로 이러한 업적

1 프리즈(frieze)는 고대 신전 건축에서 주로 사용되던 건축 수법 가운데 하나로, 건축물 기둥의 바로 위에 위치한 엔타블레이처 중 가장 가운데에 위치한 부분을 말하는데 보통 장식띠를 의미한다.

2 고대 그리스의 도시국가 대부분은 중심지에 약간 높은 언덕을 가지고 있었는데 이것을 폴리스라고 불렀다. 그러나 시간이 지나면서 도시국가가 폴리스로 불리게 되자 원래 폴리스였던 작은 언덕을 'akros(높은)'라는 형용사를 붙여 아크로폴리스라고 부르게 되었다. 흔히 아크로폴리스라고 하면 아테네의 것을 말한다.

그림 10
파르테논 신전의 모습.

을 이룰 수 있었다. 현재까지 전해지는 유클리드가 그리스 초기에 남긴 책《광학Optics》에는 다음과 같은 명제들이 나온다. '서로 다른 거리에 있으면 같은 크기의 물체라도 다르게 보인다. 물체가 가까울수록 더 크게 보인다.'가 5번째 명제이고 '평행선도 먼 거리에서 보면 다른 거리에 있는 것처럼 보인다.'가 바로 제6명제이다.

파르테논 신전의 비밀

유클리드의 관찰에 따르면 실제 사물과 보이는 사물이 다르다. 말하자면 눈이 보이는 것에 속는 셈이다. 유클리드에 이어 광학을 연구한 헤론은 거울을 이용한 두 가지 실험을 그림으로 그렸다. 두 가지 실험 모두 광학의 원리를 이용해 착시를 유도했는데, 첫 번째 실험은 마치 자신이 하늘을 날고 있다는 착각에 빠지게 한다. 하지만 고대 그리스인들이 만든 착시의 사례 중 가장 인상적인 것은 바로 위대한 건축물이다.

아테네의 대신전 파르테논은 아크로폴리스[2]의 저 높은 곳에서 아래를 바라보고 있다. 그리스인들은 참혹한 페르시아 전쟁이 끝나고 난 다음 기원전 447년~438년 사이에 파르테논 신전을 만들었다. 그림 10 그들은 외세의 침략에 항거해 얻은 아테네의 승리를 기념하고, 시민의 삶을 지켜준 지혜의 여신, 아테나를 찬양하기 위해 이 신전을 건립했다.

아테네의 대표적인 정치가 페리클레스Perikles는 건축가 두 명에게 이 임무를 맡겼다. 완벽을 향한 아테네의 열정을 공유한 익티노스Ictinus와 칼리크라테스Callicrates는 파르테논 신전을 가장 완벽한 신전으로 만들고 싶었다.

사람의 눈에는 빛을 구부러뜨리고 굴절시키는 렌즈가 들어있다. 그 결과 공간에 있는 물체를 응시하면 수직선이나 수평선이 원래 모양과는 달리 구부러져 보일 수 있다. 우리는 이러한 현상을 가리켜 착시라 부른다. 선천적 한계로 우리의 눈에는 물리적 현실이 완벽하게 나타나지 않는다.

때때로 착시는 관찰자의 시야각 때문에 일어나기도 한다. 이는 원근법의 가장 흔한 실례다. 저 멀리 뻗어있는 평행선은 끝에 가서 합쳐지는 것처럼 보이지만, 실제로는 그대로 평행하게 뻗어있다. 저 멀리서 합쳐지는 것처럼 보이는 현상이 바로 착시다. 이와 마찬가지로 멀리서 보이는 물체는 가까이 있는 비슷한 크기의 물체보다 더 작게 보일 수 있다. 하지만 눈에 보이는 것과는 달리 실제 크기는 비슷하다.

이러한 왜곡 탓에 파르테논의 상부구조 라인이 수평이었다면, 중앙부가 오목하게 보였을 것이다. 마찬가지로 상단을 받친 커다란 기둥이 완벽하게 수직이었다면, 밑에서 쳐다보는 사람들의 눈에는 기둥 꼭대기가 자신을 향해 기울어져 건물 전체가 넘어지고 무너지는 것처럼 보였을 것이다. 이것 말고도 기둥 옆면이 완벽하게 평행했다면 각 기둥이 상대를 향해 굽은 것처럼 보여 기둥 중앙부가 하중을 지탱하기에 약해 보였을 것이다.

시각의 왜곡을 바로잡고, 신전이 불안정하고 기둥이 약하다는 인상을 불식시키려 이 두 명의 건축가는 일부러 상단 구조물의 중앙부를 구부러뜨려 완벽하게 수평으로 보이게 했다. 기둥은 안으로 구부러뜨려 사원의 내부가 똑바로 서 있는 것처럼 보이게 하고, 기둥의 옆면을 바깥으로 돌출시켜 단단해 보이게 했다.

실제로 파르테논 신전 전체를 통틀어 완벽하게 반듯한 곳은 없다. 모든 것이 구부러져 있다. 바닥 전체도 거대한 볼록렌즈처럼 부풀어 있다.

훈련되지 않은 눈으로 보면 잘 안 보이지만, 이러한 미세한 세공으로 익티노스와 칼리크라테스는 완벽한 이미지를 만드는 데 성공할 수 있었다. 실제로 그들은 아크로폴리스에 신전을 짓지 않고, 보는 사람의 마음에 가상의 건물을 지었다. 기원전 5세기 중반, 고전 건축술은 현실의 한계를 넘어 마음에 들 정도의 착시를 투사하게 하는 심리 작전에 성공하고야 말았다.

사실 모든 아테네인은 같은 심리작전의 주인공이 되어 착시를 진실로 착각했다. 페리클레스의 황금시대에 모든 아테네인은 자신을 신과 닮은 존재로 생각해 무적의 힘을 갖추고 인간의 약점에서 비롯되는 어떤 결과도 피할 수 있다고 믿었다. 이러한 사상으로 무장하고, 풍요를 노래하고, 이상적이고도 완벽한 인간상에 취한 결과 아테네는 식민지국들이 스파르타의 지휘로 반란을 일으킬 때까지 나머지 그리스 국가들을 모조리 지배하는 제국주의 국가로 변질하였다.

일부 극작가와 철학자들은 이러한 집단적 망상의 위험성을 잘 알고 있었다. 그들은 이웃 시민에게 자기기만이 얼마나 위험한 일인지, 목적이 수단을 정당화한다고 믿을 때 얼마나 위험한 결과를 가져오는지 경고했다.

플라톤은 사랑하는 멘토 소크라테스의 사형 집행을 돌이키며 아테네인들에게 편견이 얼마나 무서운지, 두려움 없이 진리를 찾는 일이 얼마나 중요한지를 알렸다. 플라톤은 그의 책 《공화국Republic》에서 수감자들에 관한 우화를 예를 들어 설명한다. 벽에 비춘 가짜 그림자가 접할 수 있는 현실의 전부인 수감자들은 세상을 있는 그대로 보기 위해 무지의 족쇄를 깨뜨리고 빛을 향해 나아가야 한다는 우화였다.

다른 철학자들은 그들이 맞서야 하는 더 깊은 현실로부터 사람들의 시선을 흩트릴 수 있다는 이유로 스

플라톤

기원전 5세기~4세기경 그리스의 철학자로 아테네 귀족 출신이다. 소크라테스의 제자였던 플라톤은 소크라테스가 정치적 희생양으로 몰려 독배를 마시고 사형당한 것에 분노하여 정치가의 꿈을 접고 세상을 주유했다. 40세에 아테네로 돌아와 학원 '아카데미아'를 창설했다. 그는 이데아설을 주창했으며 《대화편》을 비롯해서 30여 가지의 저작을 남겼다.

케노그라피아 회화 기법을 비난하기도 했다. 소포클레스가 비극 《오이디푸스 왕Oedipus the King》에서 장님 예언가 티레시아스가 오이디푸스 왕보다도 더 멀리 볼 수 있었듯, 눈 심지어는 마음마저도 우리를 속일 수 있기 때문이다.

아르키메데스의 유산

광학과 마찬가지로 고대의 과학이 현시대에 미치는 영향을 가늠할 수 있는 방법에는 여러 가지가 있다. 첫째, 고대 광학의 발명에서 영감을 얻은 현대 기술을 선별하는 방법이다. 둘째, 과거에는 없었지만 지금 존재하는 기술을 확인하고 이것이 고대의 실험과 추측 덕분이라는 사실을 확인하는 방법이다. 마지막으로 고대 그리스인들의 의식에 담긴 과학의 발자취에 영향을 받았거나, 아직 영향을 받지 못한 현대의 사고방식을 인식하는 일이다. 이것이 아마도 제일 중요한 방법일지 모른다.

첫 번째 방법으로 찾을 수 있는 기술의 유산에는 무엇이 있을까? 오늘날의 집광형 태양로를 들 수 있다. 이 장치는 아르키메데스가 만든 전설적인 '죽음의 광선'을 원형으로 한다. 미국 국립에너지재생연구실NREL은 20년 전에 콜로라도 골든 시Golden를 내려다보는 황량한 메사 위에 세계 최초의 태양로를 설치했다. 심장부에는 모터가 달린 32제곱미터의 평평한 거울이 설치되어 있다. 이 거울은 태양이 하늘을 가로지를 때 모터의 힘으로 태양의 경로를 따라가면서 일렬로 세워진 25개의 작은 곡면 거울을 향해 밝은 상을 비춘다. 곡면 거울은 받은 빛을 한데 모아 태양 5만 개를 한꺼번에 모은 것과 같은 열을 발생시킨다. 이를 산업에 응용하면 금속과 세라믹을 코팅하거나, 풍화과정을 더 신속히 측정하거나, 해로운 물질을 빨리 해독시킬 수 있다. 아르키메데스가 만든 파괴적인 무기, '죽음의 광선'의 기초 설계가 건설적인 용도로 사용된 것이다.

현대의 기술은 고대에 실험으로 발견한 것들을 더 폭넓게 활용했다. 고대 아테네에는 검안사나 안경사가 없었지만, 그리스인들의 빛의 굴절에 관한 관심 덕에 안경을 쓰고 콘택트렌즈를 착용해 시력을 교정하는 일이 후대 사람들의 일상적인 삶으로 자리 잡을 수 있었다. 그리스인들의 발견에 힘입어 렌즈를 발명할 수 있었고, 이는 현미경과 망원경의 발명으로 이어졌다. 또한 인간의 능력을 비약적으로 향상해 우주를 탐험할 수 있었다. 나아가 차등 굴절의 원리를 이해하면서 광섬유를 개발할 수 있었다. 현대 과학은 투명한 필라멘트가 굴절률이 낮은 물질로 둘러싸이면 필라멘트를 통해 빛의 자극이 이동할 수 있다는 사실을 발견했다. 광섬유란 이러한 발견의 산물이며, 광섬유가 전달하는 정보는 구부러진 케이블을 통해 거의 빛의 속도로 이동할 수 있다. 이는 수천 년 전, 클리템네스트라 왕비가 거리를 두고 타오르던 봉화를 이용해 아가멤논 왕이 트로이에서 돌아오는지 알아보던 원시적인 방법과 크게 다르지 않다.

그리스인들의 발상이 우리의 사고에 영향을 미치는지 알아보는 세 번째 방법으로 찾을 수 있는 것에는 무엇이 있을까? 그들이 착시를 어떻게 이해했는지를 아는 것이 가장 좋은 방법이다. 진리를 추구하는 과학에서 그리스 최고의 사상가들은 시각이 얼마나 중요한지 깨달았으나, '보는 것이 믿는 것이다'라는 말은 믿지 않았다. 그들은 보이는 것에 속을 수 있다는 사실을 알았기 때문이다. 요즘 세상에서 우리는 진실이라 믿는 것들의 대부분을 화면에 나타난 영상으로 접한다. 우리는 그들만의 이익을 위해 교묘하게 조작된 영상에 따라 판단을 내려서는 곤란하며, 착시의 위험성을 인지해야 한다. 결국 아테네인들은 아크로폴리스나 극장에서 건축과 무대의 왜곡이 만들어낸 매혹적인 기교에 속은 셈이었다. 오늘날 우리의 삶도 인공적인 전자 이미지에 둘러싸여 있으며 우리는 이러한 이미지에 꼼짝없이 속고 만다.

제4장

음향학

광학이라는 단어가 그리스 말 '눈'에서 나왔던 것처럼, '음향학acoustics'이라는 단어는 '듣는다akouo'라는 그리스어에서 나왔다. 오늘날 우리는 고대 그리스인 덕분에 이러한 단어를 사용할 뿐 아니라, 단어에서 유래한 과학의 근본원리도 활용하고 있다.

대장장이의 해머

음악성을 타고 난 그리스어 덕분에 그리스인들은 음악에 당연히 친밀감을 느꼈다. 한 음절을 다른 음절에 비해 강조해서 발음하는 대부분의 고대 언어(오늘날의 영어 역시 마찬가지다)와는 달리, 고대 그리스어는 올리거나, 내리거나, 올렸다가 다시 내리는 등 어조를 조절하는 방식으로 표현했다. 이러한 차이점 말고도 그리스어의 또 다른 특징은 음절의 길이가 다르다는 점이다. 말하자면 한 음절을 발음하는 데 시간이 얼마나 걸리느냐로 구분한다. 긴 음절은 짧은 음절에 비해 말하는 시간이 두 배나 더 길었다.

한마디로 말하자면, 고대 그리스어는 리듬과 음높이라는 음악의 기본적 요소를 담고 있었다는 얘기다. 그리스 시인들은 단어를 교묘하게 배열해 리듬과 높낮이, 때로는 멜로디를 만들어 리라(고대 그리스의 작은 현악기)나 플루트에 맞춰 시를 노래하기도 했다. 다른 고대 지중해 문명에서도 음악을 감상하고 악기를 연주했지만, 그리스어만이 유독 타고난 음악적인 면을 보였다.

그리스인들의 아름다운 소리에 대한 사랑은 문학과 신화 속에서 연주되는 음악들에서 명확히 드러난다. 그림 11 호메로스의 《일리아드》에서 공포심을 느낀 아킬레스는 쉬는 시간에 은으로 만든 수금(고대 현악기의 한 종류)을 치며 영웅들의 무용담을 노래했다. 한편 《오디세이아》에서는 오디세우스가 키르케와 칼립소 여신의 매혹적인 목소리에 반하거나, 사이렌의 죽음을 부르는 노래에 최면이 들린 일화를 소개한다. 시링크스라는 이름의 님프는 목신 판의 구애를 피해 두꺼운 갈대로 변신했다. 판은 서로 다른 길이로 갈

그림 11
리라를 가르치는 음악 선생과 학생, 기원전 5세기경.

대를 잘라 묶어 파이프를 만들었다. 똑같은 방식으로 판의 아버지 헤르메스는 거북이의 등껍질로 공명통을 만들고 소의 힘줄을 말려 현으로 삼았다. 모든 그리스 신화 가운데 가장 가슴 아픈 이야기는 말이 많다는 이유로 벌 받은 님프, 에코의 이야기다. 에코는 말을 못하는 대신 남이 말한 끝 단어를 반복할 수밖에 없는 벌을 받았다. 안타깝게도 에코는 나르키소스를 보고 첫눈에 반했지만, 자아도취에 빠진 나르키소스에게 거절당했다.

하지만 고대 그리스인들은 단순히 소리를 감상하는 것으로 만족하지 않았다. "소리란 무엇일까?" 그들은 질문했다. "어디에서 유래했고 어떻게 전해지는가?" 그들은 의아해했다. "왜 어떤 소리는 크고 어떤 소리는 부드러우며, 어떤 소리는 높고 어떤 소리는 낮을까?"

모든 것을 설명하려는 그리스인들의 끊임없는 호기심과 상상력을 생각한다면, 아무도 다음 일화가 사실인지를 장담할 수 없을 것이다. 하지만 일단 믿어보기로 하자.

철학자이자 수학자였던 피타고라스는 기원전 15세기의 어느 날 장사꾼들이 열심히 물건을 팔고 있는 장터를 어슬렁어슬렁 지나가면서 쨍그랑하는 큰 소리를 들었다.

대장장이에게 다가가자, 망치가 각종 금속을 내리칠 때 울리는 여러 가지 소리를 들을 수 있었다. 금속의 '음계' 중 일부는 높낮이가 제각기 달랐다. '이 차이를 무엇으로 설명할 수 있을까?' 그는 골똘히 생각했다. 그리스인들 말고는 그 누구도 여기에 의문을 품지 않았다.

처음에는 몇몇 대장장이가 힘이 더 세거나 크기가 다른 해머를 휘두르기 때문에 톤의 차이가 발생하는 것으로 추정했다. 따라서 그는 작업하는 일꾼이나 도구를 바꿔보라고 정중하게 부탁했다. 유별난 친구가 왜 그런 부탁을 하는지 궁금했던 탓에 일꾼들이 그대로 따라 해 보았지만 아무런 차이도 없었다. 해머가 내리치는 대상, 금속판의 크기가 달라야 톤의 높낮이에 변화가 생겼다.

집으로 돌아온 피타고라스는 다른 재료와 물체를 써도 똑같은 효과가 나타나는지 실험해 보았다. 판의 파이프와 튜브 하나하나가 길이에 따라 서로 다른 음을 낸 것처럼, 리라 역시 길이가 다른 줄로 다른 소리를 낼 수 있다는 것을 깨달았다. 줄이 하나만 달린 악기로 실험을 시작한 피타고라스는 줄 받침대를 이동하면서 들리는 음과 줄의 길이를 비교해 보았다. 예컨대 길이를 절반으로 줄이면 한 옥타브를 올릴 수 있었다. 길이를 두 배로 늘이면 한 옥타브를 낮출 수 있었다. 옥타브만 다른 톤을 동시에 소리 내면 한 가지의 조화로운 음이 들렸다. 마찬가지로 그는 병마다 양을 조절해 물을 채우면 두드릴 때 다른 소리가 난다는 사실을 깨달았다.

이러한 유추에 따라, 피타고라스는 그가 관찰한 모든 사례를 설명해 주는 일반 원리를 도출해냈다.(우리는 특수한 사례에서 일반적인 결론을 이끌어 내는 과정을 '귀납적 추리'라 부른다.) 또한 자신이 연구한 모든 질료와 물체를 숫자라는 공통된 법칙으로 설명할 수 있다는 사실을 깨달았다. 모든 악기에 내재한 규칙적이고 예측 가능한 톤의 전개뿐 아니라 함께 연주할 때 즐겁고 조화로운 소리를 만드는 음계(음악학자들이 옥타브라는 이름을 붙여 4옥타브, 5옥타브 등으로 부르는 것)는 고유한 진동수로 알려진 고정 비율과 관련이 있었다. 한편 피타고라스와 동시대에 살았던 히파수스Hippasus나 메타폰툼Metapontum도 두께가 다른 구리 원판을 일렬로 매달아 때리면서 똑같은 실험을 해 보았다.

피타고라스는 자연의 공통적인 법칙을 발견한 것뿐 아니라, 중대하고도 놀라운 두 가지 진실을 증명했다. 대자연은 정해진 순서에 따라 행동하고, 대자연의 길은 인간의 의식으로 구분되며 수학적 용어로 설명할 수 있다는 사실이다.

약 100년 후, 남부 이탈리아 출신 그리스 과학자 아르키타스Archytas는 단순한 상식을 응용해 더 큰 소리는 더 큰 힘을 가해 만드는 소리라고 추리했고, 더 큰 힘이 더 부드러운 소리에 비해 더 멀리까지 들릴 수 있다고 유추했다. 그는 또한 소리의 '속도'(우리가

아르키타스

기원전 5~4세기경 남이탈리아 타라스 출신으로 피타고라스학파의 철학자이자 수학자이며 동시에 뛰어난 군사령관이기도 했다. 아르키타스는 기계 과학의 창시자로 통한다. 그는 음악의 구조를 연구하면서 음높이가 진동의 속도나 주파수가 작용한 것이라고 주장했다. 또한 그는 수학적 용어로 음계의 본질을 설명했다.

지금 '진동'이라 부르는)가 높낮이를 결정한다고 추측했다. 다른 그리스 사상가들은 다름 아닌 공기가 소리 나는 곳에서 귀까지 이르는 길에서 전달매체로써 기능한다고 주장했다. 물과 공기를 통한다고 유추하는 학자들도 있었다. 그들은 연못에 돌이 떨어질 때 파문이 생기는 것처럼 소리가 시작된 곳에서 귀에 다다를 때까지 공기를 파도처럼 뚫고 지나간다고 주장했다. 또한 그들은 연못의 파문이 연못가에 다다랐을 때 반동하는 것을 보고 소리 역시 메아리처럼 반사될 수 있을 것으로 생각했다.

그리스 과학자들은 서로 다른 사건들의 공통점을 찾아 유추하고 추리하는 능력을 활용하는 과정에서 낡고 미신적인 설명 방법에서 벗어나(예컨대 '메아리는 다른 사람들의 말을 반복하는 님프의 목소리를 듣는 것이다.'와 같은 설명 말이다.) 새로운 설명을 찾았다. 짧게 말하면, 신화적 상상이 과학의 상상력으로 대체된 것이다.

극장의 과학

브로드웨이와 할리우드의 극장을 보면 25세기 전 그리스인들이 처음 세운 건축물이 떠오른다. 고대 그리스인들의 희곡은 비극을 탐험하는 과정에서 신과 인간의 소통, 운명과 자유 사이에 놓인 긴장을 탐구하면서 신화의 역사로 눈을 돌리는 경우가 많았다.

하지만 극장을 설계한 고대 그리스의 건축가들은 음향의 과학으로 눈을 돌렸다.

고대 그리스의 초창기 극장은 자연을 무대장치로 활용했다. 경사진 언덕에 청중을 앉게 하고 배우는 아래에 있는 평평한 땅에서서 대사를 낭독했고 합창단은 무대 위에서 노래하고 춤을 췄다.(당시 그리스의 연극은 모두 뮤지컬 연극이었으므로) 조명을 밝히기 위해 그리스 극장들은 야외에 지붕이 없는 무대를 마련했다. 시간이 흐르면서 나무로 만든 관람석을 설치했고 기초 무대 세팅을 위한 목조 건물을 만들어 배우들이 소품을 보관하고, 전통의상을 갈아입고, 가면을 쓸 수 있는 장소로 이용했다. 또한 이 건물은 문을 통해 드나들 수 있었다. 기원전 5세기 이후에야 비로소 바닥보다 높은 무대가 등장했다.

음향학적 관점에서 보면 배경에 설치한 나무는 배우의 음성과 합창단의 노래를 반사해 청중에게 보내는 용도였다. 역할을 맡은 배우들의 가면은 마이크처럼 목소리를 모을 수 있도록 입 주변이 크게 뚫려 있었다. 반면 그리스의 웅변가들은 배우들과 비교하면 조건이 열악했다. 이들은 마이크의 도움 없이 오직 발음과 목소리만으로 야외에 운집한 청중을 향해 연설해야 했다. 이러한 연설은 아테네의 민주주의를 위해 정례화된 절차였다. 호메로스의 영웅 이야기 《일리아드》와 《오디세이아》에서도 웅변가의 연설에 관한 이야기가 등장한다. 플루타르코스Plutarchos의 《데모스테네스의 인생Life of Demosthenes》에서는 기원전 4세기 아테네의 웅변가 데모스테네스의 일화를 구체적으로 소개한다. 데모스테네스는 사티루스Satyrus라는 배우로부터 발음을 배웠다. 그는 누구도 자신이 연습하는 소리를 엿듣지 못하도록 소리가 울리는 지하방이나 '음악 스튜디오'에서 몇 달씩 발음을 연습했다. 호흡법을 완성하기 위해 가파른 언덕을 뛰어오르며 연설을 하거나, 더듬거리는 습관을 고치기 위해 자갈을 입에 물고 발음을 연습을 하기도 했다. 이뿐만 아니라 그는 청중의 웅성거리는 소리에 묻히지 않도록 목소리를 키우기 위해 파도치는 소리에 맞서 해변에서 연설을 연습했다.

로마 기술자 겸 건축가 비트루비우스는 음향효과를 향상하려 그리스 극장 일부를 표준 양식으로 만든 다음, 극장 내부를 음의 높낮이를 조절하는 구리병으로 장식했다. 이는 야외무대의 소리를 키우고 모으기 위한 것으로 구리병은 야외무대의 관람석에 배치됐다. 이러한 병이 실제로 발견된 적은 없지만, 비슷한 도자기가 근처에서 발견된 적은 있다.

공동체가 부유해지면서 시민의식이 투철한 사람들이 너도나도 기부를 한 덕에 나무로 지었던 극장을 석회석과 대리석으로 개조할 수 있었다. 이러한 극장 역시 여전히 야외극장이었지만 이 고대 극장들 가운데 일부는 1만 명에서 1만 5천 명 사이의 관객을 수용할 수 있었다.

에피다우루의 미스터리

고대 그리스에서 가장 유명하고 사람들이 선망했던 극장은 아테네의 디오니소스 극장이었다. 연극의 수호신에게 바친 이 극장은 아크로폴리스의 남쪽 경사에 자리 잡고 있다. 한편, 현재까지 가장 잘 보존된 극장은 의술의 신 아스클레피오스에게 바쳐진 에피다우루스 성지Archaeological Site of Epidaurus에 있다. 아테네 남서쪽에 있는 이 성지는 프랑스의 루르드 성지와는 사뭇 다른 종교 유적으로 가득하다. 사람들은 이곳에서 대규모로 믿음의 치료를 행한다. 이 성지에 있는 원형극장은 1,400명이 넘는 인원을 수용할 수 있었기에 완벽한 음향시설이 필요했다. 폴리클레이토스 2세Polycleitos the Younger는 기원전 4세기의 건축기술을 이용해 이러한 시설을 만들었다. 지금도 가장 높은 자리인 55열에서는 무대 저 아래 쪽에서 희미하게 속삭이는 소리나 동전 떨어지는 소리까지 들을 수 있다.

사람들은 완벽한 음향이 나오는 이유가 줄곧 반원 형태의 좌석 공간을 완벽한 대칭으로 설계했기 때문이라고 생각했다.그림 12 좌석공간은 중간이 잘린 원뿔꼴의 거대한 스피커 같았다. 또한 야외무대에서 청중을 향해 부는 바람이 배우들의 목소리를 전달해 주는 것일지도 모른다는 가설을 제기하기도 했다.(하지만 실험 결과 바람이 그처럼 빨리 불면 소리를 잠재운다는 사실이 드러났다.)

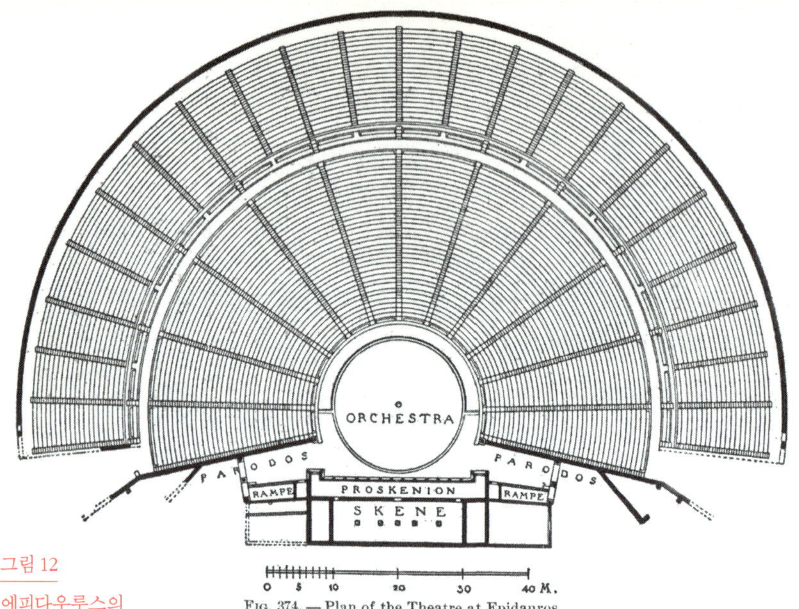

FIG. 374. — Plan of the Theatre at Epidauros.

그림 12
에피다우루스의 극장설계.
출처《그리스의 건축물(Greek Architecture)》 앨런 마르콴드(Allan Marquand), 1909년.

겨우 최근에야 조지아 공과대학의 기술자 니코 데클레르크Nico Declercq와 신디 데카이저Cindy Dekeyser가 전자식 측정장비를 이용해 데이터를 처리하면서 완벽한 해답을 발견했다.

그들은 골지형태의 석회로 만든 관객석이 각기 다른 주파수의 음파를 진동시키는 필터 기능을 한다는 것을 발견했다. 500Hz 이하의 베이스 주파수(좌석에 앉은 청중들의 부석거리는 소리 수준)는 묻히는 반면, 500Hz가 넘는 트레블 주파수(배우나 합창단의 소리 수준)는 청중의 귀에까지 들렸다. 무대에서 나왔으나 관객에게 도착하기 전에 '잃어버린' 낮은 주파수는 '가상의 음높이'로 알려진 신경기전neural mechanism을 통해 보충할 수 있었다. 신경기전을 통해 인간의 뇌는 자동으로 낮은 주파수를 재건해 보통의 환경에서 들리는 소리로 만든다. 노트북 컴퓨터나 전화에 들어가는 작은 스피커를 통해 소리를 듣는 것과 동일한 효과다.

좌석을 '규칙적으로' 배열해서 극장의 음향 효과를 개선할 수도 있었다. 이는 데클레르크Declercq가 제시한 아이디어로, 그리스인들과 마찬가지로 화음의 기저를 이루는 수학적 원리를 따르기 위해 줄마다 일정한 간격을 두었다. 폴리클레이토스 2세는 첫 삽을 뜨기에 앞서 다양한 좌석 크기와 모양, 언덕 경사의 자리에 따라 각기 다른 음향 효과를 실험하면서 설계를 완성할 수 있었다. 비트루비우스는 이후 그의 책 《건축십서On Architecture》에서 이렇게 저술했다.

> "경험이 풍부한 건축가들은 대자연의 섭리를 따라 어떻게 목소리가 들리는지 조사하여 극장의 경사를 설계했다. 그들은 무대의 소리가 청중에게 더 명확하고 달콤하게 들릴 수 있도록 수학과 음악의 원리를 응용했다. 고대 시절부터 사람의 목소리를 증폭하기 위해 화성학의 원리에 따라 극장을 설계했던 것이다."

에피다우루스 원형극장에서 특히 주목할 부분은 광학이 음향학과 맞물려 관찰자들의 시각을 흠 없이 바로잡을 뿐 아니라, 음악과 인간의 목소리를 들을 수 있는 신기한 건물을 지을 수 있었다는 사실이다.

소리의 시대

인쇄물 광고와 영화, TV가 우리의 삶에 파고드는 영향 탓에 현 시대를 시각적 환상의 시대로 규정할 수도 있겠지만, 비슷한 논리로 청각의 시대라 불러도 무방할 것이다. 음향 기술자들의 창조적인 공헌 덕에, 우리는 콘서트 홀, 멀티플렉스, 홈시어터에 둘러싸여 고품질의 음향을 들을 수 있다. 방음 장치가 완비된 차를 타고, 좋아하는 작곡가가 작사한 편안한 가사나 멜로디에 푹 빠질 수도 있다. 이어폰을 끼면 외부세계와 단절된 나만의 공간이 펼쳐지고, 휴대폰으로 멀리 있는 가족이나 친구들이 마치 옆에 있는 것처럼 대화를 나눌 수 있다. 호기심 많던 고대 그리스 과학자들도 그들의 소리에 대한 탐구가 이토록 경이로운 전자제품을 낳게 될 것이라고는 상상조차 못했을 것이다.

제5장

기계학

고대 그리스인이 그리스 신화 속의 인간적인 신들과 다른 점은 무엇이었을까? 그것은 필멸의 존재이자 초능력이 없다는 점이었다. 이러한 이유로 그리스인들은 신을 숭배하고 부러워했다.

그리스인들은 신성을 얻고자 열망했으나 언젠가는 죽을 수밖에 없다는 사실을 알았기에 전쟁에서 겪은 영웅담을 과시하거나 문학이나 미술에서 불멸의 걸작을 남겨 죽음에 도전하려 했다. 아리스토텔레스 Aristotle는 그의 책 《니코마스 윤리학》에서 '할 수 있는 데까지 불멸의 삶을 추구해야 한다.'고 말하기도 했다. 붓과 창칼로 세상에 이름을 드높였지만, 그리스인들은 타고난 인간으로서 신들의 들끓는 변덕에 사로잡힌 보잘것없는 존재였다. 하지만 그들은 이러한 인간적 한계에 아랑곳하지 않고 자신들의 힘을 기념하고자 했다. 그들은 4년마다 개최되는 올림픽 경기에서 힘, 체력, 스피드를 제우스에게 뽐냈다. 그리스 신화에는 바다의 여신 테티스의 아들 아킬레스, 제우스의 아들 헤라클레스처럼 신을 아버지나 어머니

아리스토텔레스

기원전 4세기경 그리스 스타게이로스 출신으로 플라톤의 제자이자 철학자이다. 아리스토텔레스는 날카로운 관찰력과 종합력으로 다양한 측면을 연구했다. 생물학 분야에서 그는 수많은 종을 수집하고 동물을 종류별로 나눠 피라미드식으로 분류했고 기계학 분야에서는 힘과 관성의 효과를 논의하고 움직이는 기계의 작동 원리를 기술했다. 플라톤의 아카데미아에서 청년기를 보낸 그는 기원전 335년, 아테네 동부에 자신의 학교 리케이온(Lykeion)을 세웠다.

그림 13
헤라클레스가 자신이 사냥한 사자의 가죽을 씌운 곤봉에 기대어 서 있다.

로 둔 영웅들의 이야기가 차츰 늘어났다. 성스러운 피가 흐르는 강하디강한 영웅들은 후세에 길이 남을 이야기의 주인공이 되었다. 그림 13

이와 반대로, 그들이 가장 두려워한 것은 힘을 잃는 일이었다. 그리스 신화에서 가장 유명한 세 명의 죄인은 하데스라 불리는 지옥에 갇혀 몸을 마음대로 움직일 수 없는 가혹한 처벌을 받았다. 탄탈루스는 물을 마셔 갈증을 채울 수도 없었고, 과일을 따 먹어 허기진 배를 채울 수도 없었다. 티티오스는 굶주린 독수리가 자신의 간을 쪼아 먹는 광경을 두 눈으로 바라보고, 시지푸스는 산마루에서 굴러떨어지는 바위를 끊임없이 밀어 올려야 했다.

시지푸스는 손과 발로 몸을 지탱하며
돌을 계속 언덕 위로 밀어냈다.
하지만 산마루 너머로 넘기려는 순간마다 육중한 돌은
여지없이 시지푸스의 머리 위로 굴러 떨어졌다.
시지푸스는 평지를 향해 쉬지 않고 굴러간 돌을
다시 안간힘을 써서 밀어냈다.
시지푸스의 온몸에는 진땀이 흐르고
머리 위로는 흙먼지가 피어올랐다.

지적 호기심이 끊이지 않고, 힘에 끊임없이 매료되고, 인간의 한계에 도전했던 그리스인들이 물질과 에너지 사이의 역동적인 상호작용을 발견한 것은 어찌 보면 당연한 일이었다. 실제로 그리스의 사상가들은 올림픽 경기를 보면서도 인간이 물질세계에 미칠 수 있는 영향을 탐구하려 들었다.

그리스 신화에 의하면 탄탈루스는 신들의 능력을 시험하는 죄를 저질러 지옥의 호수 속에 턱까지 잠기는 벌을 받게 되었다고 한다. 그가 물을 마시려고 몸을 숙이기만 하면 입이 닿지 않도록 수위가 낮아지고 나무에서 과일을 따 먹으려 하면 바람에 나뭇가지가 들려 끝없는 굶주림과 목마름의 고통을 겪었다고 전해진다. 티티오스 또한 헤라에 꾐에 속아 죄를 저질러 큰 바위에 두 손이 묶인 채 두 마리의 독수리에게 매일 간을 쪼아 먹히고 다시 간이 생겨나는 끊임없는 고통의 형벌을 받았다. 시지푸스는 코린토스의 왕으로, 죽은 뒤 신들을 기만한 죄로 저승에서 큰 바위를 가파른 산꼭대기로 밀어 올리는 형벌을 받았다. 바위는 정상에 다다르면 다시 밑으로 굴러내려 처음부터 다시 돌을 정상으로 밀어 올려야 하는 영원한 형벌이었다.

올림픽의 아리스토텔레스

그리스의 가장 위대한 철학자 세 명은 올림피아에서 4년마다 개최하는 행사를 열렬히 사랑했다. 소크라테스는 올림피아에 가기 위해 하루 이틀도 아닌 5~6일을 꼬박 걸었다. 플라톤은 레슬링 훈련을 거듭해 금메달까지 땄다. 아리스토텔레스는 육상선수들의 몸이 아름답다고 생각해 모든 올림픽 우승자들을 꼼꼼히 기록했다.

아리스토텔레스와 같은 철학자의 눈에는 단순한 스포츠 이상의 뭔가가 보였다. 사과나무에서 사과가 떨어지는 것을 보고 그 이상의 것을 발견한 아이작 뉴턴에 비유할 수 있을 것이다. 뉴턴의 조수, 존 콘듀이트

John Conduitt는 이 역사적인 사건을 이렇게 기억한다.

> 1666년, 골똘히 생각하며 정원을 걷던 그는 땅에 떨어진 사과를 보며 이렇게 만든 중력의 힘이 더 먼 곳까지 미칠 것이라는 생각을 했다. 그는 이 힘이 달까지 미치지 않으리라는 법은 없다고 중얼거렸다. 만약 그렇다면 공전궤도를 유지하는 달의 움직임에 영향을 미칠 수 있을 테고, 그는 그러한 가정에 따라 발생하는 효과를 계산할 수 있을 것이다.

이와 마찬가지로, 증명이 어렵더라도 아리스토텔레스와 같은 이들은 올림피아의 육상경기를 보면서 현상 이면에 놓인 보이지 않는 물리적 원리를 추정하려 들었다.

자연스럽게 그들은 달리는 육상선수를 보면서 속도, 거리, 시간의 상호관계를 숙고했다. 한편으로는 일정한 무게를 지닌 대상, 한편으로는 그 대상물을 적정한 거리로 이동하는 데 필요한 힘을 생각하며 상호관계를 이론화하는 데 이러한 발상을 응용했다.

아리스토텔레스는 이렇게 말했다.

> 일정한 힘이 물체를 움직인다면, 그 물체는 무언가의 안에서, 그리고 무언가를 넘어서 이동한 것이다. ('무언가의 안에서' 라는 말에서 무언가란

일정한 시간을 의미하고 '무언가를 넘어서' 에서의
무언가란 일정한 거리를 의미한다.)
그 결과 A 크기의 힘이 B라는 물체를
D의 시간에 C의 거리만큼 이동시켰다면, D의 시간에 A 크기의 힘을
가하면 B보다 두 배 가벼운 물체를 C의 두 배 거리만큼 이동시킬 수 있다.
이와 마찬가지로 D의 절반의 시간에 B보다 두 배 가벼운 물체를 C의
거리만큼 이동시킬 수 있다.
힘과 시간, 거리의 상호관계가 공통되기 때문이다.
—아리스토텔레스 《물리학Physics》 中에서

여기에서 핵심은 그리스인들이 실생활의 경험으로부터 보편적으로 적용할 수 있는 원리를 끌어내고 이것을 기타 현상에도 적용할 수 있는 수학적 용어로 추상화시켰다는 것이다. 이에 덧붙여 그리스인들은 우주의 해석에 삶의 행위(이성의 역할과 감정의 역할), 정치의 원동력(개인적 필요와 국가의 필요), 예술의 창조(건축의 구성요소와 조각의 해부학적 부분의 크기가 서로 다른 것)처럼 섬세한 비율적 요소를 적용했다.

이와 마찬가지로 원반던지기나 창던지기 경기를 지켜보면서 아리스토텔레스는 왜 손을 떠난 원반이 공기를 가르며 날아간 다음 갑자기 멈추는지 의문을 품었다.그림14이에 대해 아리스토텔레스는 다음과 같이 기술했다.

그림 14
마이런의 원반던지기를 재현한 고대 대리석상.

물체를 던진 손이 더 이상 닿지 않아도 물체는 움직인다. 이러한 현상은 이동 때문에 일어나거나 충격을 가해 가속된 공기가 투시체를 더 빨리 이동시키기 때문에 일어난다. 그 누구도 한번 움직인 물체가 어디에선가 정지하는 이유를 알지 못한다. 왜 여기에 머무르지 않고 거기에 머무르는 걸까? 물체가 어디엔가 정지해 있거나, 한번 움직이면 더 힘센 무언가가 길을 막기 전까지는 계속 움직일 것으로 생각하는 게 당연하다.

—아리스토텔레스 《물리학Physics》 中에서

관성의 법칙을 발견하는 여정에서, 아리스토텔레스는 명확한 답이 없었음에도 질문 던지는 것을 주저하지 않았다. 이러한 확고한 호기심이 있었기에 과학적 발견이 가능했고 그리스인들에게 자연스럽게 찾아온 호기심은 자유를 갈망하는 정신을 잉태했다.

올림피아의 경기장에서 멀지 않은 곳에 축제를 통해 제우스에게 영광을 돌렸던 신전이 있었다. 그 신전 안에는 고대 7대 불가사의 중 하나인 올림피아 왕좌 위에 앉은 제우스의 황금 상아상이 있었다.그림 15

그림 15
올림피아 신전의 왕좌에 앉은 제우스를 상상한 그림.
출처 마르텐 반 헤엠케르크(Maarten Van Heemskerck), 1527년.

올림피아 신전이나 아테네의 파르테논 신전은 대리석 벽돌로 만든 벽과 원통형의 대리석을 차례로 쌓은

정교한 원기둥으로 세워졌다. 일꾼들은 준비된 원통형의 대리석을 끌어올리고 그것을 세울 자리에 끼워 넣기 위해 도르래와 지렛대를 이용했다. 이 도구들은 아리스토텔레스와 같은 당시 학자들이 친숙하게 접한 비교적 간단한 기계장치였지만 이 장치와 장치의 원리를 이루는 과학은 별도의 문제였다. 도르래와 지렛대를 사용할 때 일하기가 쉬운 이유는 정확히 무엇일까? 어떻게 인간의 근력을 몇 배로 늘려 보통 사람이 슈퍼맨이 될 수 있는 것일까?

헬레니즘 시대까지 도르래의 기초 원리를 완벽하게 이해하지는 못했지만, 아리스토텔레스 시대나 그 이후 100년 내외에 지렛대의 원리를 이해한 것으로 보인다. 지렛대의 작용을 설명한 수학 공식은 아리스토텔레스의 저서 《기계학Mechanics》에서 찾을 수 있다. 이 책에서 그는 일정한 무게를 움직이기 위한 지렛대의 무게와 길이가 서로 반비례 관계에 있다는 사실을 적었다.

움직이려는 물체가 무거울수록, 지렛대는 더 길어야 한다. 달리 표현하면, 받침점이 물체에 가까울수록 물체를 드는 것도 쉬워진다. 이 사실은 석공들 역시 잘 알고 있었다. 지레의 원리는 물질과 에너지의 상호작용을 지배하는데, 당시의 이 석공들이 이면에 놓인 '지레의 원리'를 구성하는 수학적 비율을 최초로 발견한 과학자들이었다. 세월이 지나 그리스의 기술자 겸 발명가인 아르키메데스는 지렛대의 무한한 힘을 이론화하며 거창해 보이는 말을 남겼다. "내가 설 곳만 있으면 지구도 움직일 수 있다." 그의 말은 허세이긴 했지만 근본적으로 틀린 말은 아니었다.

물론 이보다는 훨씬 실용적인 목적으로 지레의 법칙을 이용한 사람들도 있었다. 예컨대 기다란 노를 들고 배 가운데에 탄 뱃사공은 더 쉽게 조류를 거스를 수 있었다.(비결: 받침점으로 작용하는 도울핀에서 노 젓는 사람 사이의 거리가 더 멀수록 힘이 적게 들기 때문이다.) 또 치과의사는 집게 한 쌍을 이용해 치아를 더 쉽게 뽑을 수 있다.(비결: 집게는 지레 한 세트가 결합된 도구이기 때문이다.)

전쟁의 엔진

이러한 실용적인 기계 원리는 곧 전쟁 기술에 적용되었다. 앞서 아르키메데스가 기원전 213년, 광학을 어떻게 이용해 시라쿠사를 포위한 로마 함대를 겨냥해 '죽음의 광선'을 고안했는지 살펴보았다. 자신의 지식을 실용적인 용도로 쓰는 것을 부끄러운 일로 생각했지만, 전시에 자신의 천재성과 지식을 이용할 수밖에 없었던 아르키메데스는 지레와 평형추를 거대한 '기계 발톱'이라는 무시무시한 무기로 발전시켰다.

항구로 다가오는 군함이 투석기의 사정거리 내에 들어오면
성벽에 나와 있는 스윙 빔에 강력한 체인으로 붙어 있는 쇠발톱으로

공격했다. 쇠발톱을 뱃머리에 던지자마자 무거운 납으로 만든 평형추를
땅에 떨어뜨려 배의 선미를 들어 올리고 뱃머리를 대롱대롱 매달았다.
배에 탄 적들은 공포에 휩싸였고 장치가 배를 갑자기 놓으면
성벽 앞에서 배가 전복되어 바다 밑으로 침몰하거나
전복되지 않더라도 엄청난 양의 바닷물이 배 위에 찼다.
종종 바다 위로 들린 배는 하늘에서 빙그르르 돌아 대롱대롱 매달려
쇠발톱이 미끄러져 빠지고 나면 선원들이 밖으로 튕겨 나가 온 사방으로
흩어져 배에 사람이 하나도 남지 않을 때도 있었다.
—플루타르코스 《플루타르코스 영웅전—마르켈루스》 中에서

헬레니즘 시대에 전쟁이 한창일 무렵, 군사기술은 응용과학에서 가장 핵심 부분으로 자리 잡았다. 이러한 군사기술은 포위 기술에 특별히 초점을 맞췄는데, 이를 실행한 사람은 아르키메데스가 태어나기 400년 전 아이네이아스 탁티쿠스Aeneas Tacticus(책략가), 300년 전 페르가뭄의 비톤Biton과 크테시비우스Ctesibius, 그의 후계자 비잔티움의 필론Philon(기원전 200년경), 아테나이우스 메카니쿠스Athenaeus Mechanicus(기계공학자, 기원전 100년), 알렉산드리아의 헤론Heron(서기 100년)이다. 이들이 쓴 책의 일부는 아직 남아있다. 이들이 개발한 것으로는 움직일 수 있고 길이를 조정할 수 있는 사다리, 쾌속 불화살 발사기, 용수철이 달린 투석기, 압축 공기로 발사하는 투석기가 있었다.

오늘날 군수산업은 평화를 가장 확실하게 보장하는 수단으로 무장을 장려한다. 이러한 현실을 사는 우리가 다음과 같은 헤론의 말을 들으면 그 탁월한 선견지명에 놀라게 될 것이다.

철학에서 가장 본질적이고도 광범위한 주제는
고정성tranquility이다.
철학자들은 이 주제를 엄청나게 고민했고
철학을 공부하는 사람이라면 누구나 이 문제에
몰두한다. 나부터도 고정성에 대한 탐구가 사람들의
입에 오르내리는 말로 정의되지는 않을 것이라 본다.
기계학은 움직이는 기계를 통해 인간이 고정적인 삶을
누리는 방법을 알려주었다.
기계와 삶의 동중정(動中靜)이라고나 할까.
이는 어떤 스승의 가르침보다도 훌륭했고,
특히 포대 건축이라 알려진 기계학 분야는
남다른 역할을 담당했다. 군사 장비의 제조를 위해
장비나 보급품만 제대로 공급된다면,
포대 건축술 덕에 안팎으로 적이 공격하지 않을까
두려워할 필요가 없다.
사람들이 포위선단을 어떻게 막는지를 알게 되자,

크테시비우스

기원전 3세기경 철학자이자 수학자, 기술자다. 크테시비우스는 기계학의 천재로 정교한 자동 시계 클렙시드라와 오르간을 만들었다. 이 두 기계는 기압을 이용한 사출기와 수력으로 작동했다. 또한 자동 물시계를 개량하면서 그는 피스톤 펌프를 발명했다. 그가 직접 남긴 문헌은 남아있지 않지만 필론과 헤론, 로마의 건축가 비트루비우스가 남긴 문헌에 그의 자취가 남아있다.

필론

기원전 2세기 비잔티움 출신의 수학자이자 기계학자이다. 기계학의 천재인 필론은 동전으로 작동하는 자동판매기를 설계했다. 그는 또한 군사용 투석기와 포위 장비를 개발했다. 또한 밀폐된 용기 안의 공기를 달구면 공기가 팽창해 불에 탈 수 있다는 사실을 실험을 통해 보여주었다. 발명과 실험 말고도, 암호작성술에 관한 책을 저술했다.

적들의 수준으로는 감히 공격하지 못하리라는 것을 알고

침입자를 더 이상 두려워하지 않았다.

—헤론 《발사무기의 제작술Artillery Manual》中에서

기계에서 나온 신

그리스인의 의식에 깃든 독창성은 전쟁터뿐 아니라 즐거움을 누리는 세계에서도 드러났다. 앞장에서는 음향학이 극장 공연을 어떻게 향상시켰는지를 알아보았다. 기계학 또한 이에 아주 극적인 역할을 담당했다.

무대에서 실제로 일어나지 않은 일을 연기하기 위해(예를 들어 주인공의 자살 같은 것들) 그리스 극장은 에퀴클레마Ekkyklema라 불리는 장치를 사용했다. 이 단어는 원래 '바퀴가 달린 무엇'이라는 뜻이다. 이 장치가 작동하는 원리를 정확히는 몰라도 두 가지 가능성을 생각해 볼 수 있다. 무대 세트에 설치된 출입문을 통해 무대 위로 장면을 굴려서 이동시키는 일종의 플랫폼이거나 내부 광경을 보여주기 위해 문이 달린 채 제자리에서 회전하는 무대였을 수도 있다. 이 밖에도 일반적인 그리스 극장에서는 머신machine과 동의어인 메카네mechane라 불리는 장치를 흔히 이용했다. 메카네는 무대 뒤에 놓인 크레인으로, 무대 저 꼭대기에서 빙그르르 돌

며 무대를 도르래로 들어 올릴 수 있는 장치였다. 배우는 커다란 바구니에 들어가거나 벨트로 고정된 채 대롱대롱 매달려 그리스 신을 연기했고 다른 곤경에 처한 인물들의 해결사가 되어 모든 상황을 원만히 해결했다. 라틴어로 이러한 배역을 '데우스 엑스 마키나deus ex machina' 또는 '기계에서 나온 신'이라 불렀다. 이 표현은 요즘에도 극에서 인물이나 사물이 갑자기 등장해 상황을 반전시키는 결과를 가져오는 경우에 쓰인다.

아테네의 디오니소스 극장가에는 아테네의 민주주의라는 '연극'을 위해 만든 기계가 하나 더 있었다. 아테네 시민의 광장 아고라에는 클레로테리온kleroterion이라 불리는 슬롯머신이 있었다. 배심원을 뽑는 용도로 쓰였던 이 기계는 너비 0.9미터, 높이 1.5미터의 두꺼운 돌판을 55개의 슬롯으로 잘라 일정한 열과 행으로 배치했다. 후보군에 오른 배심원이 이 기계장치에 다가가 나무 또는 구리로 만든 신분증을 재판장에게 건네면 재판장은 이 기계의 슬롯에 신분증을 집어넣었다. 슬롯이 꽉 차게 되면 재판장은 기계 옆 철제 튜브의 상단에 붙은 철제 깔때기에 자루에 담긴 흑백 공을 쏟았다. 하단에 붙어있는 크랭크crank(회전운동을 하는 기계장치) 모양의 손잡이를 돌리면 공 하나가 밖으로 나왔다.(요즘 흔한 껌 자판기와는 다르다.) 흰색 공이 나오면 그 열에 해당하는 배심원 후보들은 재판에 참여할 자격을 얻었다. 검은색 공이 나오면(반대일 수도 있다.) 해당 열의 배심원들은 다음 기회를 기다려야 했다. 재판장은 다른 재판에 참여할 배심원을 고르기 위해 이 작업을 반복했다.

클레로테리온은 아고라 박물관에 전시된 값진 유산이다. 전시된 클레로테리온은 모형이 아닌 진품이지만 온전한 모습으로 보전되어 있지는 않다. 클레로테리온이 값진 이유는 고대 아테네의 진귀한 유산인 점도 있지만, 그리스가 현세에 남긴 가장 위대한 선물 가운데 하나를 상징하기 때문이다. 그 선물은 무엇일까? 바로 배심 제도이다. 헬레니즘이 낳은 배심 제도는 그리스인들이 집단을 형성한 개인의 힘을 믿었다는 사실을 보여준다. 그들은 정의를 수호하고자 한데 모은 지성의 힘을 발휘했다.

경이로운 기계장치의 박물관

그리스인들의 독창성은 신화적 상상을 현실로 옮긴 헬레니즘 시대에 꽃을 피웠다. 특히 자동화와 로봇공학 분야에서 이러한 성취가 두드러졌다.

전형적인 그리스 발명가 중 한 사람으로 다이달로스를 꼽을 수 있다. 전설에 따르면 다이달로스는 트로이 전쟁이 발발하기 수백 년 전에 살았다고 한다. 그는 아테네가 고향이었지만 자신의 실력을 뛰어넘는 제자를 시기하여 죽인 혐의를 받고 형벌을 피하고

다이달로스
그리스 신화 속 인물로 명장(名匠)이라는 뜻의 이름인데, 대장장이 신 헤파이스토스의 자손이다. 다이달로스는 미궁을 설계하고 살아 움직이는 듯한 조각상을 만들었으며, 도끼 · 송곳 · 자 등 많은 연장을 발명했고, 아들 이카로스와 함께 날개를 만들어 인류 최초로 하늘을 날았다. 이 이야기의 사실 여부는 알 수 없지만, 영국의 고고학자 아더 에반스(Arthur Evans)가 설화의 배경이 되는 유적을 발굴했다.

자 크레타 섬으로 탈출했다. 그는 곧 크레타 섬의 미노스 왕의 궁정 건축가가 되어 반인반수 괴물 미노타우로스를 가두기 위해 미로로 된 감옥을 설계했다. 설계의 비밀을 누설한 죄로 감옥에 갇힌 다이달로스는 아들 이카로스와 함께 깃털, 밀랍, 나무로 날개를 만들어 미노스 왕의 궁전을 탈출했다. 이에 그는 아들과 함께 역사상 최초로 하늘을 난 인간이 되었고, 신화 속 항공학의 창조자가 되었다. 그림 17

전설에 따르면 다이달로스는 보거나 걸을 수 있을 정도로 마치 살아 있는 것처럼 보이는 조각상을 만들었다고 한다. 게다가 그는 수은을 부으면 움직이는 아프로디테 여신의 조각상을 만들었다고도 전해진다.

크레타 섬에 사는 탈로스라는 이름의 구리로 만들어진 조각상은 하루에 세 번씩 해변을 따라 거닐며 보초를 서고, 바위를 굴려 침입자를 막거나 벌겋게 달아오른 구리 상태로 적을 끌어안아 태워 죽였다고 한다. 아폴로니오스 Apollonius에 따르면 탈로스의 유일한 약점은 '피'를 운반하는 혈관이었다.

현세에 전해지는 그리스 문학 가운데 가

그림 17
자신과 아들 이카로스를 위한 날개를 만들고 있는 다이달로스.
프레드릭 레이튼 (Frederick Leighton), 1869년.

장 오래된 호메로스의 《일리아드》에는 트로이 전쟁이 한창일 무렵 대장장이 신(神) 헤파이스토스가 신들의 파티장과 자신의 대장간 사이를 자동적으로 왔다갔다 하며 음식을 나르는, 황금 바퀴가 달린 쟁반을 만들었다는 내용이 있다. 게다가 절름발이였던 헤파이스토스는 대장간 안에서 손쉽게 움직일 수 있도록 생각하고, 말하고, 움직일 수 있는 하인을 황금으로 만들었다고 한다. 이와 같은 이야기에 상상력이 한껏 부푼 그리스인들은 살아 움직이는 로봇이나, 최소한 모형 로봇을 만들기 위해 온 힘을 기울였다.

사물의 운동과 관련된 가능태와 현실태의 차이점에 대해 논의하면서, 아리스토텔레스는 직접 두 눈으로 본 '경이로운 자동 장치'를 최초로 기록했다. 외부의 도움 없이 움직이는 놀라운 기계였지만, 그 기계가 언급된 아리스토텔레스의 책 《동물의 운동movement of animals》, 《동물의 발생에 대하여on the generation of animals》, 《기계학Mechanics》에는 움직이는 원리에 대해서는 자세한 설명은 없다.

한편, 그의 다른 책 《꿈에 대하여On Dreams》에 아리스토텔레스는 물 밑에 잠긴 인공 개구리에 관한 기록도 남겼다. 그에 따르면 이 개구리를 누르고 있던 소

아폴로니오스
기원전 3세기경 소아시아 페르가 출신으로 주로 알렉산드리아에서 활동했다. 그는 고대의 마지막 수학자로 타원을 포함한 원뿔 곡선을 폭넓게 연구한 것으로 유명한데 그가 저술한 《원뿔곡선론》 8권은 고대 최고의 과학서 중 하나로 꼽힌다. 그는 행성의 위치를 예측할 수 있도록 수학 지식을 이용해 행성의 공전 궤도를 이론화하여 주전원설과 편심원설도 처음으로 주창하였다.

아리스토텔레스는 운동, 인과관계, 윤리학, 생리학을 분석하는 철학적 개념으로 가능태(potentiality)와 현실태(actuality)를 사용한다.

금이 용해되면서, 잠겨 있던 개구리가 한 마리씩 수면 위로 떠올랐다고 한다.

고대 자동장치 가운데 최고의 걸작은 헬레니즘 시대의 천재, 헤론이 고안했다. 그 놀라운 장치는 바로 '자동 극장'이었다. 그는 극장의 도안을 아주 자세히 묘사했는데, 도안에는 세계 최초의 회전하는 캠축과 무게추를 천천히 끌어올리는 모터, 여러 대의 비행기가 날아가는 3차원적인 무대 장면이 담겨 있었다. 헤론은 이 무대에서 시연할 수 있는 수많은 시나리오의 윤곽을 구상했다.

처음 출발점에 있던 자동장치는 우리가 뒤로 물러서자
마지막 지점을 향해 움직이기 시작했다.
장치가 멈추면 디오니소스의 제단에 불이 붙고
우유와 물이 신의 권좌에서 쏟아져 나오며 포도주 또한
컵에서 쏟아져 나와 발밑에 있는 표범 위로 떨어졌다.
4개의 주각에 붙어있는 각 구역은 화환으로 덮여 있었다.
곧 디오니소스 신을 숭배하는 미내드Maenads들이
신전을 동그랗게 돌며 춤을 췄다.
북과 심벌즈 소리도 가세했다. 잠시 후 소리가 잠잠해지더니
디오니소스와 지붕 위에 있는 승리의 여신이 같이 돌아앉았다.
다시 제단이 디오니소스의 앞에 놓이면 또 한 번 불이 붙고,
우유와 물도 권좌에서 다시 쏟아져 나오고,

포도주 또한 컵에서 다시 쏟아졌다.
미내드들은 북과 심벌즈 소리와 함께 다시
춤추기 시작했고 춤을 멈추면 자동장치는 원래 자리로 돌아갔다…
바퀴가 달린 바닥 아랫부분에는 바닥 위로 구를 수 있도록
납공Lead Balls이 달린 컨테이너가 있었다.
그곳에는 케이블로 문을 여닫는 것을 조종하기에 충분한 크기의
구멍이 있고 이 구멍 아래에는 심벌즈에 붙은 드럼이 있었다.
공이 구멍으로 떨어지면 드럼을 때린 다음
심벌즈로 떨어져 음향 효과를 완성시켰다.
—헤론 《자동 극장 The automatic Theater》 中에서

축에 달린 말뚝과 여러 가지 부속품들을 조종하는 역할인 케이블의 길이를 조정해, 기계식 극장은 프로그램을 다시 짤 수 있었다. 무대의 배경과 나무로 만든 '배우'들을 교체해 새로운 움직임과 극적인 효과를 다채롭게 구성할 수 있었다.

헤론의 '연극' 중 하나는 트로이 전쟁에서 아들이 죽어 그리스인들에 대한 복수를 결심했던 왕, 나우플리오스의 이야기에 기반을 두고 있다. 전설에 따르면 그는 귀환하는 그리스 함대를 위험한 바위로 유도해 복수를 감행했다. 이 장면을 기획하면서 헤론의 극장은 한 척씩 바다로 나가는 그리스 함대, 파도를 헤엄치는 돌고래, 폭풍이 몰아치는 바다, 횃불과 트럼펫으로 함대를 지휘하는

나우플리오스, 그를 도와주는 복수심에 찬 아테나 여신, 침몰하는 그리스 함대, 벼락을 맞고 물에 빠져 죽을 때까지 파도에서 허우적대는 영웅 아약스의 장면을 보여주었다.

헤론은 한 번에 포도주를 한 컵만 따를 수 있는 자동 정지장치를 발명하기도 했다. 그리고 보이지 않는 부표장치 덕에 자동으로 포도주가 채워지는 그릇도 고안했다.(변기의 물을 정해진 수위까지 차오르게 하는 현대식 수세식 화장실의 탱크와는 다르다.)

헤론의 또 다른 발명품에는 신전의 이중문도 있었다. 이 문은 트럼펫 소리와 함께 열리고, 신전의 제단에 불이 타오르며 닫혔다.그림 18 문의 비밀은 피난처의 지하에 숨어있었다. 봉인된 지하 물탱크 안의 공기가 불로 데워지면 팽창해 물탱크 안에 있는 물이 매달린 양동이로 쏟아졌다. 물이 담기는 바람에 무거워진 양

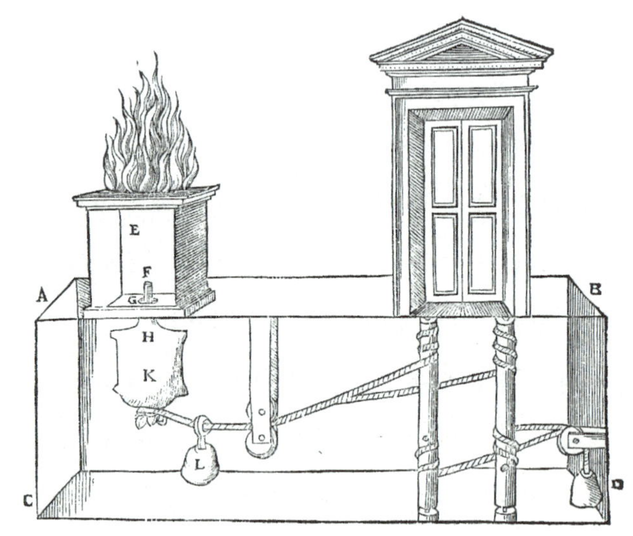

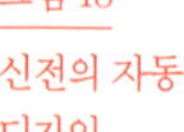
그림 18
신전의 자동문 열림 장치 디자인.
출처 베넷 우드크로프트(Bennett Woodcroft), 《알렉산드리아의 영웅의 기체역학(The Pneumatics of Hero of Alexandria)》, 1851년.

동이가 아래로 내려가면 문설주의 땅 밑에 감긴 두 개의 쇠사슬을 당겼다. 문설주가 중심축 위에서 회전하면 드디어 신전의 문이 열렸다. 제단 위에 피운 불을 끄면 물탱크 안에 갇혀있던 공기가 응축되어 양동이로부터 물을 다시 빨아올렸다. 양동이가 다시 가벼워지면 도르래와 중심추가 양동이를 다시 끌어올리고 지하의 문설주를 반대 방향으로 돌려 지상에 있는 문을 서서히 닫을 수 있었다. 이 과정의 초반에는 가열된 탱크 안에 있던 공기의 압력을 이용해 트럼펫을 불 수도 있었다.

이밖에도 헤론은 '노래하는' 금속 새를 만들었다. 이 새는 금속으로 만든 나무 위에 앉아 압축 공기의 힘으로 노래를 불렀다. 또한 헤론이 발명한 것 중엔 기압으로 작동하는 분수도 있었다. 이 분수는 봉인된 컨테이너 안의 공기를 태양열로 가열해 팽창시킨 압력을 이용했다. 그가 이 놀라운 장치를 발명할 수 있었던 것은 공기의 핵심적인 성질을 이용했기 때문이다. 헤론은 공기를 단지 텅 빈 무언가로 생각하기보다는 공간을 차지하고 있는 물질이라고 단정하고, 자신의 견해를 실험적 증거로 뒷받침했다.

누구나 보고 비었다고 생각하는 그릇은 사실 공기로 가득 차 있다.
물리학을 공부한 사람이라면 누구나 고개를 끄덕이겠지만
공기란 미세하고 가벼우며 보이지 않는 입자로 구성되어 있다.
우리가 물을 텅 빈 그릇에 담으면 공기는 물이 들어가는 비율만큼 빠지게 된다. 이러한 사실은 다음과 같은 실험을 통해서도 볼 수 있다. 물에 뜬 빈 그릇을 뒤집은 후 모양을 잘 유지하면서 물 아래로 밀어보라. 그릇이 물에 완전히 잠겨도 물이 그릇 안으로 들어가지 않을 것이다. 이를 보면 공기가 물질이라는 사실과 그릇 안의 공간을 전부 차지해 물이 들어갈 틈을 허락하지 않는다는 사실을 알 수 있다. 만약 그릇 바닥에 구멍을 뚫으면 공기가 구멍을 통해 빠져나가면서 그릇 바깥에서부터 물이 콸콸 들어갈 것이다. 이것 말고도, 구멍을 뚫기 전에 그릇을 그대로 물 위로 끄집어 내뒤집으면 물에 담그기 전 그대로의 모습으로 안쪽 면이 말라 있다는 사실을 발견할 수 있다. 공기가 물질이라는 사실이 이를 통해 확실해진다. 공기가 움직이면 바람이 되고 (바람은 공기의 움직임에 지나지 않는다.) 그릇의 바닥에 구멍을 뚫어 물이 콸콸 들어갈 때 손가락을 넣어 구멍을 막으면 바람이 구멍으로 빠져나오는 것을 느낄 수 있다. 물이 공기를 밀어내는 것이다. 따라서 진공 상태가 자연적으로 존재한다고 추정하기는 어렵다.

—헤론 《뉴매틱Pneumatics》中에서

헤론과 그의 제자들은 밀폐된 공간에서 공기가 빠져나가면 다른 물질로 채워진다는 발견에 영감을 얻어 사이펀siphon(대기의 압력을 이용해 높은 곳에 있는 액체를 낮은 곳으로 옮기는 기구)을 발명할 수 있었다. 공기가 더워지면 팽창하고 차가워지면 수축한다는 사실과 더불어, 사이펀을 이용해 여러 가지 독창적인 기계를 발명했다. 이 기계들 가운데 앞에서 소개한 일부를 제외한 것 중에서 인류에게 가장 유익하면서 가장 단순한 장치로 피하 주사기를 꼽을 수 있다. 아랫글에서는 당시 헤론이 주사기를 어떻게 만들었는지 자세한 내용을 소개한다.

> 속이 빈 적당한 길이의 튜브를 AB라 하자.
> AB안에 또 다른 튜브 CD를 빈틈이 생기지 않게 삽입한다.
> CD의 한쪽 끝인 C에는 작은 판이나 피스톤이 묶여 있다.
> 다른 쪽 끝 D에는 핸들 EF가 있다. AB튜브의 한쪽 끝 A구멍을
> 아주 가느다란 GH튜브로 막는데, GH의 구멍은 AB의 구멍과
> 판을 통해 연결되어 있다. 고름을 이 장치로 빨아들이려면 작은 튜브의
> 끝에 뚫린, H구멍을 고름자리에 담그고 CD튜브를 손잡이를 이용해
> 바깥으로 당겨야 한다. AB튜브가 진공상태가 되면 다른 물질로
> 채워야 한다. 작은 튜브의 입구 말고는 다른 통로가 없으므로
> 코앞에 있는 액체를 빨아들일 수밖에 없다. 액체를 주입하고 싶다면
> 이 액체를 AB튜브에 넣고 EF를 잡은 다음,
> 됐다 싶을 때까지 CD튜브를 눌러 액체를 밀어 넣으면 된다.
> —헤론 《뉴매틱》中에서

오늘날에는 이처럼 놀라울 정도로 간단한 원리를 응용해 고대

그림 19

아르키메데스의 스크루 펌프, 출처 《비트루비우스의 건축십서》, 다니엘레 바르바로(Daniele Barbaro), 1567년.

그리스인들이 미처 생각지 못한 내연기관(內燃機關)이라는 피스톤 장치를 고안했다. 이는 현대의 운송수단을 획기적으로 변화시켰다. 이것 말고도 피스톤으로 끌어올리는 펌프도 있다. 헤론이 발명한 이 장치는 두 개의 실린더를 이용해 수압을 높여 불이 난 건물을 향해 물을 발사했다.

고대 그리스와 로마의 기록에 따르면 위에서 설명한 장치처럼 극적이지는 않아도 그 효과는 절대 뒤지지 않는 독특한 펌프를 전설적인 인물 아르키메데스가 발명했다. '아르키메데스 스크루Archimedes Screw'라고 알려진 이 장치는 한쪽 끝에 핸들이 달린 스크루 모양의 작은 기둥Shaft으로 이루어져 있는데 이 스크루는 긴 파이프 안에 편안하게 자리 잡고 있다. 파이프를 물에 담그고 손잡이를 돌리면 물이 회전하는 스크루로 빨려 들어가고 스크루의 날 표면 위로 이동했다.그림 19 손잡이를 빨리 돌릴수록 물을 더 많이 퍼 올릴 수 있었다. 아르키메데스의 스크루는 관개 작업(인접한 들판에 강물을 퍼 올리는 용도)에 쓰이거나, 보트의 바닥에 고인 물을 퍼내거나, 곡식을 창고에서 퍼 올리는 용도로 쓰였다.

이 장치를 기본적인 기계원리의 관점에서 보면 사면(斜面)이 실린더 바깥을 나선형으로 감고 있는 것에 지나지 않는다. 놀라울 정도로 단순한 기계적 해법이었던 셈이다. 헤론의 계승자인 크테시비우스와 비잔티움의 필론은 또 다른 경이적인 장치를 고안했다. 크테시비우스는 수압으로 작동하는 자동 오르간과 자동 물시계를 만들었다. 필론은 동전을 투입해 작동시키는 자동판매기를 개발했다. 기도하기 전에 손을 씻고 싶은 숭배자들이 이 자동판매기에 동전을 떨어뜨리기만 하면 물에 뜨는 비누와 성수를 얻을 수 있 었다.

T.E. 리흘T. E. Rihll이 그의 책 《그리스 과학Greek Science》에서 지적한 것처럼 "일부 학자들은 문헌에서 발견되는 이러한 기계들이 단지 상상의 산물 '루브 골드버그Rube Goldberg'라고 생각했다. 그러나 이들은 다른 문헌 자료를 간과했다. 해당 자료에서는 이런 기계가 실제로 존재하며, 실제로 쓰이고, 대중들에게도 익숙하다는 내용이 나와 있다."

루브 골드버그(Rube Goldberg)란 간단한 일을 쓸데없이 복잡하게 처리하는 것을 뜻하는 말로 이 장치를 처음 스케치한 미국 만화가의 이름을 따왔다.

이 장치 중 일부는 실용적인 용도로 사용되었지만, 어떤 장치들은 인간의 지성이 얼마나 탁월한지를 보여줄 목적으로 고안되었다. 이런 장치는 그리스인의 정신을 흡족하게 채워주었다. 물론 지성의 모험이 성공하려면 혼자의 힘으로는 불가능했다. 신의 전유물인 것만 같았던 움직이는 장치를 만든 사람들, 경이로운 창작물을 만든 발명가, 이러한 창작물에 매료된 대중들 모두가 이러한 모험의 주인공이었다.

이것 말고도 그리스인들의 두 가지 발명품을 언급하지 않을 수 없다. 하나는 안티키테라 메커니즘

Antikythera mechanism이라 불리는 세계에서 가장 오래된 컴퓨터와 또 하나는 헤론이 발명한 '증기기관'이다. 안티키테라 메커니즘은 제9장에서 다루기로 하고 우선 헤론의 증기기관을 살펴보자.그림 20

헤론의 장치는 약간 떨어져 같은 방향을 향해 있는 두 개의 수직관이 달린 유리공으로 만들어졌다. 물을 가득 채우고 수평축 위에 놓은 다음 밑을 데우면 구부러진 수직관의 끝에서 증기가 분출되어 뉴턴의 제3운동법칙에 의해 공이 회전했다. 공이 회전하는 속도는 당시의 그 어느 기계보다도 빨랐다.

손수 그린 매뉴얼 《뉴매틱Pneumatic》에서 헤론은 이 놀라운 발명품을 제조하는 간단한 설명을 첨부했다.

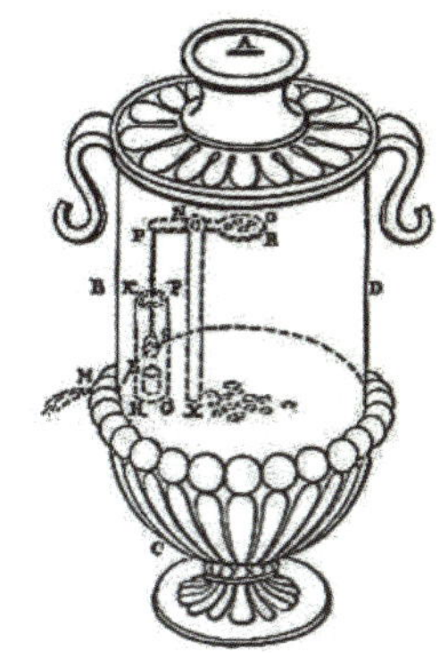

그림 20
동전으로 작동하는 성수 판매기(위)와 헤론의 증기 기관 모형(아래). 출처 베넷 우드크로프트(Bennett Woodcroft), 《알렉산드리아의 영웅의 기체역학(The Pneumatics of Hero of Alexandria)》, 1851년.

> 가마솥을 불로 끓여라. 공은 축을 중심으로 회전할 것이다. 물이 담긴 AB가마솥을 CD뚜껑으로 덮은 다음 가마솥 밑에 불을 지핀다. 구부러진 EFG튜브의 한쪽 끝은뚜껑과 이어지고 다른 쪽 끝은 HK빈 공에 이어진다. G의 반대편에는 LM중심축이 있고, CD뚜껑이 이 축을 지탱한다. 유리공 지름 바깥으로는 두 개의 파이프가 서로 다른 방향을 가리키며 직각으로 구부러져 FG, LM선과 교차한 상태로 뻗어 있다. 가마솥이 뜨거워지

면서 증기가 EFG를 통해 유리공 안으로 유입된다. 이 증기가 뚜껑을 향해 구부러진 튜브를 통해 빠져나가면서 공을 회전시킨다.
—헤론 《뉴매틱》中에서

어떻게 이 경이로운 발명품이 이용될 수 있는지 헤론조차 상상하지 못했던 것으로 보인다. 만일 그랬다면 헤론은 1,500년이나 앞서 산업혁명의 싹을 틔웠을 것이다.(물론 헬레니즘 시대에 장인정신을 높이 평가하고, 노예들을 충분히 조달할 수 있었던 점은 기계를 발명하고자 하는 의욕을 꺾었을 것이다.)

하지만 헤론이 처음 만든 엔진이 작동했을 때 그가 느낀 환희란 이 발명을 실용적인 용도로 사용하지 못하는 것과는 별개의 문제였다. 마치 이 느낌은 그리스의 원반던지기 선수가 성취감에서 느낀 인간의 영예로운 승리 그리고 최고를 추구하기 위한 노력에서 얻은 희열에 절대 뒤지지 않았다.

끌림의 힘

스스로 움직이는 기계에 매료된 그리스인들은 어떤 마법과 같은 힘을 간직한 물체에 푹 빠질 수밖에 없었다. 이 물체는 사람의 힘이 없이도 저절로 다른 물체를 움직일 수 있었다. 이 수수께끼의 물체는 무엇이었을까? 다름 아닌 호박과 자철석이었다.

호박은 보석으로도 쓰였는데, 호박은 다름 아닌 화석으로 변한 송진이었다. 이것을 문지르면 마찰로 정전기가 발생했기 때문에 가벼운 물체를 끌어당겼다. 그리스인들은 정전기가 작용하는 원리를 이해하지 못했다. 그들은 호박 안에 어떤 신비로운 힘이 있어 마치 살아있는 것처럼 작동한다고 생각했다. 호박이 태양처럼 따뜻한 빛을 낸다는 것에 착안해 그리스 신화에서는 호박이 태양신의 딸이 흘리는 눈물이라고 설명했다. 설화에 따르면 태양신의 딸들은 태양의 마차를 끌려다 죽은 파에톤이라는 이름의 청년을 애도했다. 파에톤의 설화에서는 눈물이 땅에 떨어지면서 태양의 열기에 굳어 호박 덩어리로 변했다고 한다. 그리스어로 호박은 일렉트론elektron(영어로 electron은 전자)인데, 일렉트론이라는 단어는 태양을 의미하는 헬리오스Helios라는 단어에서 유래했다. 그리고 전자라는 고대어에서 전기라는 말이 나왔다.

호박에 영혼이 있기에 살아있는 생명체처럼 운동한다고 주장한 최초의 인물은 그리스의 철학자 탈레스Thales(기원전 7세기~기원전 6세기)였다. 2세기가 지나,

탈레스

고대 그리스 식민지 이오니아 지방의 도시 밀레투스 사람으로 '7명의 현자' 중 그리스 인들이 으뜸으로 꼽는 철학자다. 최초의 유물론 학파인 밀레투스학파의 시조이자 세계를 구성하는 자연적 물질의 근원을 밝힌 최초로 사람이기도 하다. 또한 우주의 작동원리를 최초로 고찰하고, 초자연적인 방법에서 벗어나 과학적인 방법으로 이를 설명한 최초의 사상가였다.

철학자 엠페도클레스는 호박에서 원자가 방출되어 바깥으로 흐르고, 다른 물질이 이 원자를 끌어당겨 표면의 빈 구멍을 채운다는 이론을 전개했다. 탈레스와 엠페도클레스는 자철석이 철을 끌어당기는 원리도 동일하게 설명했다.

자석이란 단어 역시 그리스어에서 유래했다. 고대 자료를 보면, 마그네스Magnes라는 이름을 가진 양치기의 전설을 찾을 수 있다. 양치기 마그네스는 신발의 발바닥에 쇠로 만든 못이 붙는 것을 보고 자철석을 처음 발견했다고 전해진다. 또 다른 어원으로 추정되는 것은 이 단어가 마그네시아Magnesia라는 이름의 땅을 연상시킨다는 점이다. 같은 이름의 지역이 마케도니아 근처와 터키 두 곳에 있는데, 이곳에는 자철석이 흔했다. 그리스인들은 자석을 '헤라클레스의 돌'이라고도 불렀다. 신화의 영웅 헤라클레스와 같은 초자연적인 힘을 갖고 있거나 헤라클레스와 이름이 비슷한 소아시아(오늘날 터키)의 헤라클레이아 시에서 이 돌이 많이 발견되기 때문이었다.

탈레스와 엠페도클레스같은 철학자들 외에도, 오랜 세월에 걸쳐 많은 그리스 사상가들이 자기장의 본질을 고찰했다. 기원전 5세기의 철학자 데모크리토스는 자철석에서 뿜어져 나오는 원자의 소용돌이와 철 조각이 섞여서 두 가지 물체를 결합시킨다고 믿었다. 2세기~3세기경 내과의사 갈레노스Galenos는 이러한 원자이론에 반박하며 자력 자체에 원천적인 힘이 있다고 주장했다. 그는 약을 제대로 쓰면 상처에서 독을 뽑을 수 있는 것에 자력을 비유했다. 끊임없이 자력에 관심을 두었는데도 그리스인들은 자석의 극성, 자석이 지구의 극점으로 끌리는 성질을 이해하지 못했고 자석을 제조하는 기술도 없었다.

헬레니즘 시대에, 자석의 마법은 종교적으로도 이용되었다. 기원전 3세기 이집트 알렉산드리아의 건축가 티모카레스Timochares가 자석의 사원을 설계했지만 살아서 이를 완성하지는 못했다. 프톨레마이오스 왕과 아르시노에Arsinoë 왕비에게 바쳐진 이 사원에는 여왕의 철상이 공중에 매달려 있었다. 이 철상은 반대편에 있는 자철석의 힘을 이용했다. 4세기~5세기경에 살았던 시인 클라우디아누스Claudian에 따르면 사랑의 여신 아프로디테의 자석 조각상과 아프로디테의 연인, 아레스의 철 조각상은 알렉산드리아의 아프로디테 사원 의식에 사용되었다고 한다. 제사장이 이 두 조각상을 가까운 거리에 놓으면 두 철상이 서로의 팔에 안기려 저절로 달려가는 현상을 볼 수 있었다.

이처럼 종교적 목적으로 사용하는 것 말고도, 그리스의 작가들은 자석의 원리를 인간미가 깃든 비유로 이용했다. 예컨대 기원전 4~5세기경의 극작가 에우

갈레노스

서기 2세기 소아시아 페르가몬 출신의 로마 시대의 의사, 해부학자이다. 해부학을 공부한 뒤 알렉산드리아로 가서 의학 분야를 폭넓게 익혔으며 다시 페르가몬으로 돌아와 검투사들의 부상을 치료하면서 임상 경험을 쌓았다. 또한 그는 원숭이를 비롯한 살아있는 동물을 해부해 비교해부학의 지식을 쌓았으며, 특히 연구를 통해 척수가 얼마나 중요한지와 스트레스가 얼마나 건강 유지에 악영향을 미치는지를 밝혔다.

볼로스Eubolus와 서기 2세기경의 소설가 아킬레스 타티우스Achilles Tatius는 사람들이 경험한 에로틱한 유혹의 상징물로 자석을 이용했다. 플라톤은 자신의 책《대화편—아이온Ion》에서 글이 연기자에게 줄 수 있는 영감의 힘과 영감을 받은 연기자가 연기에 매료된 청중에게 미치는 힘을 자석으로 비유했다.

제6장

화학

그늘진 바다 밑의 해면을 따려 일렁이는 노을로 뛰어드는 다이버들처럼, 그리스의 사상가들은 반짝거리는 겉모습을 뚫고 들어가 저 깊은 곳, 보이지 않는 본질을 파고들기 위해 사물의 바닥까지 정복하고 싶어 했다. 물리적 현실 자체를 구성하는 요소가 그들의 머리로 생각할 수 있는 가장 근본적인 본질이자, 정의하고자 하는 핵심이었다.

'이 세상은 무엇으로 구성되었는가?' 라는 질문은 삶에 당장 필요한 것들을 생각하면 실용성을 떠난 추상적인 질문으로 보일지도 모른다. 하지만 소크라테스가 한 '의문이 없는 삶은 살 가치가 없다.' 라는 말을 간과할 수 없다. 소크라테스는 정적을 탄압하기 위해 이용된 정치 현실을 비난하려 이 말을 꺼냈지만, 그리스 과학이 비롯된 동기에도 똑같이 적용할 수 있다. 고대 그리스인들의 근본적인 지식에 대한 열망은 그 무엇과도 비교하기 어려웠기 때문이다.

지혜를 사랑하는 사람

최초의 그리스 과학자들은 철학자들이었다. 우주의 본질을 숙고했던 이들은 문자 그대로 '지혜를 사랑하는 사람들'이었다. 이들의 추측은 이론 물리학의 주제를 다뤘지만, 그들이 난상토론을 벌였던 주제는 화학의 핵심으로 자리 잡았다.

이러한 초기의 과학자들을 대부분은 소크라테스 이전에(기원전 469년~399년) 태어났기 때문에 '소크라테스 이전의' 철학자들이라 불렸다. 이들 가운데 일부는 '일원론자Monists'라 불렸는데(그리스어로 모노mono란 '혼자'를 의미한다.) 이들은 모든 물질이 물, 공기, 불과 같은 단 하나의 근본적인 요소를 공유한다고 믿었다. 아낙시만드로스Anaximandros는 '무한'이라 불리는 신비로운 불멸의 요소에서 모든 물질이 비롯된다고 생각했다.

반면 이들과는 달리 여러가지 비슷한 요소에 무게를 둔 '다원론자'들도 있었다. 엠페도클레스같은 학자는 흙, 물, 공기, 불을 네 가지 '근원'이라 불렀다. 엠페도클레스는 상징적인 용어를 이용해 현실세계는 고체(흙), 액체(물), 가스(공기), 에너지(불) 가운데 하나이

아낙시만드로스

밀레투스학파의 유물론 철학자로 탈레스의 제자이다. 우주가 무한하고 천체가 모든 것을 아우르는 지구를 품은 구의 일부라고 주장했다. 가는 곳마다 별의 위치가 바뀌는 이유를 설명하기 위해 지구 표면이 곡면으로 되어 있다고 주장했다. 또한 그는 주변의 세계 지도를 최초로 만든 과학자였다.

거나, 이러한 물질들이 서로 끌어당겨 하나가 된 다음 다시 흩어질 때까지 각기 다른 비율로 들어가 특정한 성질을 띠게 된 혼합물이라는 견해를 펼쳤다.

아낙사고라스Anaxagoras는 정신이나 지성과 같은 요소를 더해 엠페도클레스의 보편적 원리를 '발전' 시키려 했고 같은 시대의 데모크리토스는 가장 근본적인 단계에서 물질은 '원자atoms' (그리스어로 아토모스 atomos는 '보이지 않는' 이라는 뜻이다.)라 불리는 개별 요소가 합쳐진 것이라고 주장했다. 소크라테스의 제자 플라톤은 엠페도클레스가 주장한 요소들의 특징적인 분자 구조를 기하학적 용어로 표현하기에 이르렀다. 플라톤은 이들을 최초로 '원소stoicheia' 라 불렀고, 천상의 물질이자 하늘에 대응하는 제5원소, '에테르' 를 추가했다.

실증적인 증거가 기록되지도 않고, 실험으로 증명되지도 않은 순전한 추정이기 때문에 지금의 기준으로 보면 과학과는 거리가 먼 이야기로 들린다. 하지만 기원전 7세기에 시인 헤시오도스hesiod가 순수하게 신화적으로 설명한 것에 비하면 많이 나아진 편이었다. '최초의 혼돈에서 광대한 젖가슴을 품고 땅이 나타나면서 눈 덮인 올림포스의 꼭대기에 함께 사는 불

아낙사고라스

기원전 5세기경 인물로 그리스 식민지 소아시아 클라조메나이 출신으로 철학자이다. 추상적 지식에 근거해 우주가 신이 피조물이 아니며 네 가지 원소(흙, 공기, 물, 불)로 구성되었다는 믿음을 버리지 않았던 아낙사고라스는 결국 아테네 시민의 분노를 사 법원에 불경죄로 기소되었다. 간신히 사형은 면했지만 아테네를 쫓겨나 소아시아로 도망친 그는 그곳에서 생을 마감했다.

멸의 신들에게 든든한 안식처가 등장했다.'와 같은 헤시오도스의 설명은 물질계에 존재하는 물질이 아니라 신들의 초자연적인 영역에 초점을 맞췄다.

하지만 우리는 초기 그리스의 과학이 종교와 무관하다고 넘겨짚어서는 곤란하다. 예컨대 영감이 넘치는 시를 쓰고 자신을 예언자라고 생각한 엠페도클레스는 네 가지 뿌리에 신의 이름을 붙이고 끌어당기는 힘과 흩어지는 힘이 신성한 능력에서 나온다고 주장했다. 소크라테스 이전 시대의 대표 주자였던 피타고라스는 우주적 관점에서, 중요한 숫자에 대한 신화적 믿음에 기반을 두고 종교의식의 기초를 세웠다. 진리를 탐구했던 그리스 과학이 아무리 이성적이었다 할지라도 정신세계와 완전히 결별하지는 못했다.

종교적인 측면은 논외로 하더라도, 초기 그리스의 철학자와 과학자들은 현대과학, 특히 화학의 토대를 닦는데 핵심적 역할을 담당했다. 이것이 가능했던 첫 번째 이유는 결연한 마음과 지성으로 물리적 세계의 본질을 이해하려 했기 때문이다. 두 번째 이유는 물질이 특정한 성분이나 이러한 성분이 단단히 결합한 결합물로 구성되어 있다는 견해를 주장했기 때문이다. 세 번째 이유는 그들이 원자이론을 도입하고 가다듬었기 때문이다. 현대화학의 주기율표(118가지로 순서와 성분이 확정되어 있다.)에 나온 원소의 수는 엠페도클레스의 네 가지 '뿌리'보다 훨씬 많다. 데모크리토스의 분리 불가능한 '원자'는 오래전 물리학자들에 의해 분리되었지만, 고대 그리스의 이론가들이 길을 닦은 덕에 물질계를 이해하는 현대적 기반이 마련된 셈이다.

지중해의 씽크탱크

기원전 5~7세기에 활동했던 소크라테스 이전의 철학자들은 특정 학파에 속하거나(예컨대 일원론자와 다원론자), 다른 학자들의 견해를 습득하고 반론을 펼치기도 했다. 하지만 이들 대부분은 독립적인 사상가로 문하생들과 생각을 나누는 때 말고는 홀로 사색하는 것을 즐겼다. 실제로 헬레니즘 시대에는 많은 사상가가 터키 서부 해안의 도시에서 그리스인들이 과거에 정착했던 남부 이탈리아와 시칠리아의 식민지에 이르기까지 퍼져 살았다. 일부는 동방의 땅, 이집트나 바빌로니아까지 여행을 떠났다. 그곳에서 그들은 더 일찍 태동한 문명의 지혜와 지식을 흡수했다. 기원전 404년, 고대 아테네가 몰락하고 후기왕조와 헬레니즘 문화가 융성하면서 근본적인 변화가 일어나자 그리스 사상가들이 한 도시에 모이게 된다. 사실 한 도시라기보다는 한 건물 안이라고 말하는 편이 더 정확하다.

이 도시는 이집트의 알렉산드리아였다. 알렉산드로스 대왕의

그림 21
알렉산드로스 대왕의 조각상.
기원전 2세기.

이름을 따온 이 도시는 기원전 4세기, 약 5천 킬로미터 너비의 문화적 수도로 계획된 곳이었다. 그림 21

이 건물은 알렉산더의 후예인 이집트의 프톨레마이오스 1세가 세운 수준 높은 학문의 중심지였다. 예술의 수호신이었던 뮤즈Muse여신의 이름을 딴 연구센터는 '뮤지엄museum'이라는 이름을 갖게 되었다. 세상의 지혜를 아우르는 거대 도서관의 도움을 받아, 알렉산드리아에 거주한 학자들의 공동체는 무한한 지적 재능의 보고가 되었다.

지중해 무역을 기초로 번성했던 항구도시 알렉산드리아는 그리스와 레번트Levant 사람들을 흡수해 다양한 생각과 외모를 가진 사람들을 한곳에 모았고, 세계적인 다문화 사회를 이룩하여 창조적인 힘을 끌어내려는 알렉산드로스의 꿈을 현실로 이루었다. 유대인과 기독교인처럼 서로 다른 종교를 믿는 사람들로 알렉산드리아에 하나둘씩 모여들었고, 이시스Isis나 오시리스Osiris 같은 토속신을 숭배하는 사람들과 어깨를 부딪치며 살게 되었다. 이러한 이념적, 정신적 환경 속에서 그리스인의 과학을 향한 탐구정신은 새로운 자극을 얻었다.

사막의 실험실

헬레니즘 사상의 씨앗이 이집트의 비옥한 토양에 뿌려졌다. 이 씨앗은 이미 풍부한 기술적 지식, 특히 화학적 지식을 갖춘 토양에 뿌려진 셈이었다. 3천 년이 넘는 기간에 걸쳐, 고대 이집트의 야금학자metallurgist들은 구리의 제련법을 완성했다. 철기 시대 이전에 무기와 도구를 만드는 재료였던 구리는 석탄으로 원석을 가열해 추출하거나(때론 구리를 녹일 때 뜨는 찌꺼기의 녹는점을 낮추려 규산염이나 산화철 용융액을 첨가하기도 했다.) 공작석에서 추출하기도 했다.(온도를 높이기 위해 튜브를 불기도 했다.) 구리가 다른 광물과 합금할 때 강도가 커진다는 사실을 발견한 이집트 일꾼들은 위험을 감수하고 구리를 비소와 섞었다. 때로는 비소보다 안전하지만, 드물게 채굴되는 주석과 섞는 경우도 있었다. 이와 동시에 장인들은 붉은 기운을 띄게 하려 산화철을 섞었고 이것을 도금해 금빛을 내는 방법을 발견했다. 금과 은은 이집트 왕족들이 선호했던 금속이었다.

최근의 연구에 따르면 이집트의 진보된 화학기술은 귀부인들의 화장품을 만드는 데도 중요한 역할을 담당했다. 불을 이용해 파란색 원료를 얻었고, '습식반응'을 이용해 자연 상태에서는 좀처럼 찾아보기 힘든 합성 라우리오나이트PbCl(OH)와 포스게나이트Pb2(CO3)Cl2를 생산하여 녹색, 흰색, 검은색 색소를 만들었다. 이러한 납 성분이 들어간 혼합물을 사용한 아이라이너는 면역체계를 화학적으로 자극해 눈에 감염되는 박테리아의 번식을 막는 일거양득의 효과를 얻었다고 전해진다.

이집트 장인들은 유리를 만드는 기술도 뛰어나 진귀한 보석의 매력적인 빛깔을 유리에 입힐 수 있었다. 그리스인들에게 세상에서 가장 뛰어난 치료사로 인정받았던 이집트의 내과의사들은 여러 종류의 약을 자유자재로 처방했고, 호메로스를 비롯해 한참 뒤에 태어난 로마 학자 플리니Pliny마저도 이들을 칭송했다. 천연 탄산소다라 불리는 나트륨 혼합물을 결정체 형태로 세상을 떠난 이들의 시신에 발랐다. 나트륨은 세정제, 탈수제, 방부제의 역할을 모두 수행함과 동시에, 정신을 담는 그릇인 죽은 몸을 썩지 않게 만들어 정신이 영원히 사라지지 않도록 도왔다.

황금의 레시피

철학과 종교의 물결이 드디어 나일 강의 땅에 흐르기 시작하면서 미래 화학의 방향을 결정됐다.

고대 그리스 문명이 끝나고 지성이 만발한 헬레니즘 세계가 도래하자 그리스인들과 올림포스 신과의 끈끈한 관계에 금이 가기 시작했다. 새로운 발상이 등장하면서 전통적인 의식과 믿음은 정신적 만족을 추구하는 참신하고 개인적인 사상에 자리를 내어주게 된 것이다. 에피쿠로스학파는 신이 질서정연한 우주를 다스린다는 관념에 도전하는 대신, 즐거움을 추구하는 것이 이 변덕스러운 우주에서 개인이 지켜야 할 의무라고 주장했다. 스토아학파는 개인의 고통을 강조하고 철학의 규범을 따라 고통을 초월해야 할 필요성을 강조했다. 실제에 가까운 조각상을 만들면서 개인주의가 예술의 주요 장르로 편입된 것처럼, 관능과 분투라는 두 가지 주제 또한 그리스 조각상에 자취를 남겼다. 서기 3세기에는 신플라톤주의라는 또 다른 철학의 사조가 생겨났다. 신플라톤주의는 우리가 인식하는 현실이 이상적인 지식의 불완전한 복제물에 지나지 않는다는 플라톤의 이론을 확대시키고 정신적 요소를 가미했다. 신플라톤주의 학자들은 모든 사물이 유래한 신성한 '한 가지'를 직시하고 더 고귀한 것에 눈뜨기 위해서는 영혼이 감각적 현실을 넘어서야 한다고 주장했다. 이 철학적 관념은 기독교 정신에도 영향을 주었고, 육욕이 정신의 구원을 방해한다는 이론적 신념으로 이어졌다. 즉 육체적 욕망에 전쟁을 선포해야만 정신을 구원받을 수 있다는 이론이었다. 한편 그노시스파Gnosticism는 개인적

에피쿠로스

헬레니즘 시대의 그리스 철학자이며 유물론자이다. 에피쿠로스는 쾌락주의 철학에 기초해 자연의 원리를 신성의 관점에서 설명하지 않고, 언제든 무너질 수 있는 원자론의 관점에서 설명했다. 또한 죽음과 함께 영혼의 원자가 흩어지므로 사후세계란 존재하지 않고, 죽음을 두려워할 필요가 없다고 주장했다. 삶의 목적은 쾌락이어야 하지만, 과도한 쾌락보다는 사색을 통해 욕구를 조절하여 이러한 쾌락을 고차원적으로 표현할 수 있다는 견해를 펼쳤다.

경험을 통해서만 얻을 수 있는 특별한 정신적 지식이 있다고 주장했다. 이 학파는 이집트 프톨레마이오스 시대의 유대인들로부터 비롯되어 초기 이집트의 기독교 공동체로 영역을 넓혔는데 그들이 말한 개인적 경험이란 초월적 지식이자, 구원을 향한 유일한 길이었다.

오직 창시자만 알고 있는 비밀스럽고 진화하는 지식, 무언가 야비한 것을 순수한 것으로 바꾸는 지식의 관념은 화학의 향방을 뿌리째 바꿔놓았다. 연금술사들이 불가사의한 공식을 좇아 질 낮은 금속을 값진 금속으로 바꾸면서 화학은 과학에서 미신으로 변질되었다. 실제로 이러한 공식, 이른바 화학적 '레시피'는 아직도 데모크리토스나 조시무스Zosimus와 같은 '사이비' 그리스-로마 연금술사의 '연구실 공책' 토막에 남아있다. 초기 로마제국 시절의 고대 이집트 파피루스(스톡홀름 파피루스와 라이든 파피루스)에서도 발견된다.

언어학적으로 '연금술alchemy'이란 단어를 들으면, 기술이 싹튼 거무튀튀한 땅을 지칭하던 고대 이집트의 단어 Kemet(검은색 땅)이 떠오른다. 아라비아어로 al은 관사 'the'를 의미하는데, 이에 착안한 이슬람 기술자들은 al을 접두사로 붙여 Alchemy(연금술)라는 단어를 만들었다. 접두사를 떼어내고 chem이란 단어가 살아남아 Chemistry(화학)의 어원이 되었다.

골드러시

고대 연금술사들의 주된 과제는 금을 만드는 일이었다. 고대 이집트인들에게 따뜻한 태양빛을 띤 금은 모든 생명의 근원이었다. 그들은 금을 절대 부패하지 않은 물질이라 믿었고, 불멸의 신은 금으로 된 피부를 갖고 있다고 생각했다. 이에 미라의 가면과 관은 죽은 사람이 신과 같은 불멸의 존재가 되었다는 것을 상징하기 위해 금을 입히거나 금으로 세공했다. 이집트의 알렉산드리아, 그리스, 로마 거주민들은 이러한 문화에 동화되어 미라를 보관하는 상자나 장례에 쓰인 마스크에 금을 입히는 관례를 따랐다. 그리스와 로마 시인들은 인류 역사상 가장 완벽하고도 가장 오래된 시절을 황금시대라는 말로 기념하고 있다. 영원한 삶과 완벽에 대한 인간의 열망을 상징하는 데 금만큼 완벽한 것이 또 있을까?

물론 조악한 금속을 진귀한 금속으로 바꾼다거나, 진짜 금으로 속일 수 있다는 생각은 돈을 밝히는 사람들에게는 거부하기 어려운 유혹이었다. 사실 가짜 금을 없애려 3세기 로마 황제 디오클레티아누스Diocletian는 모든 연금술 지침서를 불태우기에 이르렀다. 영적인 탐구마저 저열한 본능으로 타락할 수 있었던 것이다!

소크라테스 이전의 철학에서는 모든 물질이 흙, 공기, 불, 물이 서로 다른 비율로 구성되었으므로 본질적으로 하나라고 주장해 연금술의 토대를 세웠다. 오직 할 일은 해당 물질의 비율을 바꿔 마법을 부리듯 성질을 바꾸는 것이었다. 이 기술은 조심스럽게 구성 물질을 유도해 일련의 핵심 단계를 거쳐 다른 물질로 변하도록 '달래는' 과정이었다.(고대인들은 원소가 변하지 않는다는 성질과 원자에 고유하고 항구적인 성질이 있다는 것을 깨닫지 못했다.)

금의 질량이 크다는 사실은 연금술사나 사기꾼들에게 큰 골칫거리였다. 구리에서 붉은 기운이 줄어들면(예컨대 주석이나 아연과 같은 금속을 섞는 방법으로) 금과 비슷한 색깔이 나타났지만 무게는 훨씬 적었다. 이에 따른 대안으로 금과 구리를 섞은 합금의 표면에 구리를 침착시키도록 황화물을 발랐다. 한편 은은 구리와 질량이 비슷해 가짜 은을 만들기 쉬웠다. 구리를 주석과 아연, 납과 섞거나 염료로 백색 산화비소를 쓰면 은과 비슷하게 보였다. 연금술사들의 가장 빛나는 업적으로 배수화diplosis를 꼽을 수 있다. 이것은 금빛을 유지하기 위해 구리와 은을 같은 비율로 섞어 양을 두 배로 늘리는 작업이었다. 수백 년 전, 일렉트럼electrum이라 불리는 자연 상태로 존재하는 금은의 합금을 이용해 동전을 만들기도 했다. 하지만 금과 은이 얼마나 들어갔는지 정확히 알 방법이 없었으므로, 얼마 안 가 이 합금으로 동전을 만드는 것을 포기하고 말았다.

유레카

그리스 과학의 역사에서 가장 유명한 이야기를 소개한다. 가장 중요한 발견 중 하나가 금을 만드는 기술에서 비롯되었다.

로마의 건축가 겸 기술자였던 비트루비우스의 책 《건축십서》에 따르면, 시라쿠사의 이에로 2세Hiero II(기원전 270년~216년)는 자신의 군사적 승리를 기념하기 위해 시라쿠사의 신전에 황금 왕관을 바치기로 마음먹었다. 대장장이에게 딱 필요한 만큼의 금을 주면서 일을 의뢰한 왕은 대장장이가 완성한 왕관을 인도하기 전에 금 일부를 은으로 몰래 바꿔치기했다는 정보를 입수했다. 하지만 이에로 왕이 왕관의 무게를 달아보니 대장장이에게 주었던 금과 무게가 똑같았다. 하지만 여전히 의심을 거둘 수가 없었던 왕은 시라쿠사에 살고 있던 그리스 과학자 아르키메데스를 불러 왕관을 녹이지 않고서 왕관이 순수한 금으로 만들어졌는지를 알아보라고 명령했다. 목욕을 하던 아르키메데스에게 어느 날 해답이 떠올랐다. 목욕통 안에 들어가자 물이 통 밖으로 넘쳐흐르는 것을 본 그는 번개같이 문제를 풀 영감이 떠올랐다.

아르키메데스는 흥분에 겨워 집 밖으로 뛰쳐나와 거리를 내달리며 "유레카! 유레카!(발견했어! 발견했어!)"라고 외쳤다.

작업실로 돌아간 아르키메데스는 옷을 걸치고 물이 넘칠락 말락 하는 그릇에 순금 조각을 넣은 다음, 물이 얼마나 넘쳐흘렀는지 측정해 보았다. 그다음에는 동일한 무게의 은을 넣어 똑같은 실험을 반복했다. 금이 은보다 밀도가 크기 때문에 무게가 같다면 금이 은보다 더 적은 부피를 차지해 넘치는 물의 양도 적어진다. 다음 단계로 왕관이 순금인지 알기 위해 아르키메데스는 왕관과 같은 무게의 순금덩이를 물에 넣고 그릇 밖으로 넘쳐나는 물의 양을 측정했다. 그다음 왕관을 물에 넣고 넘치는 물의 양을 측정하자 넘친 물의 양이 순금덩이를 넣고 측정한 물의 양보다 더 많았다. 이는 왕관이 순금덩이보다 부피가 크다는 증거였다.

아르키메데스가 이 사실을 보고하자 왕은 그에게 즉시 상을 내렸다. 왕을 속인 대장장이는 다시는 인생의 빛을 보지 못할뿐더러 두 번 다시 대장장이 일을 할 수 없게 되었을지도 모른다! 대장장이의 비리를 밝히는 과정에서 아르키메데스는 비중의 원리를 발견했다.

물에 뜨는 현상에 매료된 아르키메데스는 물체의 부피에 해당하는 물의 무게가 물체의 무게보다 적기 때문에 물 위에 뜬다고 추론했다. 달리 말하면, 물체가 차지하는 액체의 무게가 물체를 위로 밀어내 뜨게 만든다. 물체가 차지하는 액체의 무게보다 무겁다면 가라앉을 것이다. 아르키메데스의 원리로 알려진 이 원리는 배가 왜 뜨는지뿐 아니라 헬륨을 넣은 풍선이 왜 공기 중으로 떠오르는지 역시 설명할 수 있다. 풍선 속을 채운 헬륨은 주변의 공기보다 가볍기 때문이다.

유대여자 마리아

많은 연금술사가 이에로 왕의 왕관을 만든 대장장이처럼 부도덕한 것은 아니었다. 자신들의 기술에 담긴 신비로운 잠재력을 진심으로 믿은 사람들도 있었다. 이 연금술사들 가운데 가장 유명했던 사람들은 유대여자 마리아Maria the Jewess라 불리는 학파였다.

이들은 '서구 연금술의 창시자'로 불리운다. 그리스-로마의 연금술 분야에서 가장 위대한 권위자였던 조시무스는 이들을 '성스러운' 마리아라고 불러 존경심을 표시했다. 헬레니즘 시대에 활동했던 이들의 이름은 아직 전해지며, 조시무스 자신도 이들 여성 화학자 네 명 가운데 한 명이다. 다른 세 명은 클레오파트라Cleopatra(클레오파트라 여왕과는 동명이인), 파프누시아Paphnutia, 조시무스의 여동생 테오세베이아Theosebeia였다. 마리아(히브리어 이름으로는 미리암Miriam)가 유대인이었다는 사실을 보면(조시무스와 테오세베이아 역시 유대인이었을 것이라 추정된다.) 조시무스가 어디에선가 언급한 다음의 설명에 신빙성이 더해진다. 프톨레마이오스 시대에 이집트에서 살던 유대인들은 이집트에서 화학 기술을 배웠을 것이다. 하

유대여자 마리아
'서구 연금술의 창시자'이자 세계 최초의 여성 기술자이다. 알렉산드리아 출신 화학자로, 4세기 파노폴리스의 조시무스가 쓴 가장 오래된 연금술 책에 구체적으로 언급되어 있다. 실험실에서 증류기와 세계 최초의 중탕기를 고안했다.

조시무스
서기 3~4세기경 이집트 파노폴리스 출신으로 가장 유명한 그리스 연금술사이다. 조시무스는 그 색이나 순수함에서 천연의 것보다 뛰어난 금이나 은을 만드는 기술을 구사했다고 하며, 특이한 화학적 기술자로서 후세의 연금술사들로부터 스승으로 추앙받았다. 많은 금속변성의 서적이 그의 것이라고 한다.

지만 그들은 신의 인도 아래 과학을 신비로운 기술로 바꿨다. 헬레니즘 시대 이전의 유대인들에게 연금술의 전통을 찾기 어려우므로, 연금술이 융성하게 된 것은 당시 유대교에 남아있던 영지주의Gnostic와 헬레니즘의 철학적 사고가 알렉산드리아의 유대인에게 영향을 미쳤기 때문이라고 말할 수 있다. 마리아의 신비주의는 수수께끼 같은 그녀의 말에서 드러난다. 그녀는 물질의 변형에 깔린 원리를 이렇게 설명했다. “하나가 둘이 되고 둘이 셋이 되고, 세 번째의 힘으로 네 번째가 하나가 된다. 따라서 둘은 하나에 불과하다.” ‘마리아의 경구’로 알려진 이 말은 정신분석학자 칼 융Carl Jung에게 깊은 영향을 미쳤다. 융은 《심리학과 연금술Psychology and Alchemy》에서 이 관념을 사람들과 어울리는 삶을 살기 위해 여기저기 흩어진 인간성을 한데 모아야 한다는 비유로 사용했다.

마리아가 발명한 세 가지 연구실 설비에서 그녀의 독창성을 엿볼 수 있다. 이 세 가지 설비는 발눔 마리아balneum Mariae, 케로타키스kerotakis, 트리비코스tribikos라는 기계다.

발눔 마리아(마리아의 욕조)는 바깥쪽 그릇에 물을 담아 끓이고 또 다른 물을 안쪽 그릇에 담은 뒤 물에 놓아 안전하게 끓는 온도까지 데우는 중탕기였다. 실제로 마리아가 발명한 중탕기는(일부 그리스-로마 연구가들은 마리아가 발명한 것이 아니라고 말하지만) 초콜릿을 녹이는 것과 같은 신비로움과는 거리가 먼 용도로, 흔히 쓰이는 중탕기와 다를 바 없었다. 프랑스 요리사들에게 이 기계는 뱅 마리에bain-marie라는 이름으로 알려졌다. 아이러니하게도 요즘 프랑스 말로 '뱅 마리에(중탕기)가 달린 여성une femme au bain-marie'은 머리가 나쁜 여성을 가리키는 속어다. 한마디로 말하자면 '머리 나쁜 금발미인dumb blonde'이라는 뜻이다. 마리아는 머리가 나쁜 여성이 결코 아니므로 억울한 별명인 셈이다!

케로타키스kerotakis는 헬레니즘 시대의 화가들이 색색의 밀랍을 녹이고 섞었던 팔레트를 따라 붙인 이름으로 뚜껑 달린 컨테이너 안에 납작한 팬이 들어있는 기구를 말한다. 팬이 달궈지면서 팬 위에 놓인 밀랍이 녹고 증발한다. 곧이어 갇힌 수증기가 위로 올라오면서 상단에 머물던 물질과 화학적으로 반응한다.

마리아의 또 다른 독창적 발명품인 트리비코스tribikos는 세계 최초의 증류기였다. 이 기구는 화학적 혼합물을 가열하는 용기, 증기가 응축되는 밀폐 냉각기, 증류된 액체를 집하기로 모으는 세 개의 튜브로 구성되었다.

이러한 장비를 이용해 다른 금속으로부터 금을 만드는 것이 마리아의 가장 주된 목표였다. 마리아와 같은 당시의 연금술사들에게, 진실이란 보는 사람의 눈에 달려 있다는 말은 진리나 다름없었다. 금처럼 보이고 금처럼 느껴지면 다른 시험을 거치지 않아도 금이었다. 기원전 3세기경에 와서야 아르키메데스가 금과 은을 구분하는 부력의 원리를 발견했다. 하지만 이러한 발견에도 다른 금속을 금으로 바꾸려는 열정은 사라지지 않았다.

마리아는 이를 두 가지 방식으로 시도했던 것으로 보인다. 첫 번째 방법은 구리(또는 구리와 납)를 황과 같이 가열해 유황 증기가 구리의 '그림자'를 지우고 순수한 금 찌꺼기를 남기는 방법이었다. 또 다른 방법은 구리에 수은을 13% 비율로 섞은 혼합물을 만드는 기술이었다. 이 방법은 지금까지도 가짜 금을 만드는 방법으로 이용된다. 마리아는 돌을 과열시키거나 인광성 물질로 칠해서 진귀한 돌을 '빛나게' 만들 수 있었다고 한다.

연금술사의 후계자들

현대의 실험실에서 사용하는 80가지의 다양한 화학적 도구 또한 헬레니즘 시대의 연금술사들에게서 비롯되었다. 이 도구에는 욕조, 비커, 버너, 도가니, 접시, 필터, 플라스크, 용광로, 병, 국자, 막자사발과 막자, 냄비, 작은 유리병, 교반용 막대, 여과기 등이 포함된다. 이러한 물체의 원형은 지금 기준으로 과학적이라고 딱히 말하기 어려운 용도로 개발되었다. 하지만 금을 만들려는 연금술사의 신비로운 목적은 실용적인 개선으로 이어져 화학이 진정한 과학의 면모를 갖추도록 발전시킬 수 있었다.

역사적인 시각에서는 연금술사의 헛된 노력을 비웃을 수도 있지만, 물질의 근본적인 구조를 해독하고 조작하려는 근본적인 목표는 과학의 심장부에 아직도 남아있다. 실제로 연금술에 관한 연구는 헬레니즘 시대 이후로부터 2,000년 가까이 계속되었고, 아이작 뉴턴Isaac Newton 같은 천재도 수많은 실험을 통해 연금술의 미스터리를 탐험했다. 그가 이 주제에 관해 쓴 글의 단어 수는 50만 개가 넘는다.

실제로 고대 연금술사들의 꿈은 아직 사라지지 않았다. 단지 다른 사람들에게 넘어갔을 뿐이다. 후세의 연금술사들이 삶을 연장하기 위해 '생명의 묘약'을 찾으려는 노력은 유전공학자들이 인간의 DNA를 재구성하려는 노력으로 계승되었다. 물질을 변화시키려는 열망은 물리학자들이 사이클로트론Cyclotron, 원자로, 입자가속기를 이용해 최소한 29개의 합성 원소를 만듦으로써 이미 달성한 셈이다. 이러한 합성원소 중 하나인 플루토늄-239에 오늘날의 문명 세계의 운명이 걸려있다는 사실을 생각하지 않을 수 없다.

플루토늄의 동위 원소로 원자력 발전소에서 사용하고 남은 원료에서 우라늄-235와 함께 다량 발견되는 원소이다. 이것을 재처리해서 핵연료 또는 원자폭탄의 재료로 사용한다.

제7장

지리학과 지질학

지리학의 정확한 그리스 이름은 지아그라피아 geographia(지구ge를 그림 표현graphia한다는 의미)다. 고대 그리스인들이 지리학을 발견한 것은 어쩌면 당연한 일이었다. 인간의 능력이 미치지 않는 것을 알아야 만물 사이에 놓인 인간의 위치를 알 수 있기 때문이다. 그들은 공간의 현실을 보고서야 배운 것들을 인생에 응용할 수 있었다. 부분을 전체로 착각하는 실수를 저지르지 않기 위해, 그리스의 사상가들은 그 무엇보다도 원근법을 중요시했다.

고대의 선원들

바다로 둘러싸인 그리스의 영토는 본토와 다수의 섬으로 구성되어 바다를 통해 드나들 수 있다. 범선을 도입하면서(이집트로부터 범선 제조기술을 도입했다.) 그리스인들은 어부나 상인이 되고 심지어는 침략자로 변하기도 했다. 천측항법이 호메로스의 영웅시

천체의 수평선상 고도를 측정하여 구면삼각법(구면삼각형의 변이나 각의 관계를 삼각함수를 이용해 산출하는 방법)으로 선박의 천측위치를 구해서 행하는 항법이다. 주로 육지를 보고 인식할 수 없는 대양 항해에 쓰인다.

대부터 사용되었지만, 그 당시에는 보통 해안을 따라서 항해하거나 특정한 지형지물을 보고 여행했다. 트로이 전쟁 이전, 그리스 무역의 전초기지는 시리아 해변의 우가리트Ugarit에 자리 잡고 있었다. 미케네의 선박들은 무기를 만드는 데 필요하지만 그리스에서 나지 않는 주석을 찾으러 스페인과 영국까지 항해했다. 오디세우스와 같이 배를 탄 동료는 바다의 신 포세이돈이 변덕을 부려 예측 불가능한 폭풍으로 선원들을 쓸어버리려고 안달이 나 있다는 사실을 알고 있었다. 그러한 환경 덕택으로 그리스의 선원들은 본의 아니게 여행자가 되었고, 집에 돌아오면 자신들의 무용담에 과장을 섞어 늘어놓았다. 포세이돈의 분노를 딛고 살아남은 그들이 약간의 과장을 섞은 것은 어찌 보면 당연한 일이었다. 그림22

미케네 왕국Mycenaean Empire이 몰락하면서 너도나

그림 22
사이렌의 유혹에 맞서 돛대에 묶여 있는 오디세우스. 출처 존 윌리엄 워터하우스(John Willwam Waterhouse), 1891년.

도 그리스를 탈출해 터키 서부 해안의 피난처에 정착했다. 암흑의 시대가 끝나자 페니키아Phoenicia상선이 그리스에서 찾아보기 어려운 무역품을 운반하면서 상업이 다시 꽃을 피웠다. 이윤을 추구하던 그리스의 상인들은 나일 강의 삼각주에 무역도시를 건설했다. 그리스의 인구가 늘어나면서 남부 이탈리아와 시칠리아, 흑해 연안에 시민을 파견해 위성도시를 건설하고 상업 기지로 삼았다. 서부에 있는 페니키아의 강력한 위성도시인 카르타고와 경쟁구도를 형성한 것 말고는, 지중해는 사실상 그리스의 놀이터나 마찬가지였다.

수많은 그리스인은 호기심과 모험심을 이기지 못해 더 먼 해안으로 진출하기 시작했다. 전설의 오디세우스와 마찬가지로 그들의 발견은 처음에는 구두로 전해졌고, 곧 〈주항기periploi〉라는 설화체 이야기로 보존되었다. 주항기는 그들이 방문하고 목격한 지역을 기술한 여행기들을 엮은 것으로, 해당 지역의 물리적 특성, 동물군과 식물군까지 넣는 바람에 페이지가 한참 늘어났다. 기록 대부분이 유실되었으나(고대 그리스 문학 또한 마찬가지로 대부분이 유실되었다.) 내용의 일부는 후기 그리스와 로마의 지리학자 및 역사가들에 의해 보존되고 기억되어 남아있다.

더 넓은 세계로 나가는 관문은 지브롤터 해협(대서양과 지중해 사이의 해협)이었다. 이 해협은 뾰족한 산 두 개가 약 50킬로미터 가량 떨어져 있었는데 이 뾰족한 산들은 예로부터 헤라클레스의 기둥으로 불렸다. 고전에 따르면 영웅 헤라클레스가 이것을 세웠다고 전해지는데, 이 기둥을 세우는 일은 헤라클레스의 12과업 가운데 가장 서쪽에 있는 과제였다. 해협 앞으로는 아틀라스를 따라 이름 붙인 대서양Atlantic Ocean이 펼쳐져 있었다. 아틀라스는 세상의 끝에서 어깨로 하늘을 받치고 있는 신화 속의 타이탄 족이다.

신비로운 대서양을 탐험한 최초의 기록은 기원전 650년, 에게 해의 사모스 섬 출신인 콜라이우스Colaeus라는 선장이 쓴 기록이다. 기원전 5세기의 역사학자 헤로도토스의 책《역사History》따르면 콜라이우스는 항로에서 벗어나 지브롤터 해협을 가로지른 후 스페인의 남서부 해안에 좌초했다. 그는 여기에서 1톤 반의 진귀한 은을 싣고 돌아왔다고 한다.

1세기 반이 흘러(기원전 530년경), 또 한 명의 그리스인이 대서양에 도전했다. 이 선원의 이름은 에우티메네스Euthymenes였는데, 그는 유망한 무역로를 개척하라는 명령을 받고 마르세유를 출발했다. 현재 프랑스의 도시인 마르세유는 당시 그리스의 식민지였다. 서기 2세기에 활동한 작가 아엘리우스 아리스티데스Aelius Aristides에 따르면 에우티메네스는 지브롤터 해

아엘리우스 아리스티데스

소아시아(오늘날 터키) 출신의 그리스 학자이자 웅변가, 저널리스트이다. 건강염려증이 있던 아리스티데스는 저널리스트 다운 면모를 발휘해 아스클레피우스의 사원에서 목격한 기적적인 치료를 설명했다.

협을 떠난 후 왼쪽으로 방향을 튼 다음 항해를 계속해 서부 아프리카의 언덕배기를 둘러 남하해 카나리 섬을 지나 세네갈 강에 이르렀다고 한다. 그곳에서 그는 악어와 하마가 물에서 첨벙대는 모습을 기록으로 남겼다.

기원전 500년, 마르세유의 경쟁 도시 카르타고에 더 야심 찬 탐험대가 파견되었다. 카르타고의 제독 한노Hanno가 직접 인솔한 것이나 다름없던 이 선단은 60척의 배에 3만 명의 사람이 타고 있었다. 야만인들을 뚫고 나간 탐험대는 하마와 악어가 득실대는 세네갈 강을 통과하면서 용암이 흘러 바다로 유입되는 광경을 목격했다. 적도에 도달한 한노는 박학다식한 원주민 통역사가 '고릴라'라고 부르는 털북숭이 남녀로 가득 찬 섬에 정박했다. 바위를 타고 올라가 돌을 던지는 '남자'를 잡을 수가 없어서 탐험대는 세 명의 '여자'를 잡아 잔인하게 죽이고 가죽을 벗겨 기념품으로 삼았다. 하지만 곧 식량이 떨어지고 정착할 곳이 마땅치 않아, 카르타고인들은 기수를 돌려 고향으로 돌아갔다.

이로부터 200년 후, 그리스인이자 마르세유의 시민이었던 피테아스Pytheas는 지브롤터 해협을 지나 왼쪽

피테아스

기원전 4~3세기경 활동한 그리스의 항해가이자 지리학자, 천문학자이다. 그리스인으로서는 최초로 기원전 310년경 6년간 항해와 탐험을 통해 오늘날의 스페인, 프랑스, 영국, 노르웨이나 아이슬란드까지 다다랐던 것으로 추정한다. 그는 북극성이 멈춰 있지 않고 밤하늘에서 조그마한 원을 그리며 회전한다고 생각했으며 나아가 해조류가 달의 인력으로 유발되며 달의 주기에 영향을 받는다는 이론을 정립했다.

으로 가지 않고 오른쪽으로 돌아 북쪽을 여행했다. 피테아스의 기상천외한 방랑 정신은 두에인 W.롤러Duane W. Roller의 다음 글에서 엿볼 수 있다.

기원전 320년 전 무렵, 탐험가이자 과학자였던 그리스인 한 명이
스코틀랜드 북쪽에 서 있었다. 한겨울에 하늘을 보니
태양이 겨우 지평선에서 4 페치peche(2미터에 못 미치는 거리)
정도밖에 떨어져 있지 않았다.
이 현상을 관찰하면서 위도의 개념이 떠올랐다.
곧 그는 대서양의 북쪽으로 항해했고
지중해 사람들에게는 완전히 생소한 현상을 기록했다.
마살리아Massalia로 귀환하기 전에,
피테아스는 꽁꽁 언 바다와 자정에 뜨는 해를 목격하고
밀물과 썰물의 원리를 이론화했다.
또한 천구의 극, 그것의 위치를 알아냈다.
고대와 현대를 막론하고 특이한 외지를 여행한 많은 탐험가한테
모두 해당하는 이야기이지만, 그 역시 비웃음을 사고 무시당했다.
—두에인 W. 롤러 《Through the Pillars of Herakles》中에서

피테아스는 영국을 일주했을 수도 있고(그는 영국을 브리타니아라고 부른 최초의 이방인이었다.) 아이슬란드를 보았을 수도 있다.

그는 아이슬란드를 '툴레Thoule'라고 불렀다. 후세의 작가들이 피테아스의 놀라운 발견을 공상에 불과하다고 퇴짜를 놓은 탓에, 그의 말은(그의 논문에서 〈바다에 관하여On the Ocean〉라는 제목으로 소개되었다.) 여기저기 산재한 인용문의 형태로 남아있을 뿐이다. 이러한 인용문은 대부분 그리스의 지리학자 스트라보Strabo를 비롯한 비평가의 작품에 나와 있다.

스트라보
기원전 1세기~서기 1세기경 소아시아(오늘날 터키) 아마시아 출신의 지리학자이자 역사학자이다. 로마, 이집트, 그리스, 이탈리아 지역을 여행하고 말년은 고향에서 보냈다. 스트라보의 지리학 논문은 가장 광범위하고 가장 과학적인 자료로 손꼽힌다. 17권의 원전 가운데 16권이 현재까지 전해지며, 초기 로마제국의 지형적, 문화적 양태를 자세히 소개한다.

바다의 탐험에 대해 쓴 또 한 명의 작가로 판타지 작가이자 《오디세이아》를 쓴 위대한 시인, 호메로스를 들 수 있다.

호메로스의 추종자들은 《오디세이아》의 주인공 오디세우스의 기항지에 거인, 괴물, 마법사, 유령이 살았다는 이야기에 아랑곳없이 로마 시대 이후 오디세우스가 여행한 곳을 지형적, 환경적 특징이 유사한 지중해의 특정 지역과 동일시하려 했다. 사실의 유무가 어쨌건 오디세우스가 여행한 경로를 밟아 바람의 방향과 바다에 있었던 날을 계산하면(《오디세이아》에서 나오는 정보에 따라), 칼립소의 섬에서 파이아케스인Phaeacians의 땅을 지나 이타카ithaca에 이르기까지 그의 여행한 총 거리는 북서쪽에서 남동쪽에 이르기까지 2,400해리에 가까웠을 것이다.

만약 이것이 사실이고, 이타카가 전설에서 말하는 것처럼 지중해에 있는 섬이었다면 오디세우스가 유럽 대륙을 가로질러 항해했다는 이야기밖에 되지 않는다. 극단적이지만 그나마 지리학적으로 설득력을 갖춘 시나리오는 이타카가 지중해의 섬이 아니고 대서양 미케네의 연안에 있는 교역소라는 가설이다. 이 가설

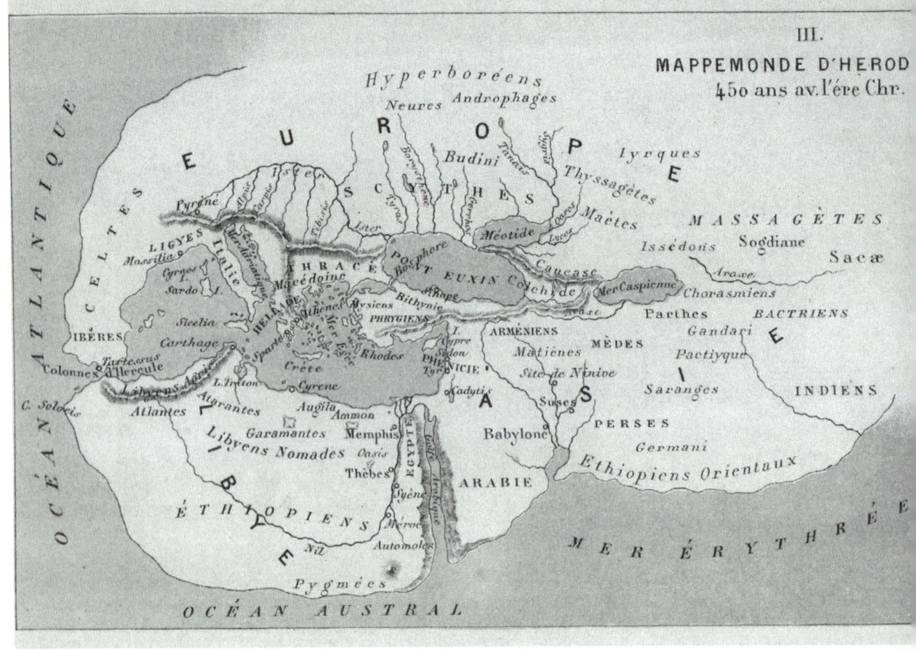

그림 23

헤로도토스의 세계관을 그린 지도. 출처 《지도의 역사》, 1874년.

은 오디세우스의 왕국이 미케네의 통치권에서 상당히 떨어져 있다는 시의 내용과 정확히 들어맞는다. 그렇다면 《오디세이아》의 허황한 일화들은 차치하더라도, 오디세우스가 피테아스보다도 수천 년 앞서 미지의 세계인 대서양을 탐험한 셈이다.

그리스 선원들은 대서양뿐 아니라 중동의 바다도 탐험했다. 헤로도토스가 말하길 기원전 520년 스씰라스Scylax라는 선장 한 명이 페르시아의 왕 다리우스 1세Darius I로부터 인더스 강을 타고 인도양을 거쳐 홍해까지 항해하는 임무를 하사받았다. 이 항해는 2년 반이라는 시간이 걸렸다.

기원전 4세기 알렉산드로스 대왕이 인도 육로를 통해 오지를 탐험하면서 아리스토불루스Aristobulus와 메가스테네스Megasthenes를 비롯한 수많은 장군은 해군 장교들과 마찬가지로 자신들이 가보았던 지역을 소개하고 싶어 했다. 네아르쿠스Nearchus는 남부 인도에서 티그리스 강까지의 여행기를, 원스크리투스Onescritus는 스리랑카의 여행기를 설명했다.

이야기꾼

다른 그리스인들은 넓은 지역을 아우르는 여행 서적을 저술하여 유명세를 탔다. 5세기에 나온 이 두 서적은 특히 언급할 가치

그림 24

스트라보의 세계관을 그린 지도.
출처 《세계지도》, 1814년.

헤카타이오스

밀레투스 출신의 역사가이자 지도 제작자, 과학사를 연구한 최초의 학자이다. 헤카타이오스는 이집트와 서남아시아 등을 여행한 뒤 《세계안내기》를 저술했는데 여기서 세계의 지리와 토착민들을 체계적으로 묘사했고 세계지도도 제작했다. 또한 그의 저서 《계보(系譜)》에서는 신화 속의 영웅들에 대해 비판적인 검토를 시도했다.

가 있는 것으로, 한 권은 밀레투스의 헤카타이오스Hecataeus가 이집트에서 인도에 이르는 주변 세계를 상상력을 발휘해 기술한 《지구의 탐험The Tour of the Earth》이다. 헤카타이오스는 세계 지리를 체계적으로 기술한 최초의 인물이다. 다른 한 권은 '역사의 아버지'라 불리는 헤로도토스가 그리스와 페르시아 제국 간에 일어난 전쟁의 배경을 연구하면서, 이와 관련된 다양한 지역을 홀로 방문하여 쓴 작품이다. 그림 23

헤카타이오스의 책은 완본으로 남아있지 않고 그나마 남아있는 단편에도 지역 이름밖에 나와 있지 않지만, 헤로도토스의 찬란한 작품은 훼손되지 않은 채로 남아 독특한 관습과 전통, 업적과 성취, 경이로운 대자연과 같은 당시 국가들의 면면을 통찰할 수 있도록 도와준다. 헤로도토스는 인간의 본질을 탐구하는 그리스인들의 타고난 호기심에 이끌려 역사적 인물들의 흥미진진한 이야깃거리를 빠뜨리지 않았다. 그는 그리스인다운 방식을 따라 독자들의 지성을 존중했다. 동일한 현상이나 사건을 설명하는 다양한 가설들을 모두 소개하고, 자신의 견해를 밝히거나 때로는 판단을 유보하고 독자들의 판단에 맡겼다.

현존하는 고대 지리학의 가장 광범위한 업적이자 고대 지리학을 가장 풍부하게 집약한 자료는 옥타비아누스Gaius Octavianus의 집권 시기에 그리스인 스트라보가 저술한 17권짜리 《지아그라피카Geographica》이다. 스트라보는 이미 사라져 우리가 지금 접할 수 없는 많은 자료를 참조할 수 있었다. 그는 책에서 당시 알려진 세상의 지형을 아주 자세히 묘사할 뿐 아니라그림 24 동물군, 식물군, 그가 언급했던 여러 지역의 민족지마저 충분히 언급한다. 스트라보는 헬레니즘의 전통을 따라 지리학을 단순한 과학이 아닌 진리를 추구하는 철학의 한 갈래로 취급했다. 서문에서 스트라보는 다음과 같이 언급한다.

> 나는 이 책에서 탐구할 지리학이 다른 과학과 마찬가지로 철학자의 과제라고 생각한다. 지리학을 이렇게 생각하는 이유는 한두 가지가 아니다. 우선 지리학이라는 주제를 탐구하려는 열정을

처음 보인 사람들이 바로 철학자들이었다…
둘째로 지리학 연구는 아무나 할 수 있는 것이 아니다.
인간과 신에 관한 문제를 모두 검토한
이들만이 지리학 연구에 필요한 폭넓은 지식을 쌓을 수 있다.
그들의 말에따르면 이러한 지식은 철학의 영역이다. 또한 지리학을
다양하게 적용하는 것은…(천연자원을 효율적으로 이용하는 문제나
전쟁과 평화와관련된 문제) 삶과 행복의 기술을 되돌아보려 애쓰는
인간상을 가리킨다.
—스트라보《지아그라피카Geographica》中에서

가장 완벽한 형태

호메로스의 책 《일리아드》에 따르면 당시의 그리스인들은 지구가 평평하다고 믿었다. 동그란 강이 지구의 끝을 두르고 있다고 생각했고, 이러한 동그란 강을 가리켜 대양이라 불렀다. 이러한 믿음은 수백 년에 걸쳐 지속하였고 기원전 6세기의 대표적인 인물인 아낙시만드로스나 밀레투스의 헤카타이오스 역시 이러한 견해를 유지했다. 하지만 헤로도토스는 이러한 이론을 우스꽝스럽다고 생각했다. 그는 이렇게 말했다.

"세계 지도를 그린 모든 사람이 상식을 거슬렀다. 그들은 대양

이 땅을 두르고 있으며, 컴퍼스로 그린 것처럼 지구가 완전히 동그랗고, 유럽과 아시아가 같은 크기라고 생각했다. 나는 이러한 생각을 보고 웃을 수밖에 없다."

하지만 헤로도토스는 기하학적 완결과 대칭이 얼마나 동시대의 그리스인들을 매혹하는지 알지 못했다. 호메로스 시대 이후, 대칭은 문학적 양식을 정의하는 원리가 되었다. 예컨대, 《일리아드》와 《오디세이아》와 같은 작품은 추론과 대비의 요소(등장인물의 출발과 도착)가 나란히 배열되어, 줄거리를 형성하는 동심적인 패턴으로 구성된 건축학적 설계를 갖추고 있다. 시각에서도 마찬가지였다. 균형 잡힌 스타일을 물병 도색에 흔히 응용했고, 이는 그리스 미술의 가장 중요한 양식 중 하나로 자리 잡았다. 사실, 존 마이어Sir John Linton Myres경이 오래전에 이야기한 것처럼 헤로도토스조차도 위대한 역사의 초안을 구상하며 대칭적인 구성을 이용했다. 하지만 실제 세계의 윤곽을 그릴 때에는 이러한 대칭성에 상당한 회의를 품었던 것 같다. 아마도 세계 곳곳을 여행하면서 접한 나라별 특징과 민족적 특성이 정갈함이나 추상적인 완벽성을 추구하는 헬레니즘의 성향과는 달랐기 때문이리라.

사실 그리스인들이 매혹된 이 추상적인 관념이 바로 지구의 모양을 실제 지구의 모습인 구형으로 완전히 새롭게 생각하게 한 계기가 되었다. 새로운 철학 사조의 영향으로 지구가 평평한 원판이 아니라 구형으로 생각하게 된 것이다.

이러한 관념을 처음 떠올린 철학자나 과학자가 누구인지는 잘 모른다. 아마도 기원전 6세기 중반에 태어난 수학자 피타고라스가 아닐까 싶다. 그는 그리스에서 남부 이탈리아로 이주한 다음 정신활동에 전념하는 공동체를 창설했다. 숫자 연구의 신비에 몸담았던 이 공동체는 숫자가 현실의 중심을 이룬다고 생각했다. 또한 피타고라스는 우주가 구형이며, 이러한 구형의 형태가 지구의 모양에 반영되었다고 믿었다.

파르메니데스Parmenides라는 설도 있는데, 파르메니데스는 피타고라스학파에 영향 받은 기원전 5세기의 철학자였다. 파르메니데스는 표면의 어떤 점에서도 중심에 이르는 거리가 전부 동일하기 때문에 구가 가장 완벽한 형태라고 믿었다. 기원전 5세기의 철학자 필로라오스Philolaus라는 설도 있다. 그들이 이룬 업적이 완벽하게 보관되지 않은 탓에 누구인지를 정확히 밝히려면 그들 이후에 살았던 다른 저술가들의 말에 의존하는 수밖에 없다. 여기에서 주목해야 할 것은 그 누구도 결론에 이르기까지 실증적인 증거를 확인할 수 없었다는 사실이다. 최근의 시각으로 보면 그들은 진정한 과학자라기보다는 현실이 혼돈이 아닌 이성에 지배된다는 확신으로 관념적인 추론에 근거

파르메니데스

기원전 450년경 이탈리아 출신의 그리스 철학자로 엘레아학파의 시조이다. 존재의 철학자라는 별칭을 가졌으며 아메이니아스의 제자라고도, 크세노파네스의 제자라고도 전해진다. 파르메니데스는 변화를 강조한 헤라클레이토스의 견해와는 달리 변화의 개념은 논리적으로 불가능하다고 주장했으며, 변화를 감각기관이 우리에게 투시한 착시로 간주했다. 그는 후에 소크라테스와 플라톤에게 큰 영향을 끼쳤다.

해 결론을 내린 사람들이었다.

사실 이러한 확신은 그들의 논리적 성향을 자기중심적으로 표출한 결과에 가깝다. 말하자면 그들은 현실 세계에 있는 자신들의 모습을 초기 그리스인들이 대자연의 힘을 신의 힘으로 의인화시킨 방식과 유사하게 바라보았다. 하지만 불완전해 보일지 몰라도 그들이 품은 확신은 대부분 옳다는 것이 드러났다. 대칭의 원리가 유기물과 무기물로 나타나는 물질의 구조에 스며있듯이, 내재된 논리가 겉모습과 자연의 움직임에 녹아있기 때문이다.

언덕 위의 조개껍데기

초기에 그리스인들은 지질학의 역사를 신화적 관점에서 바라보았다. 헤시오도스는 이렇게 노래한다.

카오스에서 빠져나온 가이아(지구의 여신)는
자신을 가려주는 동시에 영원토록 축복받은
신들의 안전한 안식처를 만들고자
자신과 대등한 별로 가득 찬
하늘Starry Heaven(우라노스Uranus)를 낳았다.
그리고 장대한 산맥을 낳았다.

이곳은 완만한 협곡에 사는 님프들이 출몰하는

호사를 누렸다.

가이아 여신은 노도가 이는 바다를 낳았다.

폰토스는 일방적인 열정으로…

—헤시오도스 《신통기 Theogony》中에서

그리스 최초의 철학자들은 신화의 안개에 이성의 햇살을 비추는 동시에 지구의 창조를 예전처럼 초자연적인 힘으로 설명하지 않고 사실주의적으로 새롭게 설명했다.

기원전 6세기 후반의 사상가, 크세노파네스Xenophanes와 헤라클리토스Heraclitus와 같은 사람들은 언덕 꼭대기에서 화석으로 변한 조개껍데기를 발견하고 지구 표면이 항상 지금 그대로의 모습이 아니었을 거라고 가정하며, 지중해가 땅을 덮었던 시절이 있을 것이라고 유추했다. 기원전 4세기에 아리스토텔레스는 지진이 포세이돈의 뜻이라 생각했던 선조와는 달리, 지진을 실제로 설명하려 들었다.

한편 2세기에 걸쳐 다수의 그리스 사상가들은 나일강이 매년 범람하는 이유를 사색했다. 폭우, 눈이 녹은 물, 대서양의 물이 아프리카의 심장부까지 도달하

헤라클리토스

고대 그리스 에페소스 귀족 출신의 철학자로, 현실 세계에서 변화란 불가피하다고 믿었다. 유일하게 영원한 것은 변한다는 사실이기에 생성과 변화야말로 세계의 진리이며 이것을 지배하는 영원한 법칙을 로고스(logos)라고 불렀다. 그는 이러한 변화가 우주와 인간의 영혼에 스민 역동적인 긴장의 산물이라 했다. 스토아학파에 영향을 주었으며 단편 1백 30여 편이 현존한다.

크세노파네스

기원전 6세기경 소아시아 이오니아 지방 콜로폰에서 출생했다. 크세노파네스는 방랑 시인이자 철학가로 수십 년간 지중해 지역을 떠돌다가 그리스 식민도시 엘레아에 정착해 엘레아학파를 만들었다. 그는 산비탈에서 조개껍데기를 발견하고 지구의 표면이 오랜 세월을 거쳐 변화했다는 견해를 세웠다. 또한 의인화된 신은 인간의 자기중심적 사고를 피상적으로 투영한 것에 지나지 않는다고 주장했다.

는 것이라는 등 각양각색의 가설이 난무했다. 또한 무엇이 바위를 만들고, 왜 사막이 메마르고, 왜 간만의 차가 발생하는지를 이성적으로 사색했다. 다른 문명에서는 이러한 변화를 금세 잊거나, 원시적 공포와 경외감을 느끼는 게 고작이었다. 하지만 그리스인들은 역동적인 변화와 활기가 넘치는 세계로부터 호기심을 자극받았고 그들이 사는 세상을 더 잘 이해할 수 있는 해석법을 찾을 수 있었다.

지도 제작자

지도를 발명할 수 있었던 것은 지구의 표면에 무엇이 있는지 이해하려 하고 이 지식을 응용해 지구를 일주하려 한 사람들이 있었기 때문이다. 지도는 하루하루 쌓은 경험과 고대의 상인, 탐험가들의 전문지식에 기초해 그려졌다.

그리스 역사에서 처음 지도를 만든 사람은 소크라테스 이전의 철학자 아낙시만드로스(기원전 6세기)였다. 아낙시만드로스는 지구를 납작한 원반으로 묘사했다. 헤카타이오스 또한 이러한 견해에 따라서 동료가 그린 지도를 다듬고 주석을 달았다.

시간이 흘러 피타고라스, 파르메니데스, 에우독소스Eudoxus는 지구를 다섯 개의 기후지대로 나뉜 구로 묘사했다. 적도 부근은 더운 지대, 상부와 하부는 추운 지대였다. 기원전 3세기에는 에라토스테네스Eratosthenes가 지구의 표면을 가로선과 세로선이 불규칙적으로 배치된 직교 형태의 격자로 뚜렷이 나눴다. 기원전 2세기 중반, 니케아의 히파르코스Hipparchus는 에라토스테네스의 선을 규칙적으로 배치해 위도선과 경도선으로 만들었다. 서기 2세기, 알렉산드리아의 그리스인 수학자 프톨레마이오스는 지표의 모습을 실제의 지구처럼 구부러진 모습으로 만들어 위도선과 경도선을 구형의 지구에 적용했다. 이 과정에서 그는 적도의 위도를 현재 우리와 마찬가지로 측정했고 경도선이 대서양의 카나리아 제도를 거쳐 가는 것으로 구성했다.(지금 또한 이와 비슷한 방식으로 영국 그리니치를 통과하게 구성한다.)

육지와 바다를 여행하는 사람들은 지형지물을 지도에 맞춰보는 방법에서 벗어나 훈련을 통해 날짜를 알고, 태양이 이루는 각을 읽어 위도를 측정할 수 있었다. 경도는 계산하기가 훨씬 어려웠다. 히파르코스는 경도를 알아내는 천문학적 방식을 고안했다. 같은 시간에 동쪽이나 서쪽에서도 월식이 똑같이 보이는 현상을 이용하는 방법이었으나, 이 또한 계산하기 어려운 것은 마찬가지였다.

에우독소스

기원전 5~4세기경 소아시아(오늘날 터키) 크니도스 출신으로 히파르코스 다음으로 위대한 천문학자이자 수학자이다. 천체를 위도선과 경도선으로 나누어 천구의를 만들었으며 다른 위도선에서 별을 보면 별의 고도가 명백히 달라 보인다는 사실을 발견하여 지구 표면이 둥글다는 확실한 증거를 제공했다. 수학자로서도 수학상의 대문제를 연구했고 그의 업적은 유클리드의 《기하학 원본》 제5권에 정리되어 있다.

에라토스테네스

기원전 3~2세기경 그리스 큐레네 출신으로 수학자, 천문학자, 지리학자이다. 알렉산드리아의 도서관장을 역임했으며 하지 때 태양고도를 관찰하여 지구의 둘레를 최초로 측정했다. 또한 지축이 태양 쪽으로 기울어져 있다는 사실도 최초로 발견했다. 지리학사, 수리지리학 및 지도에 관한 자료가 포함된 《지오그라피카(Geographica)》를 저술했다.

그리스인들은 현대적 지도 제작술의 아버지였다. 하지만 거리를 측정하기 위해 360도로 나누는 방법은 고대 수메르의 박식한 수학자들을 모방했다. 수메르의 수학자들은 이미 3천 년 전에 60진법을 이용해 거리를 계산하고 바빌로니아의 천문학자들에게 계산법을 물려주었다.

히파르코스

기원전 2세기경 그리스의 천문학자로 소아시아의 니케아 출신이다. 히파르코스는 가장 위대한 고대 천문학자로 꼽힌다. 그는 로도스 섬에서 관찰한 850개의 별을 광도와 정확한 천구 좌표에 따라 항성표로 만들었다. 히파르코스는 세차운동을 발견했고 천측항법 장치를 발명했다. 또한 시차를 이용해 지구에서 달까지의 거리를 사모스의 아리스타르코스보다도 정확하게 측정했다.

에라스토테네스의 계산

지구는 얼마나 클까? 그리스인들이 알고 싶어 했던 질문이다. 훗날 알렉산드리아 도서관의 책임자를 맡게 된 그리스 학자 에라토스테네스(기원전 285년~194년경)는 독창적이지만 놀랄 만큼 간단한 방법으로 이 질문에 대한 해답을 발견했다.

태양이 바로 머리 위에 뜨는 뜨거운 이집트의 여름 어느 날, 에라토스테네스는 오벨리스크와 알렉산드리아의 해시계가 그림자를 드리우고 있는 것을 발견했다. 태양이 바로 머리 위에 떠 있다면 그림자는 생기지 않았을 것이다. 다음 해 그는 아스완(고대 시에네)까지 여행하면서 이와는 정반대의 현상을 목격했

스타디아는 약 185미터 정도라고 생각된다. 고대 그리스인들의 경주 거리와 경주를 겨뤘던 장소인 스타디움이라는 말에서 어원을 유추할 수 있다.

다. 하지(夏至)에는 전혀 그림자가 생기지 않았다. 알렉산드리아로 돌아온 그는 이듬해 여름을 기다렸다. 하지가 되자 그는 그노몬gnomon(해시계의 바늘의 끝)에서부터 그림자 끝까지의 각을 측정했다. 그는 해당 각이 생기는 이유가 지구 표면이 곡선인 탓이라고 추론했다. 사실상 알렉산드리아의 오벨리스크는 지구의 표면이 구형으로 구부러진 만큼 태양으로부터 '기울어져' 있었다. 그가 측정한 7도의 숫자는 지구의 둘레에서 $\frac{7}{360}$에 해당했고, 지구의 총 둘레는 알렉산드리아와 아스완의 거리에 7을 곱해 360이 되는 숫자(약 50)여야 했다.알렉산드리아에서 아스완까지 낙타를 타고 여행했을 때 50일이 걸린다는 사실과 하루에 평균 100 '스타디아Stadia'를 여행했다는 낙타 몰이꾼의 말에 비추어 보아 두 도시 사이의 거리는 약 5,000스타디아, 다시 말해 925,000미터 정도였을 것이다. 이 거리에 50을 곱해 에라토스테네스는 지구의 지름이 46,250킬로미터라는 결론을 내렸다. 이 수치는 오늘날 측정한 수치에 비해 겨우 6,242킬로미터밖에 차이가 나지 않는다. 에라토스테네스가 임의로 썼던 장비와 수단이 원시적이었다는 점을 참작한다면,(알렉산드리아는 정확히 아스완의 북쪽에 있지 않으므

포시도니오스

기원전 2~1세기경 스토아학파의 철학자이며 파나이티오스의 제자이다. 다방면에 걸친 지식과 지적 호기심을 갖춘 유명 강연자로, 키케로나 폼페이우스 등이 그의 강연에 참여했다. 포시도니오스는 태양의 크기를 당시 그 누구보다도 정확히 측정했고, 별을 연구하면서 대기굴절을 고려했다. 지구의 크기를 더 작게 계산하는 오류를 범했으나, 그가 계산한 수치는 프톨레마이오스에 의해 통념으로 자리 잡았다.

로, 아스완까지의 거리는 낙타 몰이꾼의 어림치보다는 짧았을 것이고, 태양의 각도 또한 생각보다는 작았을 것이다.) 그는 참으로 놀라운 성취를 이룬 셈이었다.

1세기 반이 흘러, 스토아학파 철학자 포시도니오스Posidonius(기원전 135년~151년경)는 알렉산드리아에서 보이는 카노푸스 항성Canopus과 로도스 섬에서 보이는 카노푸스 항성을 서로 비교해 본 다음 에라토스테네스의 계산이 옳다고 확신했다.

끝나지 않은 위대한 여행

오디세우스가 죽은 자의 땅을 방문했을 때, 티레시아스라는 유령은 그에게 고향으로 돌아간 다음에도 해야 할 여행이 남아있다고 말해주었다. 한 번도 인간의 손길이 닿은 적이 없는 머나먼 땅으로의 여행이었다. 저녁거리를 노래로 구걸하며 이 마을에서 저 마을로 옛날이야기 보따리를 들고 다니는 방랑시인 호메로스에게 이것은 분명 '속편'을 위한 사전작업으로 주인 입에서 다음에 또 들리라는 말이 나오도록 할 방법이었다.

하지만 이러한 '속편'《오디세이아》의 이야기는 고대 그리스인들의 탐험이 우리의 인생에 끼치는 역할을 비유하는 셈이다. 한때 셰익스피어가 '미지의 나라'라고 이름 붙인 외부세계에 대한 호기심이 없었다면, 콜럼버스는 아메리카 대륙을 발견하지 못했을 것이다. 분명 그리스인들이 지구를 공 모양으로 생각하고 다른 쪽 '면'이 비었다고 생각했다면, 지구라는 무대를 더 많은 모험으로 채웠을 것이다.

콜럼버스가 태어나기 200년 전, 콜럼버스의 고향인 이탈리아에서 활동했던 단테Dante Alighieri는 그들의 선조인 오디세우스가 세상에 대한 멈추지 않는 호기심을 끝까지 채우기 위해 헤라클레스의 기둥을 지나 서쪽으로 항해했다고 상상했다. 단테와 같은 기독교인에게 이러한 항해는 실패할 수밖에 없는 일이었다. 그것은 단지 이성의 자만심이 낳은 인간의 욕망을 채우려는 행위였기 때문이다. 하지만 더 넓은 시각으로 보면 이러한 항해는 실패하지 않았다. 그리스인들의 넘치는 호기심은 중세 선원들에게 용기를 북돋우고 더불어 더 먼 해변으로 나아가게 하는 원동력이 되었다. 달과 화성에 인간의 흔적을 남긴 의미는 무엇일까? 그리스의 탐험가와 지도 제작자들로부터 시작된 25세기 전의 위대한 여행을 우주로 확장한 것이 아니겠는가?

제8장

기상학

가장 오래된 그리스의 문학 두 편, 호메로스의 《오디세이아》와 헤시오도스의 《일과 나날Works and Days》에서 핵심적인 내용은 바로 바람과 날씨이다.

바람의 보관자

트로이 전쟁이 끝나고 귀향길에 오르면서,
오디세우스와 그의 부하들은 아이올로스 왕이 통치하는 섬에 도착했다.
크로노스는 아이올로스를 바람의 신으로 지명했다.
방문자들을 극진히 대접한 아이올로스는 오디세우스 일행에게
이별의 기념으로 속을 바람으로 채워 꽁꽁 묶은 가죽가방을 선물했다.
그리스 전사들은 아이올로스의 섬을 떠나 아홉 날을 꼬박 항해한 다음,
열흘째가 되어서야 지평선에 나타난 고향 땅을 볼 수 있었다.
하지만 항해를 전적으로 지휘해 오던 오디세우스가 지쳐 잠들자,
탐욕에 찬 선원 하나가 가죽가방 안에 보물이 있을 것으로 생각하고
가방을 열어보기로 마음먹었다.
가방을 열자, 바람이 무더기로 쏟아져 나왔다.

허리케인이 울부짖는 소리와 함께
그들을 덮쳐 바다 멀리 내동댕이쳤다.
—호메로스 《오디세이아》中에서

이것이 바다의 폭풍이 오디세우스에게 안긴 마지막 역경이었을까? 이것이 끝이 아니었다. 오디세우스에게 불구대천의 원수였던 바다의 신 포세이돈은 그가 가족을 다시 보기 위해 돌아가는 여정에 강력한 악천우를 선사했다.

그리스 농부의 일지

날씨가 나쁘면 선원들뿐만 아니라 농부들 또한 괴로웠다. 호메로스의 동료 헤시오도스는 개인적인 경험을 통해 농부의 삶을 잘 알았고 《일과 나날》이라는 농부의 연감에 그가 쌓은 지식을 집약했다. 그는 모든 계절 가운데 겨울을 최악으로 꼽았다.

혹독한 1월과 2월,
잔인한 서리를 피해라.
북풍 보레아스가
지상에 휘몰아쳐

바다를 괴롭히며
나무를 흐느끼게 하고,
우뚝 솟은 참나무와
삐쭉삐쭉한 소나무를 넘어뜨리는 혹독한 순간이다.
보레아스는 심지어 황소의 가죽마저 파고든다.
두꺼운 양가죽만이 예외이리라.
바람 앞의 잡초처럼
노인들은 무력하다.
—헤시오도스 《일과 나날》 中에서

하늘 높이 있는 것에 관한 연구

그림 25

신들이 제왕 제우스 상, 출처 《그리스 조각상》, 에스텔레 M. 헐(Estelle M. Hurll), 1901년.

현실적인 필요로 말미암아 그리스 농부와 선원들은 날씨에 정통해야 했다. 하지만 아이올로스, 포세이돈, 보레아스라는 이름에서 알 수 있듯이 그들은 날씨에 신의 힘이 개입한다고 생각했다.

어찌 보면 올림포스 신들의 제왕 제우스 또한 기상학자라고 말할 수 있다.그림 25 그리스의 가장 높은 산 꼭대기에 자리 잡은 신전에서 신들의 왕으로 자리를 뽐낸 제우스는 '구름 수집가' 또는 '천둥에서 빛나는 이'라는 이름으로 불렸다. 제우스는 악한 자들을 벌하는 무기로 번개를 사용했다. 가뭄이 오면 제사장들은 비를 내려달라고 제우스에게 기도했다.

날씨가 그리스인들에게 끼쳤던 정신적 함의를 생각할 때, 그리스인들이 언제부터 날씨에 대해 종교적인 설명보다 이성적인 설명을 찾았는지 궁금할 수밖에 없다.

소크라테스 이전의 철학자들이 지구의 대기에 관한 주제를 논의한 적은 있었지만, 현재까지 남아있는 날씨를 다룬 최초의 책은 호메로스와 헤시오도스 시절 이후 4세기가 지난 기원전 4세기 중반으로 거슬러 올라간다. 이 책은 아리스토텔레스(기원전 384년~322년)과 테오프라스토스Theophrastus(기원전 371년~287년)가 저술했다.

그리스의 사상가들이 이 주제를 조명하는 데 왜 그토록 오랜 시간이 걸렸을까? 아마 기상 현상의 경외로운 위력, 제우스와의 깊은 인연, 신의 축복에 의지하는 농부들 때문이었으리라. 하지만 기원전 399년, 철학자 소크라테스는 아테네의 신들을 거부하고 아테네 청년들을 이성주의의 유혹에 빠뜨려 무신론으로 타락시켰다는 혐의를 받고 사형장의 이슬로 사라

테오프라스토스

기원전 4~3세기경 그리스 에레소스 출신의 철학자이자 과학자로 플라톤과 아리스토텔레스의 제자이다. 후에 아리스토텔레스의 후계자가 되어 학원 리케이온을 운영했다. 테오프라스토스는 '식물학의 아버지'로 식물의 관찰은 주로 리케이온의 정원에서 이루어졌는데 당시 리케이온에는 아시아 내륙의 이국적인 식물로 가득 차 있었기에 그의 연구는 그리스 식물상에 한정되지 않았다.

졌다. 아마도 당시 아테네의 지식인들에게 '하늘 높이 있는 것에 관한 연구'를 의미하는 기상학Meteorology만큼 위험한 학문도 없었을 것이다.(그리스어로 meta는 '위'이자 aeiro는 '들어올리다'라는 뜻이다.) 기상학은 그리스의 신성한 신이 통치하는 지역을 허락 없이 침범하는 학문이었기 때문이다.

날씨로 철학하는 법

다른 그리스 사상가와 마찬가지로 아리스토텔레스에게 기상학이란 단순히 날씨만을 의미하는 것이 아니었다. 기상학을 연구한다는 것은 바람과 구름, 비, 눈, 우박, 천둥과 번개와 같은 온도와 습기에 관한 주제에서 나아가 무지개, 혜성, 별똥별, 은하수와 같은 '저 하늘 높은 곳의' 현상을 다루는 것이었다. 이러한 현상을 설명하려는 아리스토텔레스의 노력은 논리적이었다. 하지만 그의 이론은 실증적인 증거나 실험보다는 순수한 논리에 이론적 기초를 둔 연역적인 주장이었다. 그는 순환하는 비의 본질에 대해 과학적으로 정확한 주장을 펼쳤다. 태양열이 땅의 습기를 증발시키면 증기가 하늘로 올라가고 냉각되면서 구름으로 응축되며, 응축된 액체는 비의 형태로 땅에 떨어진다는 것 말이다.

테오프라스토스는 친구이자 스승인 아리스토텔레스의 뒤를 따라, 대기현상에 대한 합리적인 질문을 계속했다. 그는 《날씨의 징후에 대하여On Weather Signs》라는 저서에서 달의 색깔 변화나 특정 동물의 행동 변화와 같이 자연에서 확연히 나타나는 징조를 통해 날씨를 예측하는 방법을 다뤘다. 스스로 밝히듯, 그가 다룬 정보는 직접 관찰한 자료와 자연과 가깝게 지내던 농부와 목동들의 경험에 근거했다. 그는 날씨를 예측하려면 그 지역에 사는 주민들의 말을 잘 들어보고 징후를 살펴야 한다고 말했다. 테오프라스토스가 소개한 상관관계 대부분은 과학이라기보다는 민속학에 가깝게 들린다.(예컨대 '개구리가 평소보다 크게 울면 비가 온다는 신호다'라는 주장 같은 것들 말이다.) 하지만 그는 아리스토텔레스의 기상학에서는 찾기 어려운 특정성과 엄격한 귀납적 원리를 자신의 연구에 응용하려 했다.

그의 현실적인 조언은 기원전 3세기 시인 아라투스Aratus에게 시적 영감마저 제공했다. 아라투스는 6절로 된 〈페노메나The Phenomena〉라는 시에서 어떻게 자연이 나쁜 날씨를 경고하는지를 다룬다. 예컨대 쥐가 평소보다 큰 소리로 찍찍거리거나 개가 마당에 구멍을 마구 파헤치는 경우가 이에 해당한다. 실제로 현대인들이 비웃어 넘길만한 일부 '징조'들이 시간이

아라투스

기원전 4~3세기경 킬리키아 출신의 그리스 시인이다. 스토아학파의 시조 제논의 영향을 받았다. 시리아의 안티코스 왕의 궁정에서 오디세이아의 교정을 보았다고 전해진다. 에우독소스의 천문학 논문을 영웅서사시의 운율로 다시 써서 현존해 내려오는 《하늘의 현상Phainomena》를 저술했다.

흘러 민중의 지혜였다는 사실이 증명되면서, 자연학자들이 과학적으로 더 조사할 만한 가치가 있었다는 사실이 드러나는 경우가 있다.

바람이 단순한 공기의 이동이라는 소크라테스 이전의 관념에 기초해(테오프라스토스는 바람이 지구가 내쉰 숨이 모인 것이라는 아리스토텔레스의 견해에 반대했다.) 테오프라스토스는 《바람에 관하여On Winds》라는 책을 통해 기류의 흐름에 관한 새로운 이론을 전개했다. 이 이론에는 태양열이 멈춘 공기를 움직이는 데 어떤 역할을 하는지, 지형학이 바람에 어떤 영향을 미치는지에 관한 내용이 들어있다. 또한 그는 날카로운 분석력과 자신만의 독특한 귀납적인 방법을 이용해 기후 변화 및 지역에 따른 기후 차를 설명했다.

그림 26

아테네의 바람의 탑이 고대에 어떤 모양이었을지를 추정하는 상상도. 출처《아테네의 유물》, 스튜어트 & 레벳(Stuart & Revett)

바람의 탑

고대 그리스의 기상학 연구 가운데 가장 위대한 업적은 대리석으로 만들어진 13.4미터 높이의 8각형 구조물이다. 그림 26 아테네의 아크로폴리스 그늘에 지금까지 서 있는 이 구조물은 기원전 1세기(사실 1세기 이전까지 거슬러 올라가지만) 키르루스 출신의 그리스 천문학자 안드로니쿠스Andronicus가 설계했다. 이른바 바람의 탑이라 불리는 이 구조물은 바람의 남신 8명의 조각상에서 따온 이름이다.(북풍 보아레스, 서풍 제피루스 등) 이 조각상들은 탑의 꼭대기를 벨트 모양으로 두른 프리즈에 조각되어 있다. 탑 위에서는 풍향계가 원뿔 모양의 지붕 위에 얹혀 빙빙 돌았다. 8개에 달하는 구조물의 각 면에는 아직도 해시계 장치의 흔적이 남아있고, 구조물 안에는 정교한 물시계clepsydra의 석재 파편들이 남아있다. 이에 바람의 탑은 고대에 약속 장소와 기상 연구센터의 역할을 동시에 담당했다.

양털 망토를 걸친 늙은 보레아스가 소라고둥을 불어 차디찬 공기를 일으키고, 젊은 제피루스가 봄의 꽃봉오리를 품고 따뜻한 공기를 가르며 떠다닌다. 바람의 탑은 고대 그리스 기상학의 산물로, 신화로 서막을 열고 과학으로 결말을 장식한 이중의 상징성을 지닌다.

제9장

천문학

고대 그리스인들은 모든 과학적 주제 가운데, 천문학을 가장 먼저 연구했을 것으로 추정된다. 그들의 관찰은 거의 3천 년 전에 쓰인 시와 문헌들에 기록되어 현재까지 남아있다.

서사적인 하늘

트로이 전쟁을 그린 호메로스의 《일리아드》는 그리스 최고의 전사 아킬레스의 비극을 담고 있다. 이 서사시에서는 올림포스의 대장장이 신 헤파이스토스가 손수 만든 아킬레스의 방패와 갑옷을 상세히 묘사하는 내용이 나와 있다.

헤파이스토스는 구리, 주석, 은, 금을 사용해 아킬레스에게 친숙한 세상을 그렸다. 운명의 방패를 전쟁터에 들고 나간다면, 삶에 대해 집착하는 마음을 비울 수 있기 때문이다. 헤파이스토스는 전시(戰時)의 도시와 평시(平時)의 도시, 비옥한 들판과 방목하는 가축, 춤추는 아낙네와 사내들 뿐 아니라 인간의 활동을 둘러싼 우주까지 묘사했다.

헤파이스토스는 방패 위에 땅, 하늘, 바다,
영원무궁한 태양과 보름달,
별자리로 가득 찬 하늘을 새겼다.
플레이아데스성단과 히아데스성단, 장대한 오리온자리,
오리온자리에 눈을 떼지 않고
바다 위로만 맴도는 왜건이라 부르던 곰자리를 새겼다.
—호메로스 《일리아드》 中에서

앞서 언급한 것처럼, 《일리아드》의 자매 서사시인 《오디세이아》는 트로이 전쟁의 여파와 오디세우스의 힘겨운 귀향길을 묘사했다. 오디세우스는 자신을 사모했던 여신 칼립소의 섬에 난파했고, 고향으로 돌아가 사랑하는 가족의 품에 안길 날만 손꼽아 기다렸다. 결국 제우스는 오디세우스를 불쌍히 여겨 칼립소에게 그를 놓아주라고 명령했다. 칼립소는 새로운 배를 만들 장비와 도구를 주며 그를 떠나보냈다.

영웅 오디세우스는 바람을 타고 즐거운 항해에 나섰다.
그는 자리에 앉아 키를 능숙하게 조정하고
잠들지 않으려 안간힘을 쓰면서,
플레이아데스성단과 늦게 지는 쟁기자리,
오리온자리에 바짝 붙어 돌지만

바다 밑으로 사라지지 않는 곰자리(왜건)에 눈을 떼지 않았다.
사랑스러운 여신 칼립소는 이 성단을 바라보며
계속 좌측으로만 항해하라고 지시했다.
바다를 여행한지 17일이 지나고
마침내 18일째 안개 자욱한 깊은 바다에서
파이아케스인 땅에 있는
그늘진 산이 방패처럼 올라와 눈앞에 나타났다.
—호메로스 《오디세이아》 中에서

이것은 천체를 보고 단순히 시적으로 관찰한 내용이 아니라 바다를 낀 나라에 어떻게 지식을 응용하는지를 보여주는 실용적인 사례다. 바다로 둘러싸여 여기저기 흩어진 섬나라 문명에서는 이동과 운송의 필요에서 발명이 비롯되고 천문항법이 생겨났다. 하지만 고대 그리스인들은 항해의 민족인 동시에 농업의 민족이었다. 그리스 농부들은 계절 변화를 정확히 알아야만 실패 없이 씨를 뿌리고 이삭을 거둘 수 있었다. 그리스인들은 하늘을 '농부의 일지'로 생각했다.

호메로스의 후예 헤시오도스(기원전 700년경)는 이러한 농업 관련 지식을 《일과 나날》이라는 시에 반영했다. 게으르고 남 탓만 하는 동생 페르세스Perses에게 바친 이 시는 한편으로는 계몽서적이었고, 한편으로는 농업교본이었다. 다음과 같은 시를 공개적으로 낭독해 그리스 시민을 윤리적, 경제적으로 도와주려 했다.

장대한 오리온자리가 처음 나타날 때,
하인들에게 데메테르 신의 신성한 곡식을
바람이 잘 통하는 부드러운 바닥에 놓고 타작하도록 지시하고
병에 조심조심 채워라.
하지만 오리온과 시리우스 별이 하늘을 절반 정도 가로지르고
장밋빛 새벽에 대각성Arcturus이 보이면
포도를 따고, 넝쿨을 집으로 가져올 때다.
알겠는가, 페르세스?
열흘 밤낮을 햇볕에 쬐고 닷새를 덮고, 엿새째에 끄집어내
유쾌한 바커스 신의 포상을 병에 담그라.
하지만 플레이아데스와 히아데스, 장대한 오리온자리가
저물기 시작하면 쟁기를 갈아야 할 시점이 온 것이다.
—헤시오도스 《일과 나날》中에서

헤시오도스의 사고체계는 이처럼 실용적인 면을 지녔다. 하지만 이러한 면에 더해 그는 더 큰 상상력이 묻어난 시를 남겼다. 헤시오도스는 《천문학Astronomy》에서 어떻게 하늘이 우리의 삶에 영향을 미치는지에 대한 암시와 함께 그리스인들이 이름 붙인 별

과 성단, 전설과 관련된 신화를 구술했다. 하지만 현재는 시 일부만이 남아있을 뿐이다.

우주의 설계자

고대 그리스인들은 천문학의 외톨이가 아니었다. 지중해 문명 또한 칠흑 같은 어둠을 뚫고 한 줄기 빛을 비추는 별들의 성단을 보면서 경이감에 찼기 때문이다. 고대 이집트인들과 바빌로니아인들은 하늘을 관찰하면서 뚜렷이 보이는 별을 연결해 별자리를 그리고 이러한 별자리의 천문학적 의미와 미스터리를 신화나 의식, 종교로 만들었다. 세계 최초로 태양력을 만든 이집트인들은 죽은 자의 영혼이 북극성 주변을 돈다고 믿으며, 시리우스 별이 동쪽 하늘에 나타날 때 나일 강이 차올라 땅에 영양분을 공급해 줄 것이라 예언했다. 바빌로니아인들은 하늘의 사건들을 꼼꼼히 기록하며 오늘날에도 익숙한 황도십이궁도를 창안했다.

그리스인들이 동방의 문화와 달랐던 점은 하늘의 신비에 접근하는 그들만의 합리적인 방식이었다. 그리스인들이 별을 항법과 농업에 실용적으로 응용했다는 사실을 앞서 살폈다. 하지만 하늘의 수수께끼에 자극받은 그리스인들은 더 큰 상상력을 발휘해 우주의 작동원리를 이성적으로 설명하기에 이르렀다.

그들은 우주를 신성불가침한 존재가 아닌, 그들 자신의 모습이 투영된 인간미가 넘치는 존재로 생각했다. 넓게 보면 그리스인들의 탐구는 이러한 우주관에서 비롯되었다. 그들은 이성이 인간의 성취 이면에 놓여있다면, 자연의 이면에도 놓여있을 것이라고 주장했다. 그 결과 우주를 가리키는 고대 그리스어 '코스모스'는 훌륭한 배치를 의미했고, 이러한 배치에서 나오는 아름다움은 곧 질서를 나타냈다. 이성이란 우주의 비밀을 푸는 열쇠로 자리매김했다. 별과 인간성을 논리적인 연속체로 생각한 고대 그리스 과학자들은 전자가 후자에 미칠 영향을 배제하진 않았지만, 그들은 다음의 중요한 질문을 던지는 것을 잊지 않았다. '우리가 존재하는 우주가 어떻게 설계되었을까?' 그들이 이와 같은 구조적인 수수께끼를 푸는 데 헌신한 것은 그리 놀랍지 않은 일이다.

이오니아의 반란

생각지도 못한 곳에서 해답의 실마리가 나타났다. 그리스의 본토나 인근의 섬이 아니라 멀리 떨어진 터키 남서부에서였다. 이곳은 기원전 11세기에 미케네 문명의 몰락에 이어 트로이마저 몰락하면서 탈출한 그리스인들이 자리를 잡은 지역이었다. 기원전 800년경, 주변 환경이 훨씬 안전했던 이 지역에서 호메로스가 태어났을지도 모른다. 호메로스는 미케네의 암흑시대 이후를 돌이켜 보고 이 시대의 전통을 영감이 넘치는 대작 여행기로 만들어 잃어버린 세계의 영웅정신을 고취하려 했다.

호메로스의 출생지는 정확지 않다. 이오니아, 소아시아(오늘날 터키)의 키오스, 스미르 등을 포함한 일곱 개의 도시국가에서 그의 출생지임을 자처하고 있다.

이오니아 해변에 정착한 그리스의 거주민들은 진취적인 기상으로 번성하는 도시를 건설했다. 특히 밀레투스Miletus는 무역이 융성했다. 상업을 촉진하고자 했던 그리스인들은 리디아인의 새로운 발명품인 화폐제도를 활용했다. 낡고 느린 물물교환 경제를 빠르고 새로운 화폐 기반의 경제로 교체한 것이다. 상업이 발달하면서 유입된 부로 말미암아 늘어난 중산층, 획기적으로 자리 잡은 민중적 사고방식이 당시의 정치 현실에 도전장을 내밀었다. 변화의 바람은 이오니아를 휩쓸었다. 단지 정치적 분위기만이 아니라 그리스인들에서 시작해 동부 지중해 거주민들에 이르기까지, 또 자신을 인식하고 표현하는 방식에까지 영향을 미쳤다. 처음으로 신이 아닌 자신에게 의지하는 인간의 조각상을 만들고, 과거 죽은 영웅들의 삶보다는 섬세한 개인적 느낌을 서정적으로 표현하기 위해 새로운 형태의 시를 창작했다.

그들 앞에는 '멋진 신세계The Brave New World'가 펼쳐졌다. 이는 인간이 손수 만들고 올림포스의 신들이 한걸음 물러난 세계였다.

그리스 르네상스의 극단주의는 철학자 겸 시인 크세노파네스(기원전 580~480년경)의 시에서 엿볼 수 있다. 크세노파네스는 의인화된 신 앞에 무릎을 꿇으려는 인간의 성향을 비웃었다.

> 말이나 소가 손을 가졌고
> 그들이 인간과 같이 우상을 만들 수 있다면
> 말들은 질주하는 말과 같은 신을,
> 소 떼들은 음메 소리를 내며 우는 신의 형상을 만들었을 것이다.
> —크세노파네스 《단편Fragments》 中에서

회의주의가 만연한 지적 토양에서, 사람들은 과거의 신화적인 겉치장을 벗겨 내고 새로운 눈으로 세상을 대담하게 바라보았기에 움직임의 이면에 놓인 실제적인 원인(이론적이지 않은)을 밝힐 수 있었다. 그 결과 태양신 헬리오스와 달의 여신 셀레네가 마차로 해와 달을 끈다는 이야기는 단지 시적인 요소에 불과하다고 자리매김했다.

고대 그리스인들은 하나같이 최초의 천문학자로 밀레투스의 탈레스(기원전 640년-546년경)를 꼽는다. 탈레스는 자연과학의 창시자이자 우주의 움직임 이면에 놓인 물리적 원리를 이성적으로 조사한 최초의 사상가였다. 플라톤은 탈레스에 관한 가장 유명한 일화를 소개한다. 탈레스는 어느 날 밤, 하늘을 쳐다보느라 정신이 팔려 우물에 빠졌다. 건망증이 심한 철학자나 천문학자들은 땅에 꼭 발을 붙이고 있어야 한다는 교훈을 시사한다고나 할까? 하지만 탈레스는 결코 바보가 아니었다. 그는 겨울의 기상 상태를 보고 올리브의 풍작을 유추해 올리브 압착기 사용권 계약을 미리 맺어놓았다. 시장을 독점한 그는 추수가 다가왔을 때 임대를 놓아 큰돈을 벌었다.

그는 이집트에서 유추력을 발휘해 피라미드의 그림자 길이를 이용해 피라미드의 높이를 측정했다. 또한 바빌로니아 연감에서 기록된 바처럼 탈레스는 일식과 월식의 간격에서 일정한 패턴을 확인하여 최초로 일식을 예측했다.

기원전 585년 5월 28일, 의문의 일식이 일어났다. 당시 전쟁 중이었던 메디아Media와 페르시아의 군대는 기이한 어둠에 휩싸여 공포에 떨었고, 전쟁을 즉시 중단하고 평화협정을 맺었다. 하지만 과학자였던 탈레스에게는 일식이란 신들의 계시가 아니라 객관적이고도 예측 가능한 천체 기전의 결과물이었다. 이것 말고도 탈레스는 꼼꼼한 관찰력을 발휘해 하지와 동지를 정확히 예측했다. 여러 가지 발견 덕에 탈레스는 고대 그리스의 일곱 현자에 속할 수 있었다.

아낙시만드로스(기원전 610년~547년경)는 탈레스의 제자로 밀레투스 학파에 속했다. 우리는 아낙시만드로스를 세계지도를 처음 그린 사람으로 알고 있는데, 사실 아낙시만드로스는 지구를 납작한 원판으로 묘사했다. 그러나 지구의 외부 세계에 대한 관념을 최초로 정립한 그의 공적은 이러한 실수를 보상하고도 남는다. 그의 우주관은 아치형의 하늘이 지구를 덮고 있다는 동방국가들의 우주관과는 현격히 달랐다. 아낙시만드로스의 생각은 그가 죽고 난 이후 2,500년도 넘게 지난 1969년에야 직접 눈으로 확인할 수 있었다. 달에 도착한 미국의 우주비행사들이 푸르게 빛나는 대리석과 같은 지구를 바라본 역사적인 순간이다.

아낙시만드로스는 다른 천체가 우주에 떠다니는 지구를 공전하고 있다고 주장했다. 오늘날에는 이러한 '지구 중심적인' 천동설이 틀렸다는 것을 알고 있지만, 지구 주변의 천체들이 매일 뜨고 지는 현상을 명백히 목격하는 사람들의 시각으로는 매우 합리적인 이론이었다. 제사장을 겸하던 이집트와 메소포타미아의 천문학자들은 이러한 견해를 오랫동안 표준으로 유지했다.

하지만 아낙시만드로스는 해나 달, 기타 행성들을 구의 형태로 생각하기보다는 우리가 목격한 별들은 실제로 줄을 지어 존재하며 거대한 천체 바퀴로 영원히 지구 주변을 도는, 타오르는 구멍이라고 상상했다. 아낙시만드로스와 같은 그리스인들에게는 원형이 완벽한 형태였다. 따라서 이러한 '바퀴'는 둥근 모양일 수밖에 없었다. 일관성과 소수(素數)의 근본적인 힘을 믿었기에 각각의 바퀴는 3을 곱한 숫자만큼 간격을 유지해야 했다. 이러한 생각을 품은 아낙시만드로스는 자신도 모르게 실증적인 자료에 근거해 우주의 결론에 도달하기보다는 우주를 수학적으로 완성하려는 그리스인들의 성향을 답습하고 있었다. 이를 보면 적어도 문화적인 사대주의가 객관적인 과학을 앞선다는 사실이 드러난다.

하지만 지중해의 동쪽이 아닌 서쪽에서 아낙시만드로스의 천동설에 강하게 반기를 든 사람들이 나타났다. 다름 아닌 피타고라스학파로, 이들은 기원전 6세기경 남부 이탈리아에 본거지를 두고 상업의 확장보다는 숫자의 신비와 순수한 정신을 추구하는 데 매진했다. 피타고라스와 후기 철학자 필로라오스를 비롯한 그의 추종자들은 지구란 '대지구'와 같은 다른 구형의 행성과 마찬가지로 완벽한 구형이며, 태양 또한 중심부에 있는 보이지 않는 불덩이 주변을 회전한다고 믿었다.

대(對)지구란 피타고라스가 주창한 학설로 지구에서는 보이지 않는 행성이 불꽃에 의해서 태양과 달에 그림자를 만들고 그것이 일식 · 월식의 원인이 된다는 설이다.

또한 피타고라스학파 천문학자들은 아낙시만드로스가 주장한 것처럼 모든 천체가 세 배의 거리로 떨어져 있지 않고 악기의 현이 화음을 만드는 간격과 동일한 수학적 간격으로 떨어져 있다고 믿었다. 이러한 컨테센스란 동일한 의미의 라틴어로 오늘날 quintessential(정수의, 전형적인)이라는 영어 단어의 어원이다. 다섯 번째 정수라는 의미가 있다.

아리스타르코스

기원전 4~3세기경의 그리스 천문학자이자 수학자이며 알렉산드리아 도서관의 사서였다. 그는 태양이 우주의 중심이며, 지구를 포함한 모든 행성이 태양 주위를 돈다는 설을 펼쳤다. 정밀한 측정장비가 없었는데도 기하학을 이용해 지구에서 태양과 달까지의 거리를 측정했다. 또한 지구가 달이나 태양에 드리우는 그림자를 이용해 달과 태양의 크기를 측정했다.

셀레우코스

바빌로니아에서 활동한 천문학자로 아리스타르코스의 지동설을 옹호한 유일한 학자이다. 그는 달이 간만의 차를 유발한다는 사실을 연구했다.

우주의 조화가 지구에서는 들을 수 없는 '천체의 음악'을 들려준다고 그들은 주장했다. 수학적 완성에 매료된 인간의 마음에 휘둘려 우주의 증거를 묵살한 천문학적 이론인 셈이다.

탈레스, 아낙시만드로스, 피타고라스가 세상을 떠나고 난 이후 우주론을 세우려는 그리스인들의 관심은 대체로 수그러들었다. 기원전 5세기 초 페르시아제국의 침입으로 그리스 본토는 연합군을 형성해 외부 침입자에 대항했다. 민족의 승리를 주도했던 아테네인들은 이러한 승리에 한껏 고무되어 문학과 예술의 황금기를 열었다. 그리스 사상가들의 초점은 우주에 대한 추상적인 사고에서 인간이 이 땅에서 펼치는 영예로운 성취와 인간의 본질에 대한 탐구로 옮겨갔다.

이러한 시대에도 하늘에 관심을 둔 철학자가 있었다. 철학자 아낙사고라스(기원전 500년~428년경)는 태양은 붉게 타는 거대한 돌이며, 달의 지형은 지구의 지형과 유사하고, 월식과 달의 변화는 신성의 표시가 아닌 천체의 이동에 의해 자연적으로 일어나는 현상이라고 주장했다.

기원전 5세기의 끝자락에 있었던 아테네의 정치적 분열 중에 철학자 플라톤(기원전 429년~327년경)과 그의 제자 아리스토텔레스(기원전 384년~322년)는 다시금 지적 관심을 자연계에 쏟았다. 인간적인 관점에서는 너무나 자명해 보였기에, 그들은 아낙시만드로스의 지구 중심 모델을 그대로 따랐다. 플라톤은 심지어 우주 안에 창조주의 작품이 있다고 생각했다. 이것은 세상을 떠난 크세노파네스를 무덤에서 춤추게 할 만한 생각이었다! 네 가지 원소를 주장했던 소크라테스 이전의 사고를 넘어서, 아리스토텔레스는 천체가 '제5원소', 또는 퀸테센스 quintessence로 구성된 점에서 특별하다고 생각했다.

천문학의 실용적인 용도를 인정하면서도, 이상주의자였던 플라톤은 천문학이 우리의 의식을 별까지 이끌 수 있을지는 몰라도 더 중요한 고차원의 정신적 진리까지는 이끌 수 없다고 주장하며 천문학의 궁극적 가치를 깎아내렸다.

다음 세기에 활약한 사모스의 아리스타르코스(기원전 310년~250년)는 천체의 크기를 최초로 측정했다. 그는 기하학의 원리를 이용해 태양과 달의 크기를 지구의 크기와 비교해서 측정했고 지구와의 거리도 측정했다. 게다가 지동설을 개진하여 대담하면서도 겉보기에는 반인류적인 길을 밟았다. 하지만 아리스타르코스가 인류와 지구를 사물의 중심에 놓지 않은 탓에 그의 지동설은 푸대접을 받았다. 실제로 그를 열렬히 지지했던 고대 천문학자는 셀레우시아(티그리스 강유역의 고대도시)의 셀레우코스Seleucus 한 사람뿐이었다. 천동설과 지동설 간의 이론적 대립은 1543년까지 결론이 나지 않았다. 1543년은 니콜라우스 코페르니쿠스가 죽고 나서 그의 역사적인 연구 성과가 책으로 출판된 해다. 그 당시까지 지구가 우주의 중심이라는 견해가 지배했다.

물론 천동설로 설명하기 어려운 부분은 있었다. 가장 큰 문제는 일부 행성이 역행한다는 사실이었다. 일부 행성들은 때때로 멈췄다가 코스를 바꾸고 이전의 궤도를 다시 거슬러 올라갔다. 이러한 사실에도, 에우독소스(기원전 4세기~기원전 3세기)나 페르가의 아폴로니오스Apollonius(기원전 200년경)와 같은 다수의 고대 천문학자들은 탁월한 수학적 독창성을 발휘하고 기계적 모형화를 거쳐 이러한 모순을 해결하고 해답을 만들었다. 그들이 사용한 장치 중에는 중심을 공유하지만, 회전축이 다른 우주의 천체 모형 세트가 있었다. 이 장치는 작은 궤도를 그리며 지구 주위에서 주전원 운동을 하는 행성과 특이한 궤도를 그리며 지구 주위를 도는 행성으로 구성되었다. 키케로의 책 《국가론De re Publica》에 따르면 기원전 3세기, 천재 아르키메데스는 심지어 해, 달, 지구 주변의 행성이 동시에 움직이는 모습을 기계적으로 재현한 천구의(天球儀)와 천문관(天文館)을 만들었다고 한다.

기원전 4세기의 시인 아라투스는 에우독소스의 별자리 위치 연구에 자극받아 〈페노메나The Phenomena〉라는 매우 정교한 시를 창작했다. 아라투스가 쓴 이 시는 에우독소스가 저술한 천문학 논문으로부터 영감을 얻었다. 아라투스의 별빛 찬란한 작품은 너무나 유명해져 《일리아드》와 《오디세이아》 이후 고대세계에서 가장 널리 읽히는 시가 되었고 아라비아로 번역된 몇 안 되는 그리스 시로 자리매김했다.

에우독소스와 아폴로니오스와는 달리, 히파르코스(기원전 200년경)와 같은 다른 그리스 천문학자들은 우주의 원리와 같은 문제를 풀기 위해 두뇌를 혹사하지 않았다. 그 대신 별 자체에 집중했다. 그가 마음 놓고 이용했던 도서관에는 바빌로니아인의 관찰을 집대성한 자료가 넘쳐났다. 이에 히파르코스는 천체가 일정한 시간에 어느 하늘에 떠 있는지를 계산할 수 있었고 850개에 달하는 별의 정밀한 좌표를 수집할 수 있었다. 오래도록 쌓인 천문학 자료를 연구하고 하늘을 공들여 관찰하면서 그는 춘분점 세차(歲差)를 발견할 수 있었다. 또한 삼각법을 발명해 지구에서 달까지의 거리를 계산했다.

나아가 망원경이 발명되기 전에 히파르코스는 여러 가지 새로운 기구를 발명해 하늘을 탐구하는 기술을 비약적으로 발전시켰다.

이러한 발명품들 가운데 디옵트라dioptra와 아스트롤라베astrolabe라는 기구가 있다. 디옵트라는 천체의 거리와 상대적인 크기를 판단할 수 있게 만든 일종의 광학 계산자였다. 아스트롤라베는 일부는 움직이고, 일부는 고정된 복수의 기계 원판으로 구성된 복잡한 장치였다. 이 장치를 쓰면 천체의 상대적 위치를 예측하고 이 위치에 근거해 밤낮을 판단할 수 있었다.

유명한 프랑스 천문학자 기욤 비고르당Guillaume Bigourdan이 히파르코스를 예찬하며 쓴 글에서는 다음과 같은 내용이 나온다.

"이 탁월한 위인으로부터 과거와는 비교할 수 없는
완벽한 천문학이 갑자기 등장했다.
태양과 달의 이론이 형성되고, 행성의 이론도 윤곽을 나타냈다.
고대 천문학의 가장 큰 염원이었던
일식의 예측이 해답을 찾았다.
하늘에 흩어진 수많은 별의 위치가 처음으로 알려졌고,
세차 현상의 발견으로 정확한 좌표를 언제든 계산할 수 있었다."

히파르코스는 가장 위대한 고대 천문학자로 불린다. 특히 히파르코스는 신화와도 연결고리를 유지했다. 그리스 신화에 따르면 신들의 제왕 제우스는 타이탄과 올림포스 신들과의 전쟁에서 타이탄을 편들었다는 이유로 아틀라스에게 영원히 하늘을 떠받치고 있으라는 벌을 내렸다. 미국 뉴욕 5번가에 있는 록펠러 센터를 방문하는 여행자들은 불끈대는 무쇠 팔과 어깨로 75년 가까이 우주를 짊어지고 있는 아틀라스 동상에 경탄을 금치 못한다. 이 동상은 나폴리 국립 고고학박물관에 보관된 조각상을 본떠 만든 것으로 나폴리 국립 고고학박물관에 보관된 대리석 조각상은 원래 로마의 파르네세 광장Piazza Farnese에 전시되어 있었다. 로마제국 시절의 대리석에 그보다 수백 년 전의 그리스 고전을 아로새긴 이 작품은 거대한 대리석 지구 아래 무릎을 꿇고 있는 아틀라스를 보여준다. 이 대리석 지구 위에는 41개의 별자리가 각기 상징하는 그림으로 나타나 있다. 예컨대 사자자리에는 사자, 게자리에는 게의 그림이 있다.

지구를 짊어진 조각상은 오랜 세월 전시되었지만, 최근에 와서야 완전한 의미가 알려졌다. 루이지애나 주립 대학교의 물리학 교수, 브래들리 E. 쉐퍼Bradley E. Schaefer는 이탈리아를 여행하면서 이 '파르네세 아틀라스Farnese Atlas'를 구경했다. 그는 조각상이 떠받치고 있는 지구 모형에 밤하늘이 과학적으로 정확히 묘사된 것을 보고 놀라움을 금치 못했다. 별과 별자리가 표시된 것뿐 아니라 적도와 남회귀선, 북회귀선, 북극권과 남극권까지 표시되어 있었다. 별자리의 상대적 위치와 함께, 언제 이러한 밤하늘의 '사진을 찍었는지' 알 수 있게 해주는 정보였다.

쉐퍼 박사는 70개의 별을 가이드로 삼아 지중해의 하늘이 히파르코스가 연구하고 별에 대한 카탈로그를 작성했던 기원전 125년경의 하늘과 비슷하다는 내용을 유추할 수 있었다. 또한 그는 무명의 그리스 조각가가 대리석으로 신화를 표현하기 위해 히파르코스의 책을 근거로 '아틀라스'를 묘사한 것이라 주장했다.

가장 오래된 컴퓨터

안타깝게도, 가장 환상적인 고대의 천문장치를 만든 사람은 알려지지 않는다. 1900년 고고학자들이 에게 섬의 바다 밑을 탐사하는 과정에서 해면 채집 다이버가 이 장치를 처음 발견했다. 이 장치에는 섬의 이름을 따라 안티키테라메커니즘Antikythera Mechanism이라는 이름이 붙여졌다. 사람들은 녹슬고 석화된 구리 덩어리를 처음 발견했을 때, 조각상을 운반하던 고대의 선박이 폭풍에 침몰하면서 부서진 잔해라고 생각했다. 하지만 아테네 국립박물관의 탁자 위에 놓인 이 덩어리에서 수분이 빠지자, 틈이 갈라지면서 그리스 우주의 상징이 새겨진 눈금판이 차례로 표시되고 기어가 여러 개 달린 신기한 시계장치가 나타났다. 영국의 물리학자 겸 수학자였던 데릭 프라이스Derek J. de Solla Price가 1950년대에 검토한 바에 따르면, 이 장치는 주요 별들과 별의 일주운동, 달의 위상, 행성의 움직임을 예측하도록 고안되었다고 한다.

그리스 정신의 탁월한 독창성을 뽐내듯 안티키테라 메커니즘의 기계적 구조는 현재 남아있는 고대의 과학기구 가운데 가장 복잡하다. 이것은 세계에서 가장 오래된 '컴퓨터'라고 할 수 있다.(컴퓨터라는 말은 산술적 정보를 자동으로 처리하고 서로 얽힌 자료의 상관관계를 밝힐 수 있는 아주 정교한 계산 장치를 의미한다.) 사실 런던 과학박물관의 마이클 라이트Michael T. Wright는 수십 년 후 엑스레이로 이를 연구해 상상했던 것보다 훨씬 내부구조가 복잡하다는 사실을 밝혀냈다. 2006년과 2008년에 토니 프리스Tony Freeth가 주도한 영국, 그리스, 미국 학자들로 구성된 연구팀은 더 발전된 표면 이미지 처리기술과 고해상도 엑스레이 단층촬영 기법으로 이 장치를 연구했다. 연구팀은 남아있는 기계 조각들에 새겨진 글 중 해독 가능한 글이 당초 연구보다 두 배나 많다는 사실을 발견하면서, 내부 톱니바퀴의 작동 원리를 새로운 시각으로 바라볼 수 있었다.

해독을 마치자, 새겨진 글귀 일부에서 기계로 만든 천체 투영관과 함께 쓰였다는 것이 드러났다. 톱니바퀴 한 세트는 태양력과 월력을 조화시키는 19년 주기의 '메톤 주기'(달이 같은 위상을 되풀이하는 19년의 주기)를 측정했다. 한편 다른 세트는 바빌로니아의 자료에 근거해 일식과 월식을 표시하고 언제 다시 일어날지 예측하는 18년 주기의 '사로스 주기'를 측정했다. 월식을 계산하는 톱니바퀴 세트는 히파르코스의 첫 번째 주장과 마찬가지로 달의 궤도를 타원형으로 참작하여 계산했다. 한편 다른 톱니바퀴 세트는 스포츠 달력으로 쓰여 올림픽 경기와 그리스에서 4년에 한 번씩 개최되는 육상 축제가 언제인지를 알려주었다.

매월을 표시하는 고정된 좌표와 황도십이궁도의 접촉자에서, 안티키테라 메커니즘이 기원전 80년에 설치되고 이용되었다는 사실을 알 수 있다. 조각으로 새겨진 월을 가리키는 이름은 그리스와 시칠리아의 북서부에서 전통적으로 이용된 철자와 일치한다. 1세기 반가량 앞서 시칠리아에서 살았던 아르키메데스가 발상과 설계를 담당했을지도 모른다. 하지만 정확히 누가 컴퓨터를 개발했는지는 알 수 없다. 최고의 걸작이라고 뽐냈던 발명품을 발명가 스스로 바다에 빠뜨렸을지도 모를 일이다.

우주의 백과사전

고대 그리스의 마지막 천문학자는 서기 2세기 로마 시대에 이집트 알렉산드리아에서 살았다. 그의 정식 이름은 프톨레마이오스, 약식 이름은 프톨레미였다. 히파르코스의 별 카탈로그(총 1,028개에 달한다. 고대 자료 가운데 가장 길다.)에 178개를 추가한 것 말고도, 프톨레미는 고대 천문학의 방법론과 업적을 가장 폭넓고 자세하게 설명했다.

그가 남긴 걸작은 13권에 달하는 《수학집대성Mathematike Syntaxis》이다. 이를 예찬한 후세 아라비아인 천문학자들은 이 전집에 '알마게스트Almagest'라는 거창한 이름을 붙였다. 이것은 아라비아어에서 the를 의미하는 '알al'을, 그리스어에서 위대하다는 뜻인 '메지스테megiste'를 따서 지은 이름이며, 오늘날에도 이 이름이 통용된다. 책의 서문에서 프톨레미는 천문학이 단지 지적 오락에 불과하다는 플라톤의 주장을 반박하며, 천문학은 '연구하는 사람들을 신성한 아름다움을 사랑하는 인간으로 만들어주며, 그들의 영혼에 이 아름다움을 불어넣는다.'라고 주장했다. 바로 이 주장에서 프톨레미가 천문학을 통해 지식을 이성적으로 탐구하려 했다는 인간적 노력이 드러난다. 프톨레미는 이러한 노력이 영적 갈증을 채워줄 것이라 주장했고, 하늘이 곧 신성의 표현이라고 확신해 점성술이 인생의 방향을 제시해 줄 수 있다고 믿었다. 요하네스 케플러Johannes Kepler나 아이작 뉴턴과 같이 그의 저술을 읽은 후세의 거장들 또한 그와 같은 생각이었다. 프톨레미는 태양이 아닌 지구가 태양계의 중심이라고 믿었다. 이러한 믿음은 후세에 가장 큰 영향을 미쳤고, 이후 천 년이 넘게 천문학자들의 사고를 지배했다.

하지만 천문학이 단지 '과학'이 아니라 더 고차원의 무언가로 통하는 것이라는 뿌리 깊은 믿음은 계속 진지하게 다룰 가치가 있다. 영국의 고전학자 G.E.R. 로이드G. E. R. Lloyd는 열띤 목소리로 다음과 같이 주장했다.

> 고대 작가들은 과학을 실용적인 목적으로 응용할 수 있다는 사실을 알고 있었지만, 그들이 자연을 연구하는 주된 동기는 실용적이지 못했다. 고대인들은 지배하거나 개발하려는 목적이 아니라 현명해지기 위한 목적으로 자연을 탐구했다.

충분히 공감이 가는 일이다.

이는 종종 알거나 이해하지 못하면

마음의 평화와 행복을 얻을 수 없다는 해로 드러났다…

과학은 철학의 일부이자…인간성을 개선할 수 있다.

우리는 과학 자체가 목적인 과학, 훌륭한 인생과 윤리 교육의 일부로서

과학의 이상을 생각할 수밖에 없다.

그리스의 우주론과 과학은 인간 중심적이다.

하지만 그 이면에는 인본주의적인 면이 자리 잡아,

탐구를 가능케 하는 원천이 실용적인 응용 가능성이 아니라

지식 그 자체라는 점을 확신한다. 과학이란 유용해야 하지만,

유용함의 기준은 물질적 풍요가 아닌 과학의 이해라 할 수 있다.

—G.E.R. 로이드 《Methods and Problems in Greek Science: Selected Papers》 中에서

직업의 가치를 판단하는 기준이 돈을 얼마나 버느냐에 좌우되는 실용적이고 배금주의적인 현세대에서, 고대의 천문학은 우리의 탐구가 무엇을 지향해야 하는지 많은 점을 시사한다.

아리스토텔레스

갈레노스

히포크라테스

테오프라스토스

비트루비우스

아리스토텔레스

생명의 사다리를 발견한 사람

우리가 철학자로만 알고 있는 아리스토텔레스, 그의 천재성은 철학 분야에만 한정되지 않았다. 아리스토텔레스는 최초로 수많은 종의 동물을 수집하고 종류별로 나눠 피라미드식으로 분류한 '동물학의 아버지' 였다! 이 과정에서 그는 유기계의 조직 원리를 밝혔고 생물을 종과 속으로 구분하는 현대적 분류법의 토대를 세웠다.

아리스토텔레스는 2,000년 가까운 세월 동안 넘볼 수 없는 동물학의 권위자였다.

갈레노스

가장 오랫동안 의학을 지배한 사람

우리는 흔히 고대 의학의 아버지 하면 히포크라테스를 떠올리지만, 그 외에도 의학에 지대한 영향을 끼친 인물이 또 있었다. 히포크라테스가 의학의 상징이라면, 로마제국의 갈레노스는 약 1300년 동안이나 서양의학을 실제로 지배한 사람이었다. 갈레노스는 군의관 출신으로 해부학의 권위자였으며 이와 관련해 500여 편의 논문을 남겼고, 이 중에 100여 편이 오늘날까지 전해진다. 현대 의학 시대가 열릴 때까지 대부분의 의학 분쟁이 '갈레노스의 말에 따르면…' 으로 해결될 정도였다고 한다.

히포크라테스

의학의 아버지

히포크라테스 선서로 유명한 히포크라테스는 약 70여 권에 달하는 의학 전집을 남겼다. 이것에는 의학에 관한 연구뿐만 아니라 임상 기록까지 빠짐없이 기록되어 있어 후대에 사람들에게 지대한 영향을

끼쳤다. 히포크라테스가 유명해진 건 다름 아니라 그가 남긴 의사들을 위한 윤리적 지침서 때문이다. 〈히포크라테스의 선서〉로 알려진 이 내용은 오늘날까지 전 세계의 의사들이 외우는 윤리적 지침이 되었다.

테오프라스토스

아리스토텔레스의 제자이자 후계자 '식물학의 아버지'

아리스토텔레스의 학교 '리케이온' 의 후계자였던 테오프라스토스는 수많은 식물을 분류하며, 어떻게 이러한 식물이 자라고 번식하는지, 어떻게 이러한 식물을 재배하는지를 설명했다. 책에 쓰인 지식은 대부분 직접 수행한 실험과 개인적인 경험에서 비롯되었고, 이 책들은 오늘날 '멘델의 유전법칙' 으로 유명한 그레고르 멘델의 유전학 연구에 기초가 되었다.

비트루비우스

레오나르도 다 빈치 그림의 원작자

비트루비우스는 건축을 공부하는 사람이라면 한 번쯤 들어봤을 만한 인물이다. 비트루비우스는 건축가이자 고대 건축의 바이블인 《건축십서》의 저자라고만 알려졌지만 사실 그는 인체 비율을 최초로 연구한 사람이기도 했다. 비트루비우스는 인체 비율이라는 것을 최초로 착안하고 연구했으며 저서에 남겼다. 우리가 레오나르도 다 빈치가 착안해 만든 작품이라고 알고 있는 '인간을 상징하는 그림' 은 사실 비트루비우스의 그림에서 영감을 받은 것이다.

제 10 장

생물학

고대 그리스인들처럼 생명에 열정을 보인 사람들도 드물다. 아킬레스가 하데스의 유령들로부터 남다른 용기를 칭찬받았을 때, 죽은 아킬레스는 따뜻한 태양 아래서 생명의 숨결을 느낄 수 있다면 '죽은 자들의 지배자가 되느니 지상에서 가장 천한 노예로 사는 게 낫다.' 고 말했다. 그리스인들의 생명에 대한 열정과 기타 과학의 원동력이 된 비상한 호기심을 생각하면, 그들이 생명bios을 연구하는 학문logos인 생물학Biology에서도 앞서 갔을 것으로 생각하는 게 당연하다. 고대 그리스인들은 역사가들과 극작가들이 인류의 본질을 탐구하는 데 들인 열정만큼 생물학에도 열정을 쏟아 연구했다.

연구의 장애물

그리스의 종교는 인체를 과학적으로 탐구하기 어렵게 만들었다. 시체를 해부하는 일을 신성을 해치는 행위라고 생각했기 때문이다. 고대 그리스에서는 문학을 통해 인간의 정신을 묘사하고 미술을 통해 인간의 외관을 그리는 데 매진했기에 인체 내부 원리를 탐구하는 데는 에너지를 쏟지 못했다.

역설적으로 그리스인들은 인간을 추앙하면서 더 '열등한' 생명체의 연구에 소홀해졌다. 이러한 인간의 편견은 호메로스와 헤시오도스의 시절에서도 명확히 드러난다. 호메로스는 동물을 거의 묘사하지 않았고 묘사할 때조차 아킬레스의 마음씨 따뜻한 말이나 오디세우스의 충성스러운 개와 같이 인간다운 모습을 보이는 동물만 골랐다. 호메로스의 시에서 나오는 동물과 식물은 대부분 연극에서 주연 남녀를 부각시키기 위해 무대배경을 담당하거나 의인화되어 조연을 맡았다.

호메로스의 동료 시인 헤시오도스는 《신통기》와 《일과 나날》에서 우주의 시초를 기록한 최초의 그리스 작가였다. 하지만 다른 짐승들의 창조가 인간을 창조하기 위한 신의 서곡이었던 창세기의 내용과는 반대로, 인본주의자였던 헤시오도스는 올림포스의 신들이 인간을 그 어느 생명체보다도 먼저 창조했다고그림 28 주장했다. 아폴로도로스Apollodorus가 보존하고 로마 시인 오비디우스Ovidius가 세상에 소개한 이와 관련된 그리스 신화에서는 대홍수에서 유일하게 살아남은 데우칼리온과 피라가 어깨 위로 돌을 던져 지구를 다시 번성시킨 이야기를 전한다. 데우칼리온이 던진 돌은 바로 남자가 되었고, 피라가 던진 돌은 여자가 되었다. 다른 생명체에 관해서는 일체의 언급이 없다. 성경에서 노아의 방주에 동물들을 한 쌍씩 태운 것과는 대비되는 부분이다.

그림 28
아테나 앞에서 인간을 창조하는 프로메테우스. 장 시몽 베르텔레미 (Jean-Simon Berthelemy), 1802년.

인간성을 강조하고 나머지 자연계에 무관심했던 아테네 황금시대의 사조는 문학과 예술에서도 마찬가지였다. 단순한 건축물의 배경에서 벗어나, 그리스 연극의 무대는 가장 기본적인 것밖에는 없었고, 배경 또한 그리스의 물병에 그려진 장식 수준보다 못했다. 그나마 그리스 예술에서 현재까지 전해지는 것 중 예외적인 작품은 파르테논 신전의 개선 행렬이다. 여기에서 나타난 말의 뼈와 근육을 보면 말의 생리를 완전히 이해했다는 사실을 알 수 있다. 고전문학 또한 인간을 강조했다. 인간의 행위와 인간이 행한 성취가 작가들의 주된 관심사였다. 유일한 예외는 헤로도토스가 《역사》에서 그리스 바깥 국가의 특이한 동·식물군에 이따금 관심을 보인 정도였다. 그렇지만 파르테논과 마찬가지로 헤로도토스의 《역사》 또한 오직 인간의 영광스러운 행위를 기념하기 위해 창작된 것이었다.

인체의 아름다움

아테네가 정치적 권력과 풍요로움 그리고 자신감에서 정점에 도달한 기원전 5세기 중반에 미론Myron, 폴리클레이토스, 페이디아스Pheidias와 같은 위대한 조각가들은 이상적인 인간의 체격을 표현하는 데 모든 힘을 쏟았다. 그들은 공동체의 보수적인 윤리관념 탓에 남자만 벗은 채로, 여자는 옷을 입은 채로 조각했다. 아테네의 조각가들은 이상적인 육체를 가진 남자가 대리석이나 구리로 서 있는 모습이나, 움직이는 모습을 살아 숨 쉬는 것처럼 만드는 것을 주된 목표로 삼았다.

완벽을 향해 열정을 불사른 예술가들은 다양한 남성 모델의 신체를 측정하고 이러한 측정값을 평균화했다. 또한 평균화한 치수를 전형적인 남성의 타고난 '청사진'에 반영할 수 있도록 해부학적 비율과의 전체적인 집합을 발견하려 했다. 이러한 완벽한 인체는 특별한 해부학적 특징(예컨대 키 또는 가슴의 크기)을 측정한 절댓값이 아닌 인체의 각 부분을 서로 비교해서 나온 상대치에 근거했다. 그 결과 인위적으로 도출한 정확한 수학적 비율을 일련의 관념화를 거쳐 반영하여 실제 몸의 비율을 끌어낼 수 있었다.

예컨대 폴리클레이토스가 저술한 《캐논Canon》이라는 책에서 그는 조각상의 비율을 설명하고 이를 보여주기 위해 도리포로스Doryphoros라 불리는 창던지는 사람의 조각상을 만들었다.그림 29 이 책과 조각상 원형이 지금은 남아있지 않지만, 두 점의 고대 자료가 아직 남아 폴리클레이토스가 품었던 생각의 실마리를 제공한다.

두 자료 가운데 하나는 2세기, 그리스 내과의사 갈레노스가 쓴 책에서 찾을 수 있다. 기원전 3세기의 스토아학파 철학자 크리시포스Chrysippus를 회상하며 갈레노스는 이렇게 서술했다. "크리시포스에 따르면 아름다움이란 일반적인 대칭구조에 있는 것이 아니라 인체 각 부위의 연관성에서 나온다. 손가락에서 손가락, 손가락에 연결된 손바닥뼈와 손목뼈, 팔뚝에 연결된 상박, 이 모두와 연결된 몸 전체가 공통분모인 것이다."

그림 29
폴리클레이토스의 창 던지는 청년 대리석상.

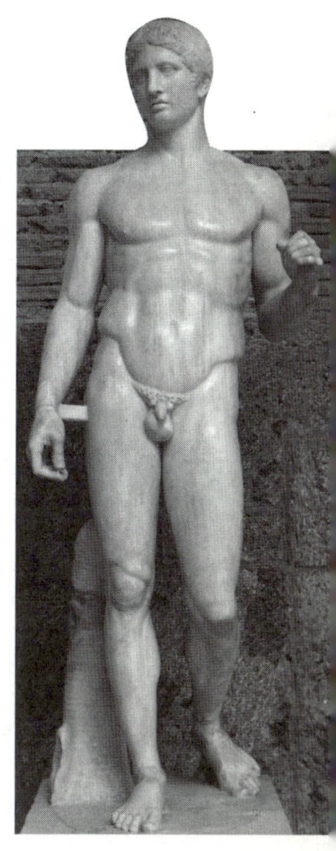

설계와 건축을 다룬 핸드북에서 기원전 5세기의 로마 건축가 겸 기술자 비트루비우스는 이렇게 말했다.

대칭과 비례 없이는 어떤 신전도 합리적으로 설계할 수 없다.
달리 말하면 정교하게 설계된 인체와 같은 정밀한 설계를 따라야 한다.
자연은 인체를 다음과 같이 설계했다.
턱 끝에서 이마의 끝, 머리카락의 뿌리까지의 길이가 키의 $\frac{1}{10}$이다.
손목에서부터 중지의 끝에 이르는 손바닥의 길이 역시 키의 $\frac{1}{10}$이다.
턱에서 머리끝까지의 길이는 $\frac{1}{8}$이다.
목 아랫부분과 겹치는 가슴의 끝부분에서 머리끝까지는 $\frac{1}{6}$이다.
가슴의 중간 부위에서 머리끝까지는 $\frac{1}{4}$이다.
턱 밑에서 콧구멍 아래까지의 길이는 얼굴의 $\frac{1}{3}$이다.
콧구멍 밑에서 양미간의 길이 역시 얼굴의 $\frac{1}{3}$이다.
양미간에서 머리카락 뿌리에 이르는 이마의 길이 역시 얼굴의 $\frac{1}{3}$이다.
인체의 다른 부위 역시 이와 유사한 비율을 보인다.
이러한 원리를 이용해 고대 화가들, 고매한 조각가들은
무한한 명성을 얻을 수 있었다.
—비트루비우스 《건축십서On Architecture》中에서

비트루비우스에 따르면 완벽한 인간의 얼굴과 손바닥의 길이가 키의 $\frac{1}{10}$이므로, 손을 얼굴에 대 보면 내 몸이 완벽한지 가늠해 볼

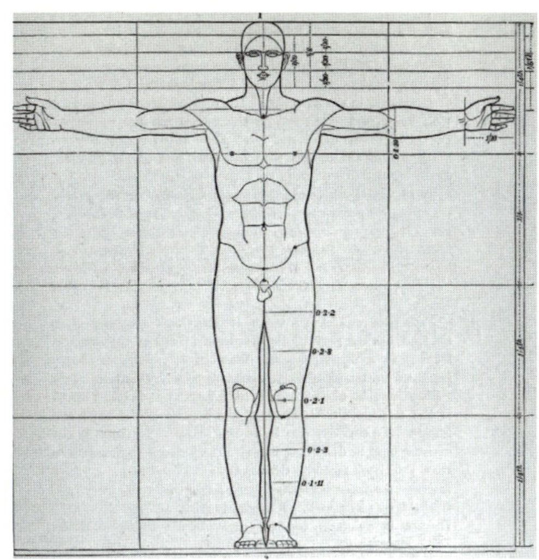

그림 30
비트루비우스의 저술에 기록된 '폴리클레이토스가 짠 남성 인체의 이상적 비율'.
출처 《조각의 매뉴얼(A Manual of Sculpture)》, 조지 레드포드(George Redford), 1882년.

수 있다고 한다. 손바닥과 얼굴의 크기가 같다면 최소한 비트루비우스와 폴리클레이토스의 눈에는 완전한 비율을 이룬 것이다. 그림 30

폴리클레이토스의 도식화로 말미암아 미론의 원반 던지는 사람이나 페이디아스가 파르테논 신전 프리즈에 새긴 조각상처럼 기원전 5세기의 조각상의 얼굴은 서로 닮은꼴이었다. 이상주의의 시대를 살던 아테네 조각가들은 특이한 생물학적 현실을 묘사하려 들지 않았다. 그보다는 아테네인들에게 체화된 본질, 인간의 숨은 본질을 확인하고 나타내어 현실을 초월하는 애국적 이미지를 고취하려 했다.

미학적, 생물학적 완벽성을 위한 '공식'을 발견하려 노력하면서, 아테네 황금시대의 조각가들은 수학적으로 표현 가능한 보이지 않는 질서, 하늘에 존재하는 '코스모스'를 믿은 고대 피타고라스학파 철학자들의 관행을 답습했다. 이에 고전 예술에서 인체는 우주의 특징과 구조를 생물학적으로 반영한 하나의 소우주로 취급되었다.

비트루비우스는 인체의 전반적인 대칭을 묘사하기 위해 그리스 방식을 따랐다.

> 배꼽이 인체의 정확한 중심인 것은 당연하다.
> 손과 발을 최대한 뻗친 채로 누운 남자에게서 배꼽을 중심으로 원을 그리면 원주가 손이나 발에 닿기 때문이다. 원 안에는 원주에 접하는 사각형을 그릴 수 있었다. 발끝에서 머리끝까지를 재기 위해 측량사들이 땅을 정사각형으로 재듯이 뻗친 손 한쪽 끝에서 다른 쪽 끝까지의 거리를 측정했다.
> —비트루비우스 《건축십서》中에서

1,500년이 지나, 레오나르도 다 빈치는 이러한 그림에 영감을 받아 인간을 상징하는 그림과 도해를 창작했다.제14장의 그림 폴리클레이토스가 지금까지 살아있었다면, 유전공학자들이 더 완벽한 인체를 만들기 위해 구리나 대리석과 같은 무생물이 아닌 살아있는 육체의 DNA를 조작해 자연을 극복하는 모습을 보고 경탄했을 것이다.

새와 벌

펠로폰네소스 전쟁(기원전 431년~404년)의 여파로 고대 그리스인들이 길러온 정치적 이상은 산산이 무너졌다. 그리스의 사상가들은 대자연의 유기적 세계 안에서 인간 이외의 실재하는 현실로 관심을 돌렸다.

이러한 현실을 발견한 가장 위대한 학자 가운데 한 사람으로 기원전 4세기 철학자 아리스토텔레스를 꼽을 수 있다. 아리스토텔레스그림 31는 인간은 이성의 힘 덕에 지구상의 다른 생물들과 다르다고 생각했고, 인간에 편향된 사고를 했다. 하지만 아리스토텔레스는 이성의 힘을 발휘하여 인간의 바깥세계를 유례없는 열정으로 탐구하여 '동물학의 아버지'라는 칭호를 얻었다. 실제로 현존하는 그의 업적 가운데 $\frac{1}{5}$가량이 이 주제를 다룬다. 그는 자신의 책 《동물의 부위에 관하여 On The Part of Animals》에서 이렇게 말한다. "모든 대자연은 경이로운 일로 가득 차 있다. 따라서 우리는 편견을 버리고 망설임 없이 살아있는 모든 생물을 연구해야 한다. 모든 생물 하나하나는 아름답고도 자연스러운 무언가를 밝혀줄 것이기 때문이다."

그림 31
헤르쿨라나이움(Herculaneum)의 폐허에서 발견된 아리스토텔레스의 구리 흉상. 기원전 4세기경.

미지의 아름다움을 향한 아리스토텔레스의 열망은

자연에 숨겨진 질서를 인간이 발견할 수 있다는 신념과 일치했다. 그것은 인간의 지성으로 자연스럽고 신성한 생명의 설계를 조명할 수 있다는 것을 의미했으며 심지어 생명의 설계에 깃든 모든 피조물의 해부학적 구조 하나하나는 고유한 목적이 있다는 뜻이기도 했다.

연구 과정에서, 아리스토텔레스는 최소한 60가지 유형의 벌레와 120종의 어류를 포함해 약 500가지의 서로 다른 종을 수집하고 관찰했다. 어류 대부분은 레스보스Lesbos 섬의 피라Pyrrha 산호초에서 잡은 것들이었다. 아리스토텔레스는 플라톤의 아카데미아에 합류하기 위해 아테네로 가기 전, 새 신부와 레스보스 섬에서 신혼여행을 즐겼다. 아리스토텔레스는 동물 해부를 광범위하게 시도한 최초의 그리스 과학자였고, 어부와 목동들에게서 얻은 귀중한 정보로 자신의 발견을 보완했다. 어부와 목동들은 경험을 통해 동물들의 습성을 잘 알고 있었다.

아리스토텔레스를 매료시킨 주제는 동물(인간을 포함한)이 어떻게 2세를 낳고, 배아가 어떻게 진행되고, 어떤 환경이나 지역에서 일정한 동물이 서식하고, 어떤 음식을 먹고 사는지를 밝히는 것이었다. 더 나아가, 그는 모든 생명체를 구성하는 모든 기관에는 저마다 설계된 특유한 목적이 있다고 믿었다. 아리스토텔레스의 예리한 관찰력은 실험을 통해 병아리의 발달과정과 벌의 습성을 연구한 사례에서 잘 드러난다.

열흘이 되자, 병아리의 겉모습과 장기들이 분명히 보였다.
머리는 여전히 몸의 다른 부위에 비해 컸고, 눈은 머리보다 컸지만 볼 수는 없었다. 이 시기에 맞춰 부리보다 큰 눈이 까맣게 돌출되었다. 피부를 벗기자 차갑고 끈적끈적한 백색 유체가 밝은 빛에 반짝였다. 이것이 바로 머리와 눈이 형성되는 모습이다.
이 단계가 되면, 내부 장기는 위와 연관된 장기와 장과 연관된 장기로 구분할 수 있다. 심장과 배꼽을 연결하는 혈관이 보이며, 배꼽에서 나온 혈관 하나가 노른자위(액체 상태로, 평소보다 크다.)를 둘러싼 막까지 뻗쳐있다. 반면 다른 혈관은 (a) 병아리를 둘러싼 막을 완전히 둘러싼 외막, (b) 노른자위를 둘러싼 막, (c) 이 두 개의 막 사이를 채운 유체에까지 이어진다. 병아리가 자라면서 차차 노른자의 한 부위가 올라가고 다른 부위는 내려간다. 백색 유체는 중앙에 머물고 노른자의 아래 부위에 있던 흰자위는 원래 자리에 머물게 된다.
열흘째 흰자위는 끝에만 남고, 양도 적어지며, 끈적끈적하고, 두텁고, 흐릿하다…20일이 지날 무렵, 껍질을 살짝 깨고 안에 있는 병아리를 만져보면 껍질 안으로 들어가려 버둥거리면서 소리를 낼 것이다. 20일째 껍질을 깨고 밖으로 나온 병아리는 이미 솜털로 덮여있다.
—아리스토텔레스《동물의 탐구The History of Animals》中에서

수벌은 시간 대부분을 벌집 안에서 보내지만, 일단 밖으로 날아오르면

하늘 높이 무리지어 올라가 정신없이 선회한다. 비행을 마치면 축제가 시작된다. 왕벌들은(아리스토텔레스는 여왕벌이 수컷이라고 생각했다는 것에 주의해야 한다.) 이유를 막론하고 무리지어 날지 않는 한 바깥으로 날지 않는다. 만일 왕벌 한 마리가 길을 잃으면 그 벌을 발견할 때까지 후각을 이용해 뒤를 좇았다. 왕벌이 날 수가 없으면 벌 떼가 왕벌을 데리고 날며, 왕벌이 죽으면 벌 떼 역시 따라 죽을 것이다. 왕벌이 죽은 다음 잠시 살아남은 벌 떼가 벌집을 만들지 못하면, 꿀을 더 이상 만들 수 없고 벌 떼는 곧 죽게 된다.

꽃의 줄기를 재빨리 타고 올라가면서 벌 떼는 앞다리로 들어 올린 밀랍을 가운데 다리로 떨어뜨리고, 곧이어 뒷다리의 구부러진 부위로 떨어낸다. 벌 떼는 밀랍의 무게를 고스란히 실은 채 하늘로 날아오른다. 매번 비행에서 벌은 종류가 다른 꽃을 이리저리 찾지 않는다. 예를 들면 제비꽃에 앉은 벌은 다른 제비꽃으로만 날아가고 다른 꽃에는 관심을 두지 않는다. 벌집에 돌아오면 다른 벌 서너 마리의 도움을 받아 몸을 털어낸다. 이 벌들이 운반하는 것(꽃가루)은 눈에 잘 보이지 않는다. 벌들이 어떻게 이러한 일을 수행하는지 관찰하기는 쉽지 않다.

—아리스토텔레스 《동물의 탐구》中에서

아마도 아리스토텔레스가 생물학에 가장 크게 이바지한 것은 모든 동물을 종류별로 분류해 유기계(有機界)의 조직 원리를 밝힌

일일 것이다. 그는 생물을 종과 속으로 구분하는 현대적 분류법의 토대를 세웠다. 아리스토텔레스는 동물계를 크게 혈액이 있는 동물과 혈액이 없는 동물로 구분했다. 이는 척추동물과 무척추동물의 본질적인 차이점을 반영하는 생물학적 특징이다. 찰스 다윈 Charles Robert Dawin처럼 진화의 원리를 주장하지는 않았지만, 아리스토텔레스는 내면에 있는 '존재의 등급' 또는 '생명의 사다리'를 발견했다. 이는 구조적으로 가장 원시적인 단계에서 시작해 가장 복잡한 단계에 이르는 유기체의 진보를 의미한다.

아리스토텔레스가 생물학에서 이룬 발견과 이를 통해 정립한 견해는 세 가지 주요 저서, 《동물의 탐구The History of Animals》, 《동물의 부위에 관하여On the Parts of Animals》, 《동물의 발생에 관하여 On the Generation of Animals》에 요약되어 있다. 아리스토텔레스는 헬레니즘 사상의 특징이자, 합리주의의 이정표라 할 수 있는 몇 가지 핵심적인 성향을 갖추었기에 이러한 연구가 가능했다. 그것은 다름 아닌 강렬한 호기심, 유추의 재능, 체계를 파악하는 노련함, 날카로운 분석력, 명쾌한 해설능력이었다. 아리스토텔레스는 진리의 탐구에 매진했다. 이는 과학에서 가장 중요한 덕목이기도 하다. 그는 미리 짐작한 이론에 사실을 끼워 맞추기보다는 자명한 증거를 찾았다.

물론 아리스토텔레스도 인간이기에 많은 실수를 저질렀다. 그러한 실수 가운데 일부는 종교적인 양심의 가책으로 인간을 해부하지 못했던 탓이다. 그는 뇌가 아닌 심장이 지성을 관장하며, 동맥과 정맥의 기능이 같다고 추정했다. 가장 뚜렷한 실수는 여성이 남성보다 치아 수가 적다는 주장이었다. 아마도 영국 철학자 버트런드 러셀Bertrand Russell이 비꼬아 말한 것처럼 아내의 입안을 들여다보지 않았던 모양이다. 아리스토텔레스를 옹호하는 일부 학자들은 당시 지중해에 살던 여성들이 특히 임신 중이거나 모유 수유를 할 때 비타민 C와 비타민 D가 부족해져 칼슘 결핍에 시달리고, 치아 손실을 겪었을 수 있다는 점에서 아리스토텔레스의 견해가 부분적으로는 옳다고 주장한다.

하지만 이러한 약점에도 아리스토텔레스는 2,000년 가까운 세월 동안 넘볼 수 없는 동물학의 권위자로 자리매김했다.

비밀 정원

아리스토텔레스가 '동물학의 아버지'였다면, 그의 친구이자 동료 과학자인 테오프라스토스(기원전 372년~288년경)는 '식물학의 아버지'였다.

아리스토텔레스와 마찬가지로 폭넓은 지식을 갖춘 테오프라스토스는 종교학, 심리학, 물리학과 같은 다양한 분야에 걸쳐 2백 권이 넘는 책을 저술했다. 생물학에 지대하게 이바지한 것 말고도 그는 여러 가지 업적을 남겼다. 그의 단행본 가운데 가장 유명한 책은 《성격Characters》이다. 이 책은 아첨꾼, 허풍쟁이, 불평꾼을 포함해 30가지 유형의 짜증스러운 인간성을 풍자하고 있다.

그는 사실적인 지식으로 가득 찬 《식물의 탐구History of Plants》와 《식물의 기능Causes of Plants》 (그리스어로 Cause는 기능Function의 뜻을 지녔다.)을 저술해 식물학에서 명성을 얻었다. 그는 이 책을 통해 수많은 식물(육상식물, 해양식물)을 분류하며, 어떻게 이러한 식물이 자라고 번식하는지, 어떻게 이러한 식물을 재배하는지를 설명한다. 책에 쓰인 지식은 대부분 직접 수행한 실험과 개인적인 경험에서 비롯되었고, 이 책들은 훗날 그레고르 멘델Gregor Johann Mendel이 힘써 진행한 유전학 연구의 기초를 닦았다. 테오프라스토스는 그의 책 《식물의 탐구》의 서문에서 에서 연구의 목적을 다음과 같이 설명한다. "우리는 형태학의 관점에서 식물의 특징과 일반적인 성질을 고려해야 한다. 여기에는 특정 환경에서의 식물의 행태, 번식의 방법, 식물의 일생이 포함된다." 그의 저서 가운데 세 부분을 발췌해 소개해 보겠다.

모든 식물의 뿌리는 땅 위에서보다는 아래에서 자라는 것처럼 보인다. 처음에는 식물이 땅 밑으로 자라기 때문이다. 하지만 생식을 위해서는 열이 필요하기에 결코 태양이 닿지 못할 정도로 깊게 뿌리 내리진 않는다. 이와는 달리, 흙이 가볍고 느슨하고 구멍이 많으면 뿌리가 깊고 길게 자라는 데 크게 도움이 된다…나아가, 다 자란 식물의 뿌리는 몸통과 함께 시들기 쉬우므로 어느 정도 성숙한 어린 식물은 나이 든 식물보다 뿌리가 더 깊고 길다.

대체로 대부분의 한해살이 식물은 색깔도 두 가지, 꽃도 두 가지다. '꽃 두 가지'란 장미, 백합,(백합은 보통 홑꽃이나 품종에 따라 겹꽃으로 된 백합도 있다.) 흑제비꽃처럼 꽃의 한가운데 또 다른 꽃이 있는 겹꽃을 의미한다. 꽃잎이 하나인 한해살이 식물도 있지만, 덩굴식물처럼 꽃잎들이 줄지은 한해살이 식물도 있다. 하지만 꽃잎들이 줄지은 덩굴식물도 꽃잎은 서로 붙어 있다. 이와 비슷한 모습으로 수선화는 꽃받침 가장자리에서 각진 꽃잎이 뻗어 나간다. 올리브 꽃 역시 마찬가지다.

재배를 통해 석류와 아몬드의 변화를 유도할 수 있다. 돼지의 배설물로 제조한 거름과 시냇물로 석류를 재배할 수도 있고, 아몬드 나무에 구멍을 뚫고 보살피면서 수액을 받을 수도 있다. 이와 마찬가지로 여러 가지 야생식물을 길들일 수 있고, 집에서 키우던 식물을 야생식물로 만들 수도 있다. 재배와 방치를 적절히 조절하면 그러한 변화를 유도할 수 있는 것이다. 이것은 급격한 변화라기보다는 양화가 악화를, 악화가 양화를 구축하는 자연스러운 진보라 할 수 있다.
—테오프라스토스 《식물의 탐구》中에서

테오프라스토스는 화학비료와 농약을 몰랐던 인물이다. 따라서 그가 원예학을 통해 발견한 사이심기, 혼식, 거름의 효과는 유기농법을 쓰는 현대의 농부에게도 소중한 자료다.

테오프라스토스는 무생물에서 생물이 비롯될 수 있다는 아리스토텔레스의 자연 발생설을 따랐다. 하지만 테오프라스토스는 아리스토텔레스와는 달리 모든 자연적 사건이나 유기체의 구성요소가 고도의 기술로 설계된 것이라는 관념에 저항했다. 또한 테오프라스토스는 정원사가 뿌리를 뽑을 때 동쪽을 바라봐야 하고, 어떤 작물을 추수하기 전에는 마늘을 먹어야 한다는 민간의 습속을 따랐다.

테오프라스토스와 아리스토텔레스 두 사람 모두 플라톤의 학원인 아카데미아의 문하생이었다. 아리스토텔레스가 리케이온Lykeion이라는 아테네 학원을 설립했을 때 테오프라스토스는 그를 따라 학우가 되었다. 아리스토텔레스는 죽기 전에 막역한 친구인 테오프라스토스를 리케이온의 신임 학장으로 임명했고 테오프라스토스는 35년간 그 자리를 지켰다. 그뿐 아니라 아리스토텔레스는 테오프라스토스에게 두 명의 자식을 맡기고, 도서관과 논문, 정원까지 그에게 물려주었다. 테오프라스토스는 원예가로 살다가 85세의 나이에 세상을 떠나 물려받은 정원에 묻혔다.

깨어진 금기

알렉산드로스 대왕(기원전 356년~323년)이 세계를 정복하고 헬레니즘 시대가 전개되면서 생물학의 발전에 세 가지 주요한 영향을 미쳤다. 첫째, 영토를 확장하면서 그리스인들은 새로운 세상에 눈을 뜨게 되었다. 이국적인 것들, 다양한 문화의 신비를 접하면서 그들의 생각도 신선한 변화를 겪었다. 둘째, 알렉산드리아의 도서관과 박물관은 과학적 연구방식에 커다란 자극제가 되었다. 셋째, 그리스 시민이 이집트에 정착하면서 시체 해부를 금지하던 오랜 금기에 도전할 수 있었다. 이집트인들은 3,000년에 가까운 세월 동안 시체 해부를 신성한 기술로 생각했기 때문이다.

과학의 이름 아래, 시체를 해부한 그리스 내과의사로 헤로필로스Herophilus(기원전 330년~260년)와 또 한 명 에라시스트라투스Erasistratus(기원전 315년~240년경)를 들 수 있다. 두 사람 모두 인체의 생리를 알기 위해 동물 생체해부를 시행했다. 하지만 기원전 5세기에도 알크마이온이 인간의 장기를 해부한 적이 있었다.

헤로필로스는 해부학적으로 수많은 발견을 이뤄냈

에라시스트라투스

기원전 4~3세기경 그리스 내과 의사이자 의학자이다. 알렉산드리아에 해부학교를 설립했다고 전해진다. 에라시스트라토스는 심장을 폐에서 유입되는 공기로 움직이는 네 개의 밸브로 묘사했으며 인간과 동물의 뇌를 비교해, 지성이란 구조적으로 복잡한 뇌가 작용한 결과라는 이론을 세웠다. 그는 실제적인 진료에도 뛰어났으며 카테테르(Kathete)도 그가 발명한 것이다.

알크마이온

기원전 5세기경, 남이탈리아 크로토네 출신으로 피타고라스의 제자이다. 안과를 전공한 내과의사로, 인체를 최초로 해부했다고 알려졌다. 또한 눈을 외과적으로 수술한 최초의 내과의로 그는 눈과 다른 감각기관이 관을 통해 뇌와 연결된다고 믿었다. 질병이란 온, 한, 건, 습의 부조화가 그 원인이고, 이들 4원소가 평형을 유지할 때 사람은 건강을 유지할 수 있다고 주장하였다.

다. 그는 아리스토텔레스와는 달리 인간의 신경계를 관장하는 기관이 심장이 아닌 뇌라고 생각해 뇌의 구조적 요소를 확인하고, 뇌에 혈액을 공급하는 순환계를 탐색하고, 신경계와 감각중추, 운동중추를 구별했다. 그밖에도 간을 관찰하고, 심실을 탐색하고, 심실 안팎으로 뻗어 나가는 주요 혈관을 기술하는 동시에 눈을 해부하고, 껍질을 벗기고, 도드라진 막을 묘사했다. 또한 여성의 난소를 탐색하고 남성의 정소와 기능을 비교했다. 조사 과정에서 그는 새로이 발견한 신체 부위에 여러 가지 해부학적 용어를 붙였다. 이 용어들은 라틴어에 편입되어 오늘날의 의학 용어로 영구히 자리 잡았다. 예컨대 십이지장은 그리스어의 12와 손가락의 라틴어 표기에서 비롯되었다. 헤로필로스가 손으로 재 보았을 때 십이지장의 평균 길이가 손가락 12개를 나란히 늘어놓은 길이와 같았기 때문이다.

헤로필로스와 동시대에 활동했던 에라시스트라투스는 심장의 주된 기능이 펌프와 같고, 인체의 펌프는 네 개의 '일방' 밸브로 구성되어 있다고 생각했다. 그는 근육의 추진력으로 말미암아 음식이 소화관을 통해 이동한다고 추론했다. 하지만 그는 여타 동시대인들과 마찬가지로 피는 정맥으로만 흐르며, 동맥에는 공기만이 들어있다고 생각했다.

에라시스트라투스는 끈기 어린 정신이 과학 연구에 얼마나 중요한지를 다음과 같이 묘사했다.

연구에 익숙지 않은 사람들은 머리를 쓰기 시작하면 머리가 멍해지고 뇌가 지쳐 금방 탐구를 포기하게 된다. 마치 충분한 훈련 없이 경주에 참가하는 육상선수에 비유할 수 있다. 하지만 연구에 노련한 사람들은 모든 각도에서 가능한 접근 방법을 시도하며, 한번 시작한 연구를 작심삼일로 끝내지 않고 일생을 거쳐 지속한다. 탐구하는 과제를 두고 연달아 떠오르는 발상에 집중하면서, 목표에 도달할 때까지 쉬지 않고 매진한다.

—에라시스트라투스《On Paralysis》中에서

이후 로마제국 시절에 이르러 의학자들은 해부를 시행했다. 심지어 생체해부까지 실습하는 경우도 있었다. 전쟁터에 시체가 쌓이고, 노예를 무자비하게 다루고, 대중들의 오락거리로 사람과 짐승을 살육하면서 이러한 분위기가 고조되었다. 당시 가장 유명했던 생물학자는 내과의사 갈레노스(129년~199년)였다. 그는 살아있는 동물로 실험해 동맥과 정맥이 혈액을 운반한다는 사실을 증명했다. 갈레노스는 인간 대신 인간과 해부학적 구조가 비슷한 원숭이를 해부했다. 그를 사디스트라 표현하는 것은 무리가 있다. 어디까지나 그는 자신이 얻은 생리학적 통찰을 환자를 더 잘 치료하기 위한 수단으로 생각했다.

그 이전에 활동한 많은 그리스 과학자들과 마찬가지로, 갈레노스는 과학을 신성에 이르는 정신적 탐구이자 대자연을 탐험하는 활동으로 생각했다. 사실상 인체는 능숙하고 계획된 설계로 일류 건축가의 마음을 사로잡은 신전이었다. 그는 겸손한 태도로 자신의 해부학 연구를 그의 책 《On the Use of Parts》에서 이렇게 표현했다. "이 책은 신성한 책이다. 창조주에게 바치는 진심어린 찬송가를 담았기 때문이다. 나는 황소 100마리를 바치거나 월계수 나무와 연고를 태우기보다는, 나 자신을 먼저 발견하고 창조주의 지혜, 힘, 선함을 나머지 인류에게 보여줘 진정한 경건함을 표시할 수 있다고 믿는다."

그리스인들은 본질적으로는 인간의 힘에 자부심을 가진 인본주의자였지만, 그리스의 과학자들은 인간의 힘을 넘어서는 힘이 있다는 가능성을 열어둔 사람들이었다.

제 11 장

의학

고대 동방국가는 태곳적 문명에서부터 치유의 기술을 사용했다. 고대 이집트인들도 이미 심리적 치료와 약리적 치료를 구분했고, 메소포타미아인들 또한 각 분야의 전문가들이 이 두 가지 방법을 구분해 적용했다. 하지만 인체를 치료하는 방법에서는, 두 문명 모두 그리스인들의 합리적 사고를 따라갈 수 없었다. 그리스는 질병, 처방, 치료를 유례없는 이성적인 용어로 정의해 치유의 기술을 진정한 과학으로 변화시킨 최초의 국가였다.

그림 32
아킬레스가 동료 파트로클로스의 상처를 묶고 있는 모습.

전쟁 속의 의사들

서양 의학의 역사는 트로이의 전쟁터에서 처음 시작되었다. 유럽 문학의 역사상 최초의 작품인 호메로스의 《일리아드》에서는 전쟁터에서 부상당한 모습을 그림으로 묘사한다. 그림 32 극적인 스토리를 원하는 시인이나 청중들은 어떤 영웅이 어디에서 쓰러졌는지를 설명하는 정도로는 성이 차지 않았다. 정밀함을 좇는 과학자의 눈을 가진 사람, 동시에 인본주의를 따르는 그리스인이었던 호메로스는 전사들이 어떻게 부상을 입고 어떤 신체부위가 상처를 입었는지 생생하게 묘사했다. 예컨대, 《일리아드》 제4권에는 트로이인과 그리스인 간의 대격전이 나와 있다.

최일선에 있던 시모이시우스는
오른쪽 젖꼭지 옆에 창을 맞았다.
구리로 만든 창이 어깨를 그대로 관통하자
미루나무가 쓰러지듯
먼지 자욱한 땅바닥 위에 쓰러졌다…
디오레스의 오른쪽 발목을 뾰족한 바위가 타격해,
인대와 다리의 뼈가 부서졌다.
그는 뒤로 넘어졌다…
피로스가 달려와 창을 던져
디오레스의 배꼽을 뚫자 장이 땅 위로 흘러내렸다.

치명적인 상처 외에 다른 묘사도 많았다. 그리스의 전사 파트로클로스는 전쟁터를 누비다 화살에 넓적다리를 관통당해 절뚝거리며 전쟁터를 벗어나려 하는 전우를 발견했다.

그가 말했다.

"도와주게, 배로 나를 데려다 주게.
넓적다리에서 화살을 제거하고
검은 피를 따뜻한 물로 씻어주게.
약을 뿌려 상처를 진정시켜 주게.
가장 현명한 켄타우로스, 케이론이 가르쳐 주고,
아킬레스가 처방법을 알려준 약 말일세.
두 명의 위생병, 포달리리우스와 마카온은
우리를 도와줄 수 없네.
포달리리우스는 지금 창을 맞고 캠프에 누워있어
다른 사람을 돌볼 정신이 없네.
마카온은 치열한 전쟁터에 갇혀 있네."

이 구절에서 호메로스 시대의 의학에 대한 다양한 지식을 얻을 수 있다. 첫째, 당시 의학이 존재했다는 사실 그리고 당시 의학이 치료법을 제시하고 의약품(그리스어로 파르마카pharmaka)을 사용했다는 사실이다. 둘째, 부상자를 돌보기 위해 목숨을 아끼지 않았던 숙련된 의사들이 있었고 그들은 비상 상황이 닥치면 의학 지식을 이용했다는 사실이다. 셋째, 의학 역시 과학이었지만 의학의 원리는 반은 사람이고 반은 말인 켄타우로스, 케이론과 같은 그리스 신화의 지혜에서 근원을 찾았다는 사실이다. 실제로 포달리리우스나 마카온과 같은 내과의사는 후세 그리스인에게 치유의 신으로 추앙받던 아스클레피우스의 아들로 회자되었다.

그리스어로 내과의사를 의미하는 iater는 현재 남아있는 초기 그리스 비문에서 찾아볼 수 있다. 이 비문은 호메로스 영웅들의 시대라 추정되는 미케네 시대에 제작된 Linear B 판(선문자 B가 쓰인 판)에 새겨져 있다. 어원학의 관점에서, 의학 전문가나 전문분야를 가리킬 때 흔히 쓰는 접미사인 iatrist나 iatry는 이 iater라는 그리스어에서 비롯된 것이다. 호메로스의 《오디세이아》는 트로이 전쟁에 뒤이은 이야기지만, 초기 그리스 시대의 임상의학에 관한 내용이 많이 담겨 있다.

오디세우스의 아들 텔레마코스가 아버지가 어디 있는지 정보를 수집하려 메넬라오스 왕의 궁궐을 방문했을 때, 그와 메넬라오스는 세상을 떠난 영웅들과 오디세우스를 그리며 통곡했다. 메넬라오스의 아름다운 왕비, 헬레네는 텔레마코스와 메넬라오스 왕의 고통을 달래려 '그들이 마시던 포도주에 슬픔을 가라앉히고 고통을 덜어주며, 모든 비탄을 잊게 해주는 약(파르마콘)을 집어넣었다.' 호메로스가 말하길 이러한 약제들은 헬레네와 메넬라오스가 이집트 땅을 여행하면서 폴리담나Polydamna라는 이집트 여성으로부터 얻었다고 한다.

'이집트 시민은 모두가 내과의사나 다름이 없었고, 그 어떤 민족보다도 기술이 뛰어났다.' 고 《오디세이아》에 기록되어 있다.

오디세우스가 여행 중에 한 말에서 또 다른 향정신성 약제를 찾아볼 수 있다. "'양귀비'라 불리는 달콤하고 향기가 나는 식품은 먹는 사람의 기억을 잃게 만들고 모든 의욕을 앗아간다. 오직 이것을 계속 먹고 싶다는 생각만이 들 뿐이다." 이러한 아편의 중독성이 임무 완수에 방해된다는 사실을 알게 된 오디세우스는 눈물겨운 저항에 아랑곳하지 않고 부하들을 끌어내 배에 태우고 즉시 항해길에 올랐다.

시에서 찾을 수 있는 유일한 약제가 향정신성 효과가 있었다는 사실을 기록한 것을 보면, 그리스 문명사의 초기단계에서조차 얼마나 그리스인들이 지적 능력에 매료되었는지를 알 수 있다.

치유의 신

고대 그리스인들은 애당초 인체를 이성적 관점에서 접근했지만, 정신적 측면 또한 치료에 일정한 역할을 한다고 믿었다.

그들이 섬긴 치유의 신은 아스클레피우스그림 33였다. 후세의 로마인들이 아이스쿨라피우스라 부른 이 신은 포달리리우스나 마카온의 아버지일 뿐 아니라 육체적 건강의 여신에 이어 정신적 건강의 여신이 된 하이기에이아를 길렀다고 한다. 영어로 위생을 뜻하는 hygiene이란 단어는 이 여신의 이름에서 비롯되었다.

고대로부터 전해지는 이야기로는면 아스클레피우스는 아폴로의 아들이었다고 한다. 아스클레피우스는 죽은 어머니 코로니스의 자궁에서 살아남아 지혜로운 켄타우로스, 케이론에게 양육되며 케이론에게 치유의 기술을 배웠다. 아폴로 또한 더 나은 치료법을 그에게 전수했다.

그림 33
치유의 신,
아스클레피우스 상.

그리스 전역에 퍼져 있는 2백 개의 성전과 사원들은 아스클레피우스의 업적을 기념했다. 이 가운데 가장 유명한 사원은 남부 그리스 도시 에피다우루스에 있었다. 이곳은 앞서 말한 것처럼 완벽한 음향시설을 갖춘 극장으로 유명했다. 고대의 에피다우루스는 현재의 루르드에 비견되는 지역으로, 지금도 매해 여름마다 수많은 관광객이 찾아와 연극 페스티벌을 즐긴다.

아스클레피우스는 일반적인 처방법으로는 치료가 어려운 환자들을 치료했다. 환자들은 그의 사원에 순례를 온 다음 정화의식을 거치고 아스클레피우스의 이름을 내건 자그마한 봉헌용 떡을 받았다. 그다음으로 사방이 막히고 축성을 받은 '잠자는 방'에 들어가

옷을 벗고 흰색 가운을 입었다. 지원자들은 접이식 침대에 누워 깊은 잠에 빠진 다음 포란(抱卵)이라 불리는 신비로운 과정을 통해 신의 모습을 볼 수 있었다. 신은 건강을 되찾는 방법을 알려주었다. 다음 날 아침 그들은 사제들로부터 치유에 관한 조언을 얻고 떠나기 전 사원의 금고에 돈을 기부했다. 하지만 얼마든지 '회복' 기간을 갖고 싶다면 얼마든지 성지에 머무를 수 있었다. 이 기간에 그들은 인근의 극장에서 공연을 관람했다.

아스클레피우스의 사원에는 독이 없는 성스러운 뱀들이 갇혀 바닥을 미끄러져 기어 다녔다. 뱀이 벗는 허물은 인체가 개선될 수 있다는 것을 상징했다. 이에 아스클레피우스는 뱀이 휘감고 있는 지팡이를 자신의 상징으로 삼았다. 역설적으로, 현대 의학계는 무엇을 상징으로 쓸지 고민하다가 뱀 두 마리가 휘감긴 날개 달린 지팡이를 선택했다. 하지만 이것은 원래 아스클레피우스의 상징이 아닌 상업의 신 헤르메스의 상징으로 밝혀졌다. 오늘날 돈에 혈안이 된 일부 의사들을 보면 과히 틀린 선택은 아니었다고 본다.

고대의 환자들이 꿈꾸던 희망과 그들이 누렸던 기적적인 치유 사례는 아스클레피우스의 사원 유적에서 발견되는 비문에 나와 있다. 이 가운데 세 가지 일화를 살펴보자.

한 벙어리 소년이 말문을 되찾고 싶어 안식처를 찾았다.

사전에 준비된 성화 의식을 거친 다음,
의식을 주재한 사제가 소년의 아버지에게
기도가 효험이 있다면 재산을 바치겠다는
맹세를 하겠느냐고 물었다.
소년은 부리나케 대답했다. "네, 약속할게요!"
놀란 아버지는 다시 한 번 말해보라고 했다.
소년의 입에서는 다시 그 말이 나왔고 이후 소년은 말문을 찾았다.

한 맹인이 찾아와 치유의 은사를 겪었다. 하지만 감사의 표시로
기부를 하지 않자 신은 그를 다시 장님으로 만들었다.
그는 사원으로 돌아와 참회하고 다시 눈을 떴다.

한 남자가 전쟁터에서 화살을 맞고 허파를 다쳤다.
상처는 심하게 감염되고 1년 반이 넘도록 엄청난 양의 고름이
새어나왔다. 사원을 찾은 그는 깊이 잠이 든 다음 신이 꿈에서
허파에 난 관통상을 제거하는 모습을 보았다. 아침에 일어났을 때
이 남자는 깨끗이 나아 상처 자국이 손바닥으로 이동한 것을
발견할 수 있었다.

이와 유사한 간증의 사례가 2세기의 로마 작가, 아리스티데스가 저술한 《성스러운 이야기Sacred Stories》 라는 제목의 독특한 일

기에서 찾아볼 수 있다. 만성질환에 시달렸던 아리스티데스는 페르가뭄에 있는 아스클레피우스의 신전을 여러 번 방문하고 자신이 꾼 꿈과 치료경험을 자세히 묘사했다.

에피다우루스의 신전과 비슷한 다른 신전에서도 이른바 치유의 기적에 관한 사례가 테라코타 모델과 대리석판으로 남아있다.그림 34 이러한 이미지들은 신의 자비로 치유된 인체의 부위(갈빗대와 장기)를 현실적으로 재현했다.

이러한 증언과 맹세는 모종의 치유를 실제로 경험했다는 증거였다. 목록에 기재되어 있는 질병에는 관절염, 대머리, 시력상실, 담석증, 괴저, 통풍, 불임, 머릿니와 몸이 감염, 절름발이, 편두통, 마비, 암이 있었다. 특히 극단적인 사례의 경우 정말 이런 질병을 치유한 것인지 의심을 품게 되는 것이 당연하지만, 플라세보 효과를 증명한 논문에서 볼 수 있는 것처럼 현대의학은 명확히 심인성 질병(어떤 병이나 증세가 정신적 혹은 심리적 원인으로 생기는 성질을 말한다.)이 존재한다는 사실을 규명했다. 나아가 꿈이 질병을 낫게 만드는 무의식의 비결이라는 생각은 프로이트 심리학의 핵심 화두가 된 지 오래다. 지그문트 프로이트가

그림 34
아스클레피우스 신에게 치유된 다리의 형상을 바쳐 감사를 표하는 환자.

고대학을 연구한 사실 또한 간과할 수 없다. 그는 이집트와 그리스의 조각품 다수를 연구에 이용하고 항상 책상 위에 둬 영감을 얻으며 고대인의 지혜를 일깨웠다.

유머와 건강의 상관관계

군사적으로는 의학을 실용적인 관점에서 접근하였으나, 종교적으로는 영적 관점에서 접근했다. 하지만 기원전 6세기에서 8세기 사이에 소크라테스 이전의 철학자들이 등장하면서 질병의 수수께끼에 이론적인 접근을 시작했다. 물질계가 흙, 공기, 불, 물이란 네 가지 요소로 구성되었다는 견해를 밝힌 엠페도클레스의 발자취를 따라(기원전 492년~432년) 크로톤의 알크마이온과 같은 자연주의 그리스 사상가들은 인체 또한 피Blood, 가래Phlegm, 담즙Choler(또는 황담즙), 흙담즙Melancholy 의 네 가지 요소로 구성되었다고 유추했다. 이러한 체액(체액의 라틴어는 '유머Humors' 다)이 균형을 이루는 사람은 완벽한 건강(문자 그대로 옮기면 '좋은 유머'가 된다)을 누린다. 하지만 한두 가지 요소가 넘치거나 모자라면 고통이 찾아오고 몸이 괴로워진다. 따라서 넘치는 체액을 배출하고 정화하거나, 식사와 운동으로 이러한 요소들의 체내 균형을 회복해야 몸을 치료할 수 있다. 인체의 건강한 균형을 회복한다는 목표는 모든 사물의 균형이 더할 나위 없이 중요하다는 그리스인들의 보편적 시각을 반영한다. 또한 델포이의 아폴로 신전 정면에 아로새긴 '그 무엇도 과도하지 않게meden agan'라는 경구에서도 이러한 목표는 잘 드러난다. 고대 그리스의 체액의 원리는 순전한 추론보다 실증적 증거나 실험적 결과를 중요시하는 수많은 사상가의 도전에 직면했다. 하지만 현시대까지는 그래도 상대적인 우위를 점하고 있으며, 대체로 그리스 철학자들과 로마의 내과의사 갈레노스의 영향을 받아 명맥을 유지했다. 현대 의학이 명쾌하게 원용하지는 않더라도, 인체 내부의 균형을 유지하는 일은 현대인의 건강 관념에 핵심으로 남아있다. 나아가 체액의 요소들이 넘쳐나면 일정한 감정 효과가 확연히 나타난다고 생각한 탓에, 점액질phlegmatic, 담즙질bilious, 우울질melancholic과 같은 영단어는 차례로 냉정하고, 화가 치밀고, 우울한 등 성격과 기분을 묘사하는 용어로 아직 쓰인다.

히포크라테스의 선서

고대 그리스에서는, 내과의사들을 양성하는 장으로 수많은 학교가 번창했다. 가장 유명한 학교는 에게 해의 코스Cos 섬에 세워졌고 플라톤의 동료가 운영했다. 아리스토텔레스가 히포크라테스

(기원전 460년~370년경)라고 불렀던 그는 '의학의 아버지'로 우리에게 익숙한 인물이다. 《히포크라테스 전집Hippocratic Collection》 또는《코퍼스Corpus》라 통칭하는 70권가량의 의학 서적이 이 시대로부터 전해지나, 히포크라테스가 전집의 전체나 일부를 저술했는지 명확히 단정하는 것은 어렵다.

이 학교에서 체액(유머)의 원리를 가르쳤던 것은 사실이다. 《코퍼스》를 살펴보면 질병이 진행되는 동안 환자들에게 나타나는 특별한 증상을 일자별로 자세히 기록한 자료가 나와 있다. 이러한 일련의 임상 연구를 보면 그들의 임상 관찰에 얼마나 날카로운 감각을 발휘했는지 확연히 드러난다. 임상 연구는 단순한 역사적 기록이라기보다는 의학을 연구하는 학생들과 의사들의 길잡이가 되어 질병의 진행과 결과를 예측하는 용도로 쓰였다. 이러한 예측의 유용성은 《히포크라테스 전집》의 다음 구절에서 명확히 드러난다.

히포크라테스

기원전 5~4세기경 인물로 그리스 코스섬의 대대로 의술에 종사하는 집안 출신이다. '의학의 아버지'이자 히포크라테스 선서를 제창한 인물로 오늘날까지 의사들은 이 선서를 암송한다. 그는 질병이 초자연적 원인이 아닌 자연적인 원인에 의해 발생하며, 종교적 의식이 아닌 물리적 치료로 치료할 수 있다고 믿었다. 그의 학설과 가르침을 받은 제자들, 몇 대에 걸친 의학도들의 학설이 곁들어진 《히포크라테스 전집》이라는 책이 전해진다.

> 내과의사들에게 예측이란 매우 중요한 문제다.
> 만일 의사가 환자에게 질병의 처음, 중간, 끝을
> 빠짐없이 설명할 수 있다면 어떨까?
> 환자가 의사에게 말한 증상뿐 아니라 말하지 않은

증상을 의사가 앞서 이야기한다면, 환자의 신뢰를
더 쉽게 얻을 수 있을 것이다.
나아가 질병이 어떻게 진행될지
예측할 수 있다면, 이를 어떻게 다뤄야 할지도 쉽게 알 수 있다.
모든 사람의 건강을 회복시키기는 솔직히 말해 불가능하다.
이것이 가능했다면 예측이 무의미할 것이다. 사실 어떤 사람은
의사를 너무 늦게 불러 사망에 이르기도 한다. 병이 너무 깊어지거나
의사가 손을 쓸 시간이 없을 때도 있다. 응급상황에 어떻게 대응할지
하루라도 더 준비한다면, 환자를 더 손쉽게 구할 수 있을 것이다.
누가 살고 누가 죽는지 예측할 수 있다면,
—히포크라테스《히포크라테스 전집1—예후Prognostic》中에서

오늘날까지도 의대 졸업생들의 서약에 히포크라테스의 이름이 나온다는 사실은 주목할 만하다. 히포크라테스의 선서에서는 내과의사는 스승을 부모처럼 여기고, 스승과 즐겁게 어울리고, 자신의 아들과 스승의 아들에게 대가 없이 의술을 가르치도록 맹세한다. 환자를 절대 해치지 않고, 안락사의 목적으로 치명적인 약을 처방하지 않고, 낙태를 시술하지 않고, 환자를 성적으로 이용하지 않고, 환자의 비밀을 준수하겠다고 서약한다. 이 모든 것들을 아폴로, 아스클레피우스, 히기에이아, 파나세아(모든 종류의 치유의 여신)를 비롯한 신들에게 맹세한다. 이러한 맹세를 보면 히포크라

테스가 의술을 신성한 기술로 취급했다는 것을 알 수 있다. 그가 질병을 과학적으로 치료하면서 초자연적인 힘의 역할을 무조건 폄하했다는 역설과는 사뭇 대조된다.

그리스 의학의 발전은 기원전 4세기경에도 지속하여 헬레니즘 시대로 이어진다. 마케도니아 궁정 법원의 내과의사였던 아리스토텔레스(기원전 384년~322년)는 의술을 펴지 않고 당시 자연과학이라 알려진 학문을 체계화했다. 그는 논리학의 대가로서 생물학, 해부학, 생리학을 정밀하게 분석한 논문을 광범위하게 저술했다. 앞에서 언급한 것처럼 그는 동맥과 정맥의 기능을 구분하지 못하고, 뇌가 아닌 심장을 지성의 보고로 생각했다. 하지만 그와 플라톤이 인체의 본질과 영혼의 본질을 구분한 덕에 오랜 기간 시체 해부를 금지한 조치가 풀리면서 인체가 어떻게 작용하는지, 질병을 어떻게 치료하는지 더 깊게 이해할 길이 열렸다. 세월이 흘러 알렉산드리아와 다른 지역에서 활동한 그리스의 의학자들은 시체를 이용해 순환계, 신경계, 소화계, 근육계를 관찰하고 남성과 여성의 생식기를 비롯한 내부 장기를 연구했다. 그리고 기원전 4세기, 아리스토텔레스의 동료 테오프라스토스는 피로, 땀, 현기증, 졸도, 마비, 인체의 감각에 관한 논문을 종합했다. 나아가, 식물학에도 전념해 식물의 의학적 특성과 향수의 치유 효과를 연구했다.

기원전 1세기, 북부 흑해에 접한 비티니아 출신의 내과의사

아스클레피아데스Asclepiades는 인체가 관을 통해 순환하는 '혈구' 덩어리로 이루어져 있다고 주장했다. 또한 그는 목욕, 마사지, 포도주 음용과 같은 비침습성 치료법(신체에 상처를 내지 않고 치료하는 방법)을 신뢰했고 환자에게 약제를 과잉처방하지 않았다.

갈레노스(서기 129년~199년)는 로마 융성기에 황제 마르쿠스 아우렐리우스Marcus Aurelius Antoninus의 궁정 내과의사로 일하면서 눈부신 의학적 성취를 이룩했지만, 처음에 그는 갈레노스는 검투사들을 돌보는 내과의사로 의사 일을 시작했고 동부 지중해에서 의학지식을 연마했다. 아마도 이러한 경험을 쌓은 덕에 나중에 외과 분야에서도 탁월한 실력을 발휘했을 것이다. 그림 35 갈레노스가 활동하던 당시에는 시체의 해부를 금지했다. 따라서 그는 인체의 핵심 부위와 각 부위의 기능을 명확히 이해하고 배운 것들을 적용하기 위해 살아있는 동물을 해부했다. 갈레노스는 의학의 모든 분야를 아우르는 500편의 논문을 작성했고 이 가운데 100편이 로마의 멸망을 딛고 살아남아 근대 사상에 계속 영향을 미쳤다. 그림 36

그리스의 풍습에 익숙한 갈레노스는 내과의사들을 교육하려면 철학 공부가 꼭 필요하다고 생각했는

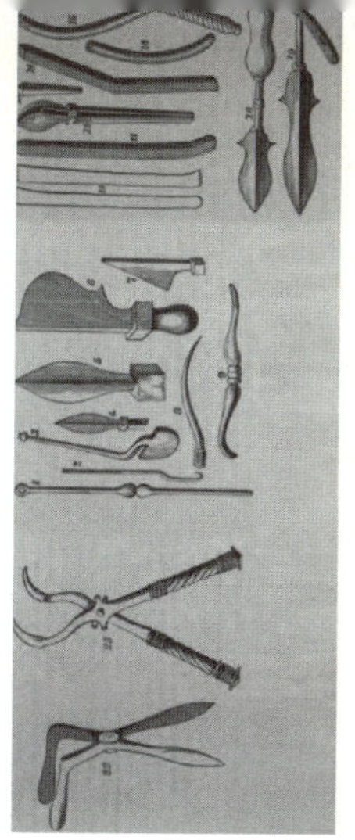

그림 35

고대의 다양한 의학 기구로 폼페이에서 발견. 출처《고대 문학과 골동품에 관한 하퍼 사전(Harper's Dictionary of Classical Literature and Antiquities)》, 해리 터스톤 페크(Harry Thurston Peck), 1879년.

아스클레피아데스

기원전 2~1세기경 비티니아 출신의 내과의사. 기원전 91년 아테네에서 로마로 거처를 옮기면서 그리스의 의학을 로마에 전파하였다. 혈구가 인체를 순환한다고 최초로 주장했으며 신체의 조화는 신선한 공기와 빛, 적절한 식사, 안마, 수치료법, 운동을 통해 회복될 수 있다고 주장했다.

데 이에 대해 G.E.로이드는 다음과 같은 견해를 제시했다.

논문에 '최고의 의사는 철학자이기도 하다'라는 제목이 붙은 세 가지 이유가 있다. 첫째, 의사는 과학적 방법으로 훈련되어야 한다. 증거를 평가하는 능력보다는 논리력, 증거를 정리하는 능력, 쓸모없는 주장에서 유효한 주장을 구분하는 능력을 강조할 수 있다.
둘째, 자연을 연구하는 것이 철학의 과제다.
그리고 생물학전반의 이론적 측면,
예컨대 인체와 각 구성 요소와 장기의 기능에 대한 조사는 이러한 논문 제목과 잘 어울리지 않는가?
셋째, 다소 놀라운 일이지만, 의사들이 철학을 연구해야 하는 윤리적 이유가 있다. 갈레노스의 말처럼 금전적 동기는 의학에 진지하게 헌신하려는 태도와 양립할 수 없다. 의사는 돈을 경멸해야 한다. 갈레노스는 종종 동료들의 탐욕을 질타했다. 그가 돈에 눈이 멀어 의사가 되려는 이들을 비난했던 이유는 결국 의사라는 직업에 대한 비난을 방어하기 위해서였다.

그림 36
서기 2세기에 만들어진 의사 제이슨의 무덤 비석이다. 환자를 돌보고 있는 모습으로 우측 하단에 피부 밖으로 피를 뽑는데 사용한 부항장치가 있다.

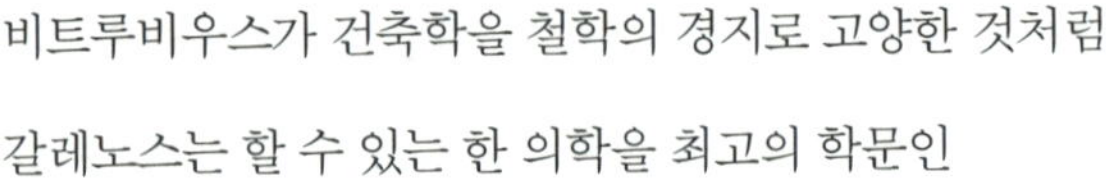

비트루비우스가 건축학을 철학의 경지로 고양한 것처럼 갈레노스는 할 수 있는 한 의학을 최고의 학문인

철학에 녹이려 했다. 철학이란 이익의 추구와 가장 거리가 먼 학문이었기 때문이다.

—G.E.로이드 《Greek Science after Aristotle》中에서

의학 논문과 더불어, 약리학의 논문 초록도 헬레니즘 시대에 등장하기 시작했다. 이러한 고대의 《의사용 탁상편람Physicians' Desk References》 가운데 그리스 학자 디오스코리데스Dioscorides가 집대성한 자료가 가장 유명하다. 디오스코리데스는 약효가 있는 약초, 광물, 동물의 배설물을 찾아 동부 지중해를 섭렵했다. 이 과정에서 약 700개의 각종 식물과 모두 1,000개가 넘는 약제를 소개하고 출처와 생리학적 반응에 따라 이들을 꼼꼼히 분류했다.

디오스코리데스

서기 1세기경 소아시아의 아나자르부스 출신으로 그리스의 식물학자이자 약학자이다. 디오스코리데스는 행군하는 로마군에 끼어 군의관으로 치료법을 찾기 위해 지중해를 섭렵하고 식물과 약물을 현장에서 공부했다. 후에 그는 약 500종 이상의 식물에 대한 정명, 이명, 산지를 기재한 《약물에 대하여 De Materia Medica》를 저술하였다. 이 책은 현전하는 가장 오래된 교본이다.

죽어가는 사람들에 대한 보고서

충격적인 것은 그리스인들의 질병에 대한 과학적 태도를 드러낸 가장 두드러진 실례 중 하나가 내과의사나 약사의 저술에서 나온 것이 아니라 군사 지도자이자 역사학자의 일기에서 나왔다는 사실이다.

그의 이름은 투키디데스Thucydides였다. 그는 아테네와 스파르타의 펠로폰네소스 전쟁에 참가해 해군 지휘를 맡았었으나 부당하게 패배에 대한 책임을 뒤집어쓰고 아테네에서 추방당했다. 그는 고향에서 멀리 떨어진 곳에서 전쟁의 역사와 원인에 관한 책을 저술하기 시작했다. 책을 통해 그는 아테네 시민의 자만심을 꾸짖었다. 투키디데스는 시민의 눈먼 자만심으로 제국주의적 정책이 싹튼 탓에 아테네가 몰락하고 이상적인 황금시대가 종말을 고한 것이라 주장했다. 그가 기술한 역사 가운데 큰 영향을 끼친 일화가 하나 있다.

투키디데스는 그의 책 《펠로폰네소스 전쟁사Peloponnesian War》에서 스파르타 군대에 포위당해 성벽 안에 갇혀 있을 당시 아테네인들을 덮쳤던 전염병을 묘사했다. 그는 이 책에서 자신이 질병에 걸렸던 경험을 다루면서 남다른 객관성과 정밀함으로 치명적인 전염병의 진행과 증상을 자세히 묘사한다. 투키디데스는 전염병을 이기고 살아남았다. 오늘날의 전염병학자들은 아직도 당시 창궐했던 전염병의 정확한 요인이 무엇인지 결론을 내리지 못한다. 하지만 대략 증상을 보면 선페스트보다는 티푸스나 에볼라 바이러스의 전구체로 짐작된다.

알 수 없는 이유로 건강했던 사람들이 갑자기 머리에 열이 펄펄 나고,
벌게진 눈에 염증이 생기고, 혀와 목도 빨갛게 부어오르고,

숨소리가 이상해지고 입 냄새가 나기 시작했다. 잇따라 재채기가 나고 목이 쉬며 가슴에 담이 들어 기침이 깊어졌다. 병이 위장으로 침투하면서 위를 뒤집어 놓아 구역질이 계속 나고(내과의사들에게 알려진 여러 가지 색깔의 토사물) 탈진할 지경에 이르렀다. 환자들 다수가 헛구역질에 시달렸고 일부는 이전의 증상이 누그러지고 나서 곧바로, 일부는 한참 후에 격렬한 경련이 나타났다.

환자들은 겉으로 보기에 창백하지 않았다. 환자의 피부를 만져보면 특별히 열이 나는 것은 아니었지만 울긋불긋하거나 검푸른 기운이 돌며 작은 고름집과 상처로 뒤덮였다. 환자들은 가벼운 옷도 걸치고 있기 어려울 정도로 몸이 너무 뜨거워 알몸으로 차가운 물에 뛰어들었다. 방치된 사람들은 아무리 물을 마셔도 갈증이 채워지지 않아 공공 저수조로 달려갔다. 이러한 과정 내내 환자들은 불안과 불면증에 시달렸다. 병이 몸에서 한참 기승을 부릴 때에는 쇠약해지지 않고 극도의 고통 속에서 근근이 버텨내며, 7일에서 9일이 지나면 극심한 열이 가라앉고 기운이 조금은 남아있는 상태가 된다. 이를 이겨내고 살아남아도 대부분은 이후에 병이 장으로 파고들어 심각한 궤양을 유발하고 설사를 쉬지 않고 일으키면서 탈진해 사망에 이르게 된다. 이를 보면 병이 처음에 머리에서 시작되어 전체로 퍼져 내려갔다는 사실을 알 수 있다. 한번 퍼진 병은 최악의 상황을 피했다 해도 성기, 손가락, 발가락, 눈과 같은 몸의 말단부위를 공격하고 파괴해 흔적을

남겼다. 일부는 회복한 다음 곧바로 기억 상실증이 찾아와 친구나
심지어는 자신을 알아보지 못하는 경우도 생겼다.
—투키디데스 《펠로폰네소스 전쟁사Peloponnesian War》 中에서

인본주의를 따르는 그리스인으로서, 투키디데스는 전염병 자체보다는 머리 위에 사형선고가 떨어졌을 때 사람들이 어떻게 행동하는지에 더 큰 관심을 두었다. 아래에 소개한 뼈아픈 보고서를 보면, 한때 파르테논 신전에 대리석 조각으로 새겨져 거의 신에 비견되던 사람들이 짐승보다 못한 존재가 되었음을 알 수 있다.

시체가 겹겹이 쌓이거나 길바닥에 널브러져 있었다.
사람들은 갈증을 못 이겨 초주검 상태로 우물 주변에 누워 있었다.
사원으로 피난을 갔지만, 이미 사원도 사람들의 시체로 꽉 차 있었다.
재앙을 맞은 사람들은 다음에 어떤 일이 벌어질지 몰라서 뭐가
신성하고 뭐가 불경한 일인지 관심을 둘 여력이 없었다.
사람들은 법으로 정해져 있는 시신의 매장 절차를 무시하고 닥치는
대로 시신을 묻었다. 사랑하는 사람을 수도 없이 잃은데다가 이미
살림이 거덜이 난 사람들은 사망한 친지들을 아무렇게나 매장했다.
모르는 사람이 화장을 하려 장작더미를 쌓아놓은 것을 보고 시체를
부리나케 올려놓은 다음 불을 붙이는 사람도 있었다. 이 광경을 본
다른 사람들도 불붙은 장작 위로 시신을 던지고 도주했다.

> 전염병의 창궐로 말미암아 도시는 유례없는 무법천지를 경험했다.
> 사회가 급격히 변해, 자고 일어나면 부자들이 죽고 가난한 자들이
> 부유해졌다. 그러자 사람들은 인생과 재물이 하룻밤의 꿈에 지나지
> 않는다는 사실을 깨닫고 일회적인 만족과 쾌락을 느낄 수 있는 일이라면
> 무엇이든 하려 들었다. 사람들은 살아남아 영광을 누리지 못할 수도
> 있다는 생각에 굳이 영예로운 일에 자신을 희생하려 들지 않았다.
> 그 대신 순간의 쾌락과 쾌락을 가져다주는 일들만이 철저히 대접받았다.
> 누구나 똑같이 죽을 수밖에 없다는 사실을 목격한 사람들은
> 죄를 지어도 살아서 재판받을 것으로 생각하지 않았다.
> 아무리 큰 형벌을 선고받고 형의 집행을 앞두고 있어도,
> 형이 집행될 때까지 인생을 즐기는 것이 당연해 보였다.
> —투키디데스 《펠로폰네소스 전쟁사》 中에서

투키디데스는 스승 헤로도토스와는 달리 흥미의 차원에서 벗어나 몹시 진지한 의도로 이러한 역사를 집대성했다. 같은 시대를 산 히포크라테스와 마찬가지로, 투키디데스는 예후의 중요성을 전적으로 신뢰했다. 그는 후세의 독자들에게 과거에 번성하던 국가가 어떻게 잘못된 길을 밟아 쇠락하게 되었는지를 알려 준다면 과거의 전철을 밟지 않도록 돕는 것이라 믿었다. 이에 투키디데스는 역사의 연구란 건전한 시민 사회를 유지하는 데 가장 강력한 자양분이라고 주장했다.

일반인이 진단한 아주 특이한 사례를 소개할까 한다. 환자 스스로 침착하게 자신이 죽어가는 과정을 보고한 사례다. 과연 누구였을까? 바로 소크라테스다.그림 37 아테네가 스파르타에 함락되고 5년이 지나자 아테네 법정은 소크라테스에게 독미나리즙을 마시게 하는 사형선고를 내렸다. 기원전 399년, 아테네의 감옥에서 제자 파이돈Phaedo이 남긴 소크라테스의 마지막 순간은 다음과 같다.

> 소크라테스는 망설임 없이 컵을 입에 대고 침착하게
> 독을 들이켰다. 그때까지 자리를 지키던 우리 모두 울음을
> 애써 참고 있었다. 하지만 그가 독을 전부 들이키자,
> 우리는더 이상 울음을 참을 수가 없었다.
> 눈물이 하염없이 흘러 앞을 가렸고, 좌중에 있던
> 모든 사람은 걷잡을 수 없이 흐느꼈다.
> 그를 위해 운 것이 아니었다. 그토록 소중한
> 친구를 잃는 나 자신이 안타까워 울었다.
> 크리톤Kriton 또한 울음을 더 이상 참을 수 없어
> 자리에서 일어났다. 하지만 처음부터 울음을
> 그치지 않았던 아폴로도로스가 큰 소리로 절규하자
> 소크라테스를 제외한 모든 이들이 통곡했다.

그림 37
소크라테스, 피터 폴 루벤스(Peter Paul Rubens) 작품.

소크라테스는 이렇게 말했다.

"이게 무슨 짓들이오? 이렇게 시끄러울까 봐 여자들을 집으로 돌려보냈는데 그대들이 이러면 어떡하오? 엄숙한 정적 가운데 죽음을 맞고 싶소. 그러니 조용히 기다리시오." 이 말을 들은 우리는 눈물을 애써 참았다. 그는 감옥 안을 걸어보며 다리가 무겁다고 말했다. 그는 간수가 권하는 대로 등을 바닥에 대고 누웠다. 독약을 처방한 자가 소크라테스의 발과 다리를 더듬었다. 발을 세게 꼬집으며 느낌이 있는지 묻자 소크라테스는 아무런 느낌이 없다고 대답했다. 이후 독이 점차 몸 위로 퍼져 허벅지에 감각이 없어지면서 몸이 급격히 차가워지고 딱딱해졌다. 소크라테스의 몸을 다시 한 번 만져본 간수는 독이 심장까지 퍼졌고 곧 그가 세상을 떠날 거라고 말해주었다. 으슬으슬한 기운이 배까지 올라왔을 때, 소크라테스는 덮인 배를 내놓고 유언을 남겼다. "크리톤, 나와 자네가 아스클레피오스에게 닭을 한 마리 빌렸었지. 잊지 말고 갚아주겠나." 크리톤은 대답했다. "내가 반드시 갚을 테니 걱정하지 말게. 또 하고 싶은 말 없나?" 소크라테스는 대답이 없었다. 조금 후에 소크라테스가 몸을 움직이자 간수는 몸을 덮고 있던 덮개를 걷어냈다. 크리톤은 소크라테스의 눈이 움직이지 않는 것을 확인하고, 소크라테스의 눈을 감겨주고 입을 닫아주었다.

에케크라테스, 이것이 바로 우리 친구의 최후였네.

우리가 아는 한 동시대 사람 중의 최고이자, 가장 현명하고

가장 정의로웠던 우리 친구의 최후 말일세.

—플라톤 《파이돈Phaedo》中에서

소크라테스가 치유의 신 아스클레피오스에게 바치고자 했던 수탉은 당시 아파서 오지 못했던 제자 플라톤의 건강을 비는 제물이었다고 추정된다. 소크라테스는 합리주의를 따랐지만, 여전히 신을 공경하는 마음을 버리지 않았다.

제 12 장

심리학

인간의 정신을 이성적으로 탐구하는 학문이 심리학이다. 고대 그리스인이 아니었으면 심리학이 시작되기 어려웠을 것이다. 탐험을 누구보다도 좋아하는 그리스인들이 심리학을 창안한 것은 당연한 일이었다. 그들이 인본주의자로서 탐구할 수 있는 가장 매력적인 주제가 바로 심리학이었기 때문이다. 사실 어떤 면에서 심리학이란 그리스인들에게 궁극적인 지적 도전을 의미했다. 이는 정신을 정신 자체에 쏟아 내면에 있는 무언가를 찾는 일이었다. 그리스인들이 심리학에 심취한 결과, 심리학은 그리스 고전 문학의 대표적인 주제로 자리 잡았다.

심리학의 맹아

이 화두의 가장 오랜 증거는 가장 오래된 그리스 문학인 호메로스의 《일리아드》에서 찾을 수 있다. 그리스어의 원형이 나타난 이 서사시의 도입부에서는 가장 어두운 감정이 책의 줄거리를 풀어나가노라고 못 박아두고 시작한다. 이 어두운 감정은 그리스어로 메니스menis라 부르는 분노다.

분노가 그대의 화두이기를. 오, 여신이여,
아카이아(그리스인)인의 끝없는 역경을 가져온
하늘을 찌르는 아킬레스의 분노, 용맹스러운 영웅들의 혼이
지옥에 빠져, 들개와 날짐승들의 밥이 되고 말았구나.
이것이 정녕 제우스의 뜻이리라.

이를 보면 아킬레스가 명예를 위해 트로이 전쟁에서 싸웠다는 사실을 쉽게 알 수 있다. 어머니가 여신이었으나 아버지가 인간인 탓에 필멸의 존재일 수밖에 없었던 아킬레스는 이러한 명예를 얻어 자신의 이름을 영원히 후세에 남길 수 있다고 믿었다. 전쟁이 계속되는 9년 동안 아킬레스는 총사령관 아가멤논에게 제대로 된 대접을 받지 못했다.

아가멤논은 전리품으로 데려온 아킬레스의 첩을 빼앗아 그를 끝까지 모독했다. 아킬레스는 복수심에 불타 전쟁터에서 발을 빼고 부하들을 철수시켰다. 이는 그리스의 패배를 예언하는 일이나 다름이 없었다.

아킬레스는 자존심을 다쳐 화가 끓어올랐고, 명예를 포기하니 가슴이 찢어지는 듯했다. 아킬레스는 해변에 홀로 앉아 짙은 적갈색 바다를 지켜보며 눈물을 흘렸다. 바다의 여신 테티스가 아들의 흐느끼는 소리를 듣고 위로하려 바다 밑 처소에서 올라왔다. "내 아들아, 왜 울고 있느냐? 네 마음을 짓누르는 슬픔이 무엇

이냐? 마음에 담지 말고 터놓고 말해보려무나."

현재까지 남아있는 가장 오래된 서양 문학에서 심리 치료의 맹아(萌芽)가 드러나는 부분이다. 그리스의 시인과 고대의 독자들은 고통을 솔직히 털어놓고 마음의 짐을 덜어야만 힘든 영혼을 치유할 수 있다는 사실에 공감했다. 내가 믿는 사람과 고통을 나눠야지만 고통의 무게를 덜 수 있다는 것에 말이다.

테티스 여신의 위로 덕에 아킬레스는 한동안 슬픔을 잊을 수 있었지만, 그가 전쟁에 참가하지 않기로 하는 바람에 그에게 의지했던 수많은 동료 전사들은 목숨을 잃었다. 아킬레스의 절친 파트로클로스는 이를 두고만 볼 수 없어 아킬레스 대신 그리스를 위해 싸우다가 전장에서 사망했다. 친구의 죽음에 가슴이 무너진 아킬레스는 아가멤논에 대한 분노를 파트로클로스를 죽인 헥토르에게로 돌렸다. 아킬레스는 거친 맹공을 퍼부어 길을 막는 트로이 병사들을 추풍낙엽처럼 해치운 다음, 트로이의 선봉장 헥토르를 쓰러뜨렸다. 쓰러진 헥토르에게 분을 풀기 위해 전차 뒤에 시체를 묶고, 비통에 찬 부모 앞에서 트로이 성벽을 몇 번이고 빙빙 돌았다.

하지만 시체를 훼손한다고 해서 친구가 살아나는 것은 아니었다. 기분이 만족스럽지도 않고, 치유할 수 없는 상처는 여전히 남았다. 아킬레스는 친구의 죽음에 일부나마 책임이 있다는 사실을 인정하려 들지 않았다. 만일 그가 전쟁터에서 발을 빼지 않았다면, 친구가 대신 전쟁터에 나가지 않아 목숨을 부지할 수 있었으리라.

서사시 후반에는 헥토르의 아버지이자 트로이의 마지막 왕이었던 늙은 프리아모스가 아킬레스를 찾아가 시신을 달라고 애원하는 가슴 아픈 장면이 나온다. 아킬레스 또한 아버지를 다시 살아서 볼 수 없다는 사실을 떠올리면서 마음이 누그러져 그의 소원을 들어준다. 하지만 빨리 시신을 달라는 재촉에 금세 분노가 치밀어 올라, 당장 죽여 버릴지도 모른다고 프리아모스를 위협한다. 프리아모스가 곧 떠나면서 시는 끝나지만 비참한 전쟁은 무자비하게 계속된다.

《일리아드》는 화해로 마무리되거나 개인의 성장을 다룬 작품이 아니므로 비극에 속한다. 그 대신 고집스러운 감정이 얼마나 파괴적 결과를 가져오는지, 우리 삶이 이러한 감정에 얼마나 무의식적으로 영향을 받는지 여실히 드러난다. 고대 그리스인들이 이성에 의지했던 것은 사실이지만, 그렇다고 이성에만 전적으로 의지한 것도 아니었다. 독자들이 만일 그렇게 생각했다면 큰 오산이다. 오히려 '극단으로 치우치지 말라'라는 글귀가 델포이의 아폴로 신전 출입문에 새겨져 있다. 이러한 글귀가 새겨진 이유는 아킬레스 이후 오랫동안 열정에 찬 그리스인들이 극단으로 치우쳤기 때문이리라. 그렇지 않았다면 이러한 경고가 필요 없었을 것이다. 그리스의 조각상이 차가운 순백색 대리석으로 만들어진 탓에 그리스인들의 성격까지 차분했을 것이라 오해하기에 십상이다. 하지만 한때 실제 모습에 가깝게 보이게 하려고 창백한 대리석에 색깔을 입혔었다는 사실은 짚고 넘어가야 한다. 고대 그리스인들의 삶은 절대 무미건조하지 않았다. 마찬가지로 그리스인들이 철학에 심취했으므로 자아를 완전히 지배했을 것이라 오해하기 쉬우나 그들은 항상 잡힐 듯 잡히지 않는 해답을 끊임없이 찾는 사람들이었다. 먼지 쌓인 박물관에 흉상으로 보관된 턱수염 무성한 그리스 철학자들은 젊은 시절부터 이 해답을 열렬히 찾아 헤맸다.

환자를 치료하는 극장

델포이의 아폴로 신전 출입문 높은 곳에는 '너 자신을 알라 Gnothe seauton'라는 글귀가 새겨져 있다. 인간의 가장 어려운 숙제이자, 그리스인들이 가장 중요하게 생각했던 문제이기도 하다.

이러한 이유로 고대 그리스의 극작가들은 비극을 창작했고, 이 작품들은 매년 열리는 성스러운 축제에서 공연되었다. 극작가들은 자신을 선생님으로 생각했고, 극장은 교실이나 다름없었다. 아리스토텔레스가 그의 책 《시학Poetic》에서 말한 것처럼, 연극을 보면 청중이 연기자의 인생으로 들어가 연기자와 자신을 동일시하고, 연기자의 고통을 나누면서 공연장에서만이라도 암울한 충동을 잊을 수 있었다.

비극을 다룬 그리스 고전 작가 중 가장 유명한 사람으로 아이스킬로스, 소포클레스Sophocles, 에우리피데스를 들 수 있다. 프로이트는 정신분석 학자들이 무의식을 체계적으로 연구하기 한참 앞서 이야기꾼들이 이미 무의식의 세계를 발견했다며 다음과 같은 말을 남겼다. "이야기꾼들은 소중한 동료다. 그들이 보고 들은 바를 쉽게 생각해서는 안 된다. 그들은 학문으로는 도무지 밝힐 수 없는 세상만사에 통달했기 마련이다. 실제로 그들은 일반인보다 정신에 관한 지식이 훨씬 풍부하다. 과학이 미처 생각하지 못한 소재를 활용하기 때문이다."

그리스의 극작가 아이스킬로스는 자만심과 고집이 얼마나 파괴적인 결과를 가져올 수 있는지를 주제로 삼았다. 그는 미케네의 아가멤논 왕을 대표적인 예로 들었다. 아가멤논은 아름다운 헬레네를 되찾고 보물을 약탈하기 위해 대함대를 이끌고 트로이를 향한 출정길에 올랐다. 하지만 폭풍이 휘몰아쳐 함대는 그리스의 해안에서 옴짝달싹할 수 없었다. 아가멤논은 뱃머리를 돌리는 치욕을 감수하기보다는 아르테미스 여신을 달래서 순풍을 불게 하려고 딸 이피게네이아를 제물로 바치겠다는 운명의 결단을 내렸다. 도저히 이런 남편을 용서할 수가 없었던 왕비 클리템네스트라는 그에게 원한을 품고 있던 자를 애인으로 삼고, 복수를 위해 남편이 집에 돌아오기만을 기다렸다.

아가멤논은 트로이에서 얻은 첩들에게 둘러싸인 채 위풍당당한 모습으로 개선했다. 왕비는 그의 허영심을 시험하듯 진홍색 주단을 깐 다음 전차에서 내려와 주단 위로 행차할 것을 권했다. 아가멤논은 신이 아닌 인간이 이러한 호사를 누릴 수는 없다고 손사래를 치면서도, 합창단이 암시하는 불길한 징조에 아랑곳하지 않고 왕비의 감언이설에 넘어간다. 왕궁에서 아가멤논이 목욕하며 몸을 풀고 있을 때 클리템네스트라는 망토를 씌우고 아가멤논을 칼로 찔러 죽여 승리의 기쁨을 맛보았다. 이후 복수심의 화신으로 변한 아들 오레스테스는 아버지의 죽음을 복수하기 위해 어머니와 정부를 살해했다. 그는 곧 부모를 죽인 죄책감에 시달렸다.

아이스킬로스의 격동적인 연극은 자아도취와 악의적인 자만심, 감사할 줄 모르는 교만이 어떤 재앙을 가져오는지를 알려준다. 아가멤논 왕은 트로이 전쟁에서 철수한다면 자신의 야망이 꺾이고 다른 왕들 사이에서 입지가 흔들리므로 딸의 목숨을 희생했다. 그렇게 딸을 희생시키고 트로이를 정복한 아가멤논은 뻔뻔하게도 여자들에 둘러싸여 고향으로 돌아왔다. 그는 결국 죽음으로 대가를 치렀다.

승리의 희열을 만끽한 그리스인들은 교만에 빠지기 쉬웠다. 머리로는 교만이 얼마나 위험한지 알았지만(연극에서 다룰 정도로) 개인이건 국가건 그 마력에서 벗어나기란 좀처럼 어려운 일이다.

한편 소포클레스는 우리가 인생에서 겪는 일들은 각자의 개성이 환경에 적응하는 결과라고 주장했다. 개성이나 환경 모두 우리 마음대로 통제하기가 어려운 것들이다.

델포이의 신전에 당도한 청년 오이디푸스는 고향에 돌아가면 아버지를 죽이고 어머니와 결혼하게 될 것이라는 신탁을 받는다. 이에 그는 고향과 정반대 방향으로 발걸음을 재촉했다. 테베로 가는 좁은 길목에서 그는 마차에 탄 노인을 만났다. 노인이 신경질을 부리며 길을 비켜주지 않자, 화가 난 오이디푸스는 하인과 함께 노인을 때려죽였다. 계속 길을 가던 오이디푸스는 길을 가로막고 있는 괴물과 마주쳤다. "내 수수께끼에 답하라." 스핑크스는 하늘이 쩌렁쩌렁 울리게 소리쳤다. "답을 맞히면 보내주고, 맞히지 못하면 네 목숨을 가져가겠다!" 수수께끼의 내용은 이랬다.

"동이 틀 때는 네 발, 한낮에는 두 발, 해 질 녘에는 세 발인 동물이 무엇이냐?"

빠른 주먹만큼이나 재치도 뛰어났던 오이디푸스는 이렇게 대답했다. "사람이다. 인생의 동이 틀 무렵 인간은 아기로 태어나 네 발로 기어 다니지만, 인생의 한낮에는 성인이 되어 두 발로 걸어 다니고, 인생의 황혼기에는 두 발로 걷기 힘들어 지팡이를 짚고 다닌다." 다름 아닌 정답이었다. 스핑크스는 깜짝 놀라 곧바로 절벽을 향해 몸을 던졌다. 오이디푸스는 계속 길을 따라 걸어 마침내 테베에 도착했다. 테베 시민은 그들의 안전을 위협해 온 괴물을 해치운 오이디푸스를 기쁜 마음으로 환영했다. 감사의 뜻으로 그들은 오이디푸스에게 이제 막 남편을 잃은 왕비를 바쳤고, 야심만만한 오이디푸스는 망설이지 않고 감사히 이를 받아들였다.

시간이 흘러 전염병이 테베를 덮쳤다. 큰 죄악의 대가라고 믿은 오이디푸스는 델포이의 신전에 나아가 신의 분노를 가라앉히고 새로운 고향의 시민에게 평안을 되찾아 줄 방법을 구했다. 신전에서는 "왕을 죽인 남자를 찾아라."는 계시를 내렸다. 수사관이 된 오이디푸스는 모든 정보를 동원해 무슨 수를 써서라도 범인을 체포하리라 굳게 마음먹었다. 범인을 추적한 오이디푸스는 범인이 자신이라는 사실을 발견했다. 테베로 가는 길에서 죽인 잔소리 많던 노인이 테베의 왕이었던 것이다. 설상가상으로 그는 바로 자신의 생부였다. 오이디푸스가 부모라고 생각했던 코린트 인 부부는 친부모가 아니라 양부모였다. 코린트 인 부부가 갓 낳은 오이디푸스를 입양했던 것이다. 끔찍하게도(지그문트 프로이트가 2,500년이 지나서 지적한 것처럼) 오이디푸스가 결혼하고 잠자리까지 가졌던 여인은 다름 아닌 그의 어머니였다. 이 사실을 알고 비통과 죄의식(어머니를 발견했을 때 그녀는 이미 목을 맨 상태였다.)을 이기지 못한 오이디푸스는 왕비의 장신구로 눈을 찔러 스스로 장님이 되고 수치스럽게 테베를 떠났다.

스핑크스의 수수께끼에 대한 답은 '사람'이었지만, 동시에 오이디푸스이기도 했다. 동이 틀 무렵 입양되고, 한낮에는 자신만만히 두 다리로 걷고, 지금은 추방당해 인생이 저물어가며 지팡이를 짚고 절뚝거리는 오이디푸스의 모습, 그대로였다. 하지만 사람의 수수께끼는 더 많은 것을 시사한다. 소포클레스는 인간이 정서적으로 약할 뿐 아니라 지적 능력에서도 불완전한 존재라고 생각했다. 연극에서 진실을 보는 사람은 장님 예언가 티레시아스였지만, 장님이 아닌 오이디푸스는 얄궂게도 진리를 보지 못했다.

아테네 극장의 모든 심리학자 가운데, 가장 날카로운 분석력을 지닌 사람은 에우리피데스였다. 극에 나타난 신화 속 등장인물을 과장된 모습으로 그리기보다는, 지상으로 끌어내려 청중들이 공감하는 감정과 필요에 휘둘리는 인간의 모습으로 묘사했다. 그의 비극 《메데아Medea》와 《히폴리투스Hippolytus》에서 그는 어떻게 사랑이 복수를 낳을 수 있는지 날카로운 시각으로 분석했다.

콜키스 땅의 마법사였던 메데아는 황금 양털을 찾아 자신의 왕국을 방문한 그리스 영웅 이아손과 사랑에 빠진다. 그녀는 아버지를 배신하고 어린 남동생을 죽여 이아손이 원하는 것을 손에 넣을 수 있게 도와준다. 이아손과 함께 그리스에 도착한 메데아는 코린트에 보금자리를 마련하고 두 명의 아들을 낳는다. 하지만 이아손은 출세에 눈이 멀어 메데아를 버리고 코린트의 공주를 새로운 신부로 맞는다. 협박과 괄시를 참지 못한 메데아는 추방당할지도 모른다는 생각에 복수를 계획한다. 그녀는 코린트의 공주에게 부식독(腐蝕毒)을 몰래 바른 가운을 선물하고 자신의 손으로 두 아들을 죽여 이아손에 대한 복수를 마무리했다.

크레타 출신의 아테네 여왕 파이드라는 이에 만만치 않은 복수의 화신으로 등장한다. 하지만 그녀가 에우리피데스의 히폴리투스를 향해 간 복수의 칼날은 이유가 조금 다르다. 파이드라는 본의 아니게 의붓아들인 히폴리투스와 미친 듯이 사랑에 빠졌다. 자신의 동정에 남다른 자부심이 있었던 히폴리투스가 파이드라의 유혹을 야멸차게 거부하자 파이드라는 히폴리투스가 관계를 강요했다는 쪽지를 남기고 자살을 택한다. 테세우스 왕은 쪽지를 발견하고 분노해 히폴리투스에게 저주를 퍼붓는다. 안타깝게도 그는 히폴리투스가 결백하다는 사실을 뒤늦게야 알게 된다.

메데아의 이야기와 마찬가지로 이 작품에서 에우리피데스는 성적 욕망이 어떻게 우리를 사로잡아 비극으로 이끄는지, 성적 욕망이 삶을 망가뜨릴 수 있다는 사실에 우리가 얼마나 무심한지를 보여준다. 또한 이 작품은 섹스를 경멸하는 마음가짐 또한 만만치 않은 파국을 가져올 수 있다는 사실을 보여준다. 따라서 우리는 극단에 치우치지 말아야 하고 순결의 신 아르테미스와 사랑의 여신 아프로디테를 나란히 공경해야 한다고 말한다.

당대에 활동했던 동료 심리학자들과 마찬가지로, 아이스킬로스, 소포클레스, 에우리피데스는 인간이 자신의 행동을 지배하는 사악한 힘에 얼마나 무심한지를 묘사했다. 아가멤논, 오이디푸스, 이아손의 야망, 클리템네스트라, 메데아, 파이드라의 복수와 같은 어리석음에 이끌려 인간은 자신도 모르게 삶의 마지막 장을 연기하기 마련이다. 세월이 흘러 윌리엄 셰익스피어William Shakespeare는 다음과 같이 말했다. "실수를 저지르는 장본인은 하늘이 아니라 바로 우리 자신이다."

아마도 이 가운데 가장 큰 비극은 아테네인들이 작품에서 누누이 언급하는 경고에 무심했다는 점이리라. 풍요가 교만으로, 교만이 어리석음으로, 어리석음이 신의 복수로 이어지는 불가피한 순환 고리를 무시하면서 모래성과 다를 바 없는 제국을 건설했던 것이다. 그들이 만든 조각상의 차갑고 무표정한 얼굴에서 잘 드러나듯이, 자신감이 넘쳤던 아테네인들은 자신의 운명을 좌지우지할 수 있다고 믿었다. 비극의 주인공들과 마찬가지로 그들 또한 이를 깨달았을 때에는 이미 늦은 지 오래였다.

사랑의 과학

고대 그리스의 심리학은 여기에서 끝나지 않는다. 성적 욕망과 이를 주재하는 아프로디테 여신을 다시 생각해 보자. 그림 38, 39

사랑을 다룬 고대 그리스의 시는 가장 오래된 서양 문학이다. 자아성찰이 깃든 이러한 작품들은 시문학의 걸작인 동시에 성적 경험에서 비롯된 희열과 고뇌를 분석한 특별한 자료들이다. 이 작품에는 고대 그리스인의 능력이 고스란히 드러난다.

다음의 세 가지 실례를 살펴보자. 각각의 이야기는 그 의미가 가볍지 않다. 첫 번째는 기원전 6세기의 시인 이뷔코스Ibycus가 지은 시로, 내면에서 들끓는 인간의 감정과 고요한 바깥의 자연계를 비교한다.

그림 38
사랑의 신,
아프로디테 동상.

봄이 왔도다.
님프의 청정 과수원이 있는 시냇물에서
모과나무와 석류나무가 물을 마시며,
포도나무 꽃이 활짝 핀 잎에 가린 채
덩굴 아래 무럭무럭 커 나간다.
하지만 나의 사랑에는 휴식의 계절이 없다.
불꽃이 튀면서 맹렬한 분노와 함께 돌진하고,
어둡고 두려움을 모르는 트라키아의 열정의 북풍이
뿌리를 잡고 내 심장을 흔든다.
—이뷔코스 《Erotic Love Poems of Greece and Rome》 中에서

그림 39
밀로(Milo)의 비너스.

기원전 1세기 필로데모스Philodemus라는 시인이 쓴 두 번째 시는 발기부전이라는 주제를 다뤘다.

나는 보통 하룻밤에 다섯 번에서 열 번씩 발기가 되었지만
그때만큼은 아무리 애를 써도 말을 듣지 않았다.
점차 이 망할 물건이 죽으면서
(아직 이럴 때가 아닌데도)
눈앞에 벌어진 상황에 돌아버릴 지경이었다.
지금 닥친 문제가 이러할진대,
나이가 들었을 때 어떠할지는 상상하기조차 싫다!

기원전 2세기 작품을 마지막으로 소개할까 한다. 이집트 알렉산드리아 인근에서 발견된 파피루스 넝마에 갈겨쓴 이 시는 작가가 여성이라는 사실 외에는 알려진 바가 없다.

선택의 갈림길에 선 우리는
아프로디테 여신을 의지하며
함께 있기를 선택했다.
나를 떠날 생각을 품은 채
그가 입 맞춘 순간을 생각할 때마다,
혼란에 휩싸여 마음이 아프다.
사랑이 욕망으로 변할 때,
나는 그를 마음에서 쫓아내지 못했다.
경애하는 별들과 신성한 밤, 내 사랑의 동반자여,

지금이라도 나를 그에게로 데려다 주오.
내 영혼을 사로잡았던 아프로디테와 그의 열정,
아프로디테가 선물한 나의 주인에게로.
나를 인도하는 불빛을 밝히려,
내 심장에 불을 질렀다.
불길은 나의 고통, 불길은 나의 번민.
거짓말쟁이, 우리에게 찾아온 진실한 사랑을 부인하려는 교만의 화신,
그는 분명 실수를 저지르고 있다.
나는, 미쳐버릴 지경이다.
질투가 끓어오르고,
거절에 지쳐버렸다.
내 고독을 달래줄 꽃이라도 던져다오.
그대여, 나를 버리지 마소서.
그대 곁에 다가가지 못해도 좋으리.
천한 종이라도 마다하지 않으리니.
그대를 미치도록 보고 싶구나.
마음을 추스르기가 가장 어렵구나.
남자에게 마음을 준다면,
정신을 잃게 된다는 말이 틀리지 않다.
아슬아슬하기 그지없는 사랑은
결국 광기로 끝을 맺는다.

나는 역경이 눈앞에 닥칠 때
그만두는 약자가 아니다.
하지만 그대가 여인들에 둘러싸여 있을 때
홀로 누워있는 나의 모습을 생각하면
미칠 것만 같다.
이제 그만 화해하자.
이것이 바로 누가 잘못인지를 말해주는
친구를 두는 이유가 아니겠는가?

술에 취한 켄타우루스

그리스 신화에서는 심리학적 통찰을 곳곳에서 찾아볼 수 있다. 이러한 면이 가장 돋보이는 신화는 라피테스와 켄타우루스가 벌인 전쟁 이야기다.

아주 먼 옛날 결혼을 앞둔 라피테스의 왕은 인근의 부족 모두를 결혼식에 초청했다. 결혼식에 찾아온 부족 가운데 허리 위로는 인간, 허리 아래로는 말인 켄타우루스 부족이 있었다.

켄타우루스는 연회장에 도착하자마자 술에 흠뻑 취했다. 거나하게 취한 켄타우루스는 신부와 신부의 들러리에게 추파를 던지고 그들을 잡아채 달아나기로 마음먹었다. 켄타우루스가 이러한

생각을 행동으로 옮기는 순간 라피테스의 부하들은 그를 막고 맹렬히 싸워 쫓아버렸다. 그림 40

고대 그리스인들의 의식은 항상 인간의 심리학에 쏠려 있었고 이러한 신비로운 일화에는 더 깊은 뜻이 담겨 있다. 켄타우루스는 몸의 절반만이 사람이었던 탓에 동물의 본능에서 벗어날 수 없었다. 술을 너무 많이 마시자 자제력이 사라져 본능에 따라 행동했던 것이다. 한편 라피테스는 완전한 인간이었으므로 이성이 본능을 억제할 수 있었다. 그리스인들에게 라피테스는 문화인, 켄타우루스는 야만인을 뜻하는 단어가 되었다. 아리스토텔레스가 주지한 것처럼 인간이 동물과 다른 점은 이성이었다.

고대 아테네의 신화에서 목격되는 문명과 야만 사이의 싸움은 파르테논 신전의 메토프metope에 새겨진 전쟁 장면에 잘 드러나 있다. 한편 부산한 말들과 무

메토프란 도리아 건축 양식의 프리즈에서 두 개의 트리글리프 사이에 있는 사각형의 패널로 채화나 부조로 장식되어 있다.

그림 40
켄타우루스와 라피테스의 전쟁,
루카 조르다노(Luca Geordarno),
1688년.

표정한 기수들 사이의 싸움은 파르테논의 대리석 프리즈에 나와 있다.

그리스인들은 라피테스와 켄타우루스의 싸움이 우리의 영혼에서도 여전히 일어난다는 사실을 여실히 알려준다. 본능(프로이트의 말에 따르면 우리의 자아)이 삶을 지배하도록 놓아둘 것인가, 도덕적 유산과 법률 에 따라 본능을 억제(프로이트의 초자아)할 것인가?

몽상가의 땅

《일리아드》의 자매 서사시라 할 수 있는 《오디세이아》에서는 오디세우스가 트로이 전쟁을 마치고 집으로 돌아오는 여정을 그린다. 이 모험의 첫 번째 사건은 몽상가(양귀비를 먹는 사람들)의 뜨거운 땅에서 일어난다. 오디세우스가 섬으로 보낸 정찰대는 돌아올 줄을 몰랐다. 앞에서 다룬 것처럼, 오디세우스는 그들이 친절한 원주민들에게 둘러싸여 양귀비라 불리는 달콤한 열매를 나눠 먹고 있는 모습을 발견했다. 그 열매를 먹으면 너무나 기분이 좋아져 아무런 생각도 나지 않고 집으로 돌아갈 생각마저 잊게 되었다. 위험을 깨달은 오디세우스는 부하들을 끌어내 배로 돌아가 묶어놓고 항해를 계속했다.(배 바깥으로 뛰쳐나가 섬으로 돌아가는 걸 막기 위해서였다.)

양귀비를 먹는 사람들의 일화는 말초신경의 쾌락을 추구하는 일이 얼마나 위험한 일인지를 보여준다. 하지만 이것은 시에서만 볼 수 있는 일화가 아니다. 오디세우스의 부하들이 별 의심 없이 고혹적인 키르케로부터 음식을 받아먹었을 때, 그들은 즉시 돼지로 변했다.(돼지다운 행동에 어울리는 일이었다.) 아름다운 여신 칼립소가 낙원의 섬에서 오디세우스를 포로로 잡았을 때, 오디세우스는 그녀와 함께하며 영원한 쾌락을 즐길지, 이타카로 돌아가 책임에 몸부림치며 덧없는 삶을 살지를 두고 선택의 갈림길에 섰다. 자기만족과 자기희생을 사이에 두고 갈등의 양상이 극명하게 드러나는 부분이다.

동굴의 죄수

감각의 본질은 아낙사고라스, 엠페도클레스, 데모크리토스, 플라톤, 아리스토텔레스, 테오프라스토스를 비롯한 기원전 4세기~5세기경 그리스 철학자들의 가장 중요한 화두로 자리 잡았다. 관심사의 초점은 바로 원인이었는데 말하자면 보고, 듣고, 냄새를 맡고, 맛보고, 느끼는 기제였다. 또한 그들은 기억과 환상, 꿈의 기원, 음악과 약의 효과, 정신연령이라는 특별한 주제를 검토했다. 예컨대 아리스토텔레스(기원전 384년~322년)는 그의 책 《꿈에 대하여On Dreams》에서 의식에 머무르는 과거의 기억이 수면 중에 어떤 모습으로 나타나는지를 이론화했다. 그의 또 다른 책 《수사학Rhetoric》에선 젊은이와 노인이 어떻게 정반대의 정서를 갖게 되는지를 관찰하고 기록했다. 그는 젊은이들은 이상주의에 끌리고 즉흥적인 경향을 띠며, 나이 든 사람들은 실용성과 주의력을 보인다는 사실에 주목했다.

다른 한편, 플라톤(기원전 429년~327년경)은 이를 순전한 생리학적 관점보다는 도덕적 관점에서 검토했다. 연구를 거듭하면서 플라톤은 아테네의 몰락을 다루는 동시에, 아테네의 제국주의와 도덕적 타락을 초래한 아테네인들의 과대망상에 초점을 맞췄다. 역사학자 투키디데스 역시 여기저기서 이를 자세히 기술했다.

앞서 언급한 것처럼 플라톤은 동굴의 비유를 통해 어두운 동굴 바닥에 영원히 발이 묶여 눈앞의 벽에 비친 흐릿한 이미지밖에 볼 수 없는 죄수들을 묘사한다. 결국 죄수 한 명이 가까스로 족쇄를 풀고 동굴 입구로 나와 밝은 빛을 본다. 처음에는 물론 강렬한 햇빛에 눈이 부시지만 점차 빛에 적응해 사물을 알아보게 된다. 평생을 세뇌당해 실제의 현실을 보지 못했다는 사실을 깨달은 죄수들이 다시 동굴 안으로 들어가 빨리 탈출해야 한다고 동료를 설득하지만 허사일 뿐이다.

플라톤은 동굴이란 우리가 태어난 사회에 갇혀 어둠 속에서 헤매고 있다는 뜻의 비유라고 설명한다. 이 사회는 얕고 거짓된 틀 속에서 우리를 세뇌시킨다. 우리는 이러한 인습을 깨고 사물을 있는 그대로 보아야 하며, 기나긴 재교육의 과정(오늘날의 자력 구제식의 임시변통과는 다른)을 거쳐 의식을 훈련해야 한다. 그러면 고차원의 진리를 깨닫고 다른 사람들을 이끌 수 있다. 철학자는 기나긴 훈련과 수양으로 선함의 상징이자 궁극의 실재에 비견되는 태양을 직접 바라보아야 한다. 철학자들이 비추는 윤리의 빛줄기가 세상을 밝힌다. 하지만 플라톤은 타인을 계몽하는 일에는 항상 위험이 도사린다고 시인했다. 플라톤의 멘토 소크라테스는 시민에게 환상에 맞서라고 강요했다는 죄목으로 처형당했다. 그로서는 스승의 운명을 잊기 어려웠을 것이다.

영혼의 삼위일체

플라톤은 그의 책 《국가 The Republic》에서 환상과 실재를 구분하고자 노력해야 하며, 인간성이란 세 가지 요소로 구성된 위계라고 주장했다. 이들 가운데 가장 하단에 있는 원초적 단계는 감각에 뿌리박힌 먹을 것, 마실 것, 성관계를 갈구하는 원초적 욕망으로 구성되어 있다. 두 번째 단계는 의지로 구성된다. 의지란 사랑, 분노, 애국심, 야망과 같이 우리의 행동에 활기를 불어넣는 정서적

동기의 집합체다. 세 번째 단계는 가장 상위 단계로 선과 악, 옳음과 그름을 구분할 수 있는 지성이다.

바람직한 인간성을 꽃피우려면 세 가지 단계가 균형을 이뤄야 한다. 각 단계는 인간의 필수적인 구성요소이므로 적절하게 갖춰야 하기 때문이다. 하지만 지성, 혹은 이성은 우리의 삶을 제대로 이끌어주는 것이기에 다른 두 단계에 비해 월등하다. 이성이 없다면 우리는 충동에 따라 생각 없이 행동하게 되어 행복할 수 있는 기회를 놓치게 될 것이다.

그리스인들은 진리를 추구하는 과학이 인류의 가장 높은 도덕적 열망에 이바지해야 한다고 믿었다. 그들이 인간의 정신이 얼마나 유약한지를 주목하고 깨달았기에 우리는 곳곳에 도사리고 있는 개인적, 국가적 비극을 버텨낼 수 있었다.

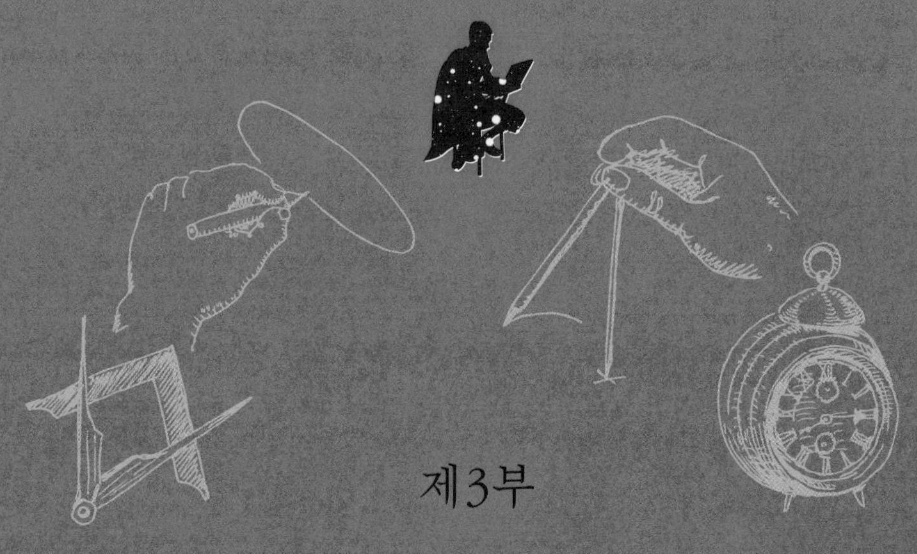

제3부

과학이 살아남는 법

제13장

과학을 지킨 로마인들

기원전 3세기, 로마는 남부 이탈리아와 시칠리아의 그리스 도시국가를 정복하고 두 차례나 북부 아프리카의 카르타고 왕국을 무찌르면서 서부 지중해의 상권을 장악하게 된다. 이 과정에서 고전 역사의 무게중심이 동부 그리스에서 서부 로마로 옮겨가기 시작했다. 그리고 기원전 146년, 로마인들은 카르타고를 멸망시키고 코린트마저 함락시키면서 그리스 본토를 지배하게 되었다.

문명 전쟁

로마 군대의 영향력이 그리스 문명에 까지 미치게 되면서 로마인들은 그리스 문명이 일군 문화적 가치와 성취를 경험하게 되었다. 로마인들은 이러한 대립으로 국가적 자존심에 상처를 입는 생소한 정신적 도전 앞에 서게 했다.

그리스인들은 로마가 군사적으로 우월하다는 것을 마지못해 인정했으나, 문화적으로는 미개하다는 생각을 버리지 않았다. 기원전 5세기 아테네가 지성과 예술의 황금기를 구가하고 있을 때 로마는 지성이나 예술, 그 비슷한 것조차 찾아볼 수 없는 조잡하고 투박한 곳이었다. 기원전 4세기 알렉산드로스 대왕이 헬레니즘 시대를 꽃피울 때, 로마인들의 이탈리아는 문화적인 불모지로 남아있었다. 로마가 전 세계를 향해 우뚝 서고 전쟁에서 승리한 국가의 국민에게서 무시당하지 않으려면 문화적으로도 존경받는다는 구색을 하루빨리 갖춰야 했다.

루키우스 파울루스Lucius Paullus와 같이 앞서 가는 로마인들은 그리스 문화를 폭넓게 흡수하고자 그리스어를 배우고 유학을 떠나 철학과 수사학을 공부하고, 그리스인 가정교사에게 아이들의 교육을 맡겼다. 하지만 카토Cato the Elder와 같은 정치인들은 이러한 풍조를 사회를 뒤흔드는 위험한 시도로 생각했다. 로마인들은 매일 늘어가는 물질적인 풍요에 가치를 두었지만, 그리스인들은 무형의 가치를 추구하며 인간의 정신에 초점을 맞췄다. 그리스인들은 바깥세상을 변화시키려는 끝없는 힘을 뽐내기보다, 내면의 탐구와 절제를 강조했다. 또한 로마인들처럼 응당 권위를 존중하고 권력자들에게 절대적으로 복종하기보다, 열정적으로 자유를 사랑하고 끊임없이 호기심을 채우려 들었다. 무엇보다도 그리스인들이 가장 충성해야 할 대상은 국가가 아닌 개인이었다. 따라서 아테네에서 가장 성스러운 장소는 지혜의 여신 아테네의 신전, 파르테논이었다. 반면 로마에서 가장 성스러운 장소는 부모의 권위에 대한 복종을 상징하는 가정의 여신, 베스타의 성소였다.

옥타비아누스 시대의 시인 호라티우스Horatius가 쓴 시에는 금지와 검열을 일삼던 카토가 무엇을 두려워했는지 잘 나와 있다. "정복당한 그리스가 야만적인 정복자를 사로잡았다Graecia capta ferum victorem cepit."

결국 로마인은 그들의 민족성에 맞는 그리스 문명을 선택하기로 했다. 문화적 필요에 따라 그리스의 문명을 선택적으로 도입하고, 도입하지 않은 나머지는 로마의 국가성과 맞지 않는다는 이유로 거부했다. 문학에서도 그리스의 장르와 서사시, 웅변술은 로마의 야망을 기리고 채우기 위한 목적으로 쓰기에 그만이었다. 미술에서도 로마인들은 건축물을 웅장하게 보이도록 만드는 효과에 끌려 그리스의 건축술에서 가장 화려한 코린트 양식을 선호했다. 한편 영웅들의 자부심을 채워주거나, 그들이 이룬 업적을 기념하기 위해 영웅들의 얼굴을 동상으로 조각하거나 양각으로 새겼다. 대체로 그리스의 전쟁포로나 로마인으로부터 의뢰를 받아 자발적으로 일하던 무명의 그리스 이민자들이 이러한 예술작품을 창작했다. 이러한 문화적 흡수의 과정에서 로마인들은 자신도 모르게 그리스의 유산을 보존하고, 정리하고, 물려주는 핵심적인 역할을 담당했다는 사실을 알게 되었을지도 모른다.

로마인의 리얼리즘

그리스인들과 로마인들의 문화적 분위기는 과학에 대한 상반된 태도에서 가장 명확한 차이를 보였다. 무엇보다도 합리성을 추구하는 그리스인들은 지식을 위한 지식을 추구하며 무한한 지력과 그들 앞에 등장한 고매한 진리에 환희를 느꼈다. 의학이나 기계공학처럼 실생활에서 이를 응용하는 일은 부차적인 목적에 불과했다. 현실적인 로마인들은 실용성을 으뜸의 가치로 생각해 이러한 지식으로 세상을 지배하고 번영을 구가하는 안전한 사회를 만들려 했다. 전자의 예로는 오디세우스와 같은 탐험가도 있었고, 후자의 예로는 아이네이아스와 같이 국가를 세운 이도 있었다. 그림41 탐험을 좋아하는 이들은 끝없는 호기심에 끌렸고, 국가를 세우고 싶은 이들은 지상에서의 운명을 바꾸고 이루려는 필요에 끌렸다. 로마인의 마음은 이론과 추상을 꺼리는 대신 구체성과 실용성에 끌렸다.

그림 41
로마제국의 시조 아우구스투스 시저. 서기 1세기경.

시저Gaius Julius Caesar가 구식의 로마 달력을 개량하려 알렉산드리아의 천문학자를 쓴 것처럼, 로마인들은 특별한 전문성을 필요로 하는

일에 종종 그리스인을 고용했다. 그렇다고 해서 로마인들이 그리스인들보다 덜 개화된 것은 아니었다. 단지 자신들의 한계를 현실로 깨달은 것뿐이었다. 현실적인 로마인들을 강하게 만든 것은 바로 이 리얼리즘이었다. 이는 다른 고대 문화로부터 그들의 문화를 차별화한 역동적이고도 실용적인 성향이었다.

호메로스를 따라 문체를 완성한 로마의 시인 버질Publius Vergilius Maro은 이를 가장 잘 표현했다. 그의 서사시《아에네이드Aeneid》에 나오는 지하를 배경으로 한 장면에서 아이네이아스의 아버지 안키세스의 유령이 나타나 자신을 그리스인과 비교하면서 열등감에 굴복하지 말라고 아들을 가르친다. 안키세스의 아들을 통해 후세 로마인들 또한 이 교훈을 배우게 된다. 안키세스(버질)는 문명이란 오직 고유한 문화적 성향을 확인하고 북돋아야 융성할 수 있다고 말했다. 그리스인들을 폄하하면서, 그는 이렇게 말한다.

다른 이들이 구리 동상을 숨 쉬게 하리라.
오직 그들만이 할 수 있다.
살아있는 대리석 상의 조각을 맡겨라.
그들로 하여금 환상적인 단어들을 엮어
행성과 항성의 길을 그리도록 하자.
로마인이여, 그대들이 할 일은
그대들의 방법으로 세상을 다스리는 일이다.

평화를 관철하고, 복종하는 이들에게 자비를 베풀고,

전쟁에서 교만한 자들을 무찔러야 한다.

—버질 《아에네이드》中에서

한 세기가 지나, 로마제국에서 수도 공급을 담당했던 섹스투스 율리우스 프론티누스Sextus Julius Frontinus는 로마 시민이라는 자부심에 차 로마의 송수로에 아낌없는 칭찬을 퍼부었다. 그림 42 "이처럼 많은 물을 운반하는 필수적인 설비들을 어디에도 쓸모없는 이집트의 피라미드나 과대포장되고 쓸데없는 그리스의 시설들과 비교해 보라!" 프론티누스와 같은 로마 기술자에게, 공공의 이익에 이바지한 관개시설은(겉보기에 아무리 시시해 보여도) 죽은 파라오의 무덤이나 머

그림 42
기원전 3세기 아피아 수도(Aqua Appia)의 잔해와 로마의 송수로가 땅위에 드러난 모습. 출처 《로마의 도시》 토머스 다이어(Thomas H. Dyer), 1883년.

나먼 신의 사원과 비교해도 문명의 상징으로 부족함이 없었다.

프론티누스의 편향된 생각은 차치하고라도, 마르쿠스 클라우디우스 마르켈루스Marcus Claudius Marcellus와 같은 강인한 로마 장군조차도 로마 지식의 위대함을 인정했다. 전기 작가 플루타르코스에 따르면 마르켈루스는 "강인한 신체, 싸움꾼의 주먹을 가진 직업군인이었다. 용감하고 자신 있게 전쟁에 임하며, 기질적으로 전쟁 자체를 즐겼다. 하지만 다른 한편으로는 절제를 몸소 실천하고 그리스 문학과 철학을 사랑했다. 군인이라는 직업 탓에 그들과 긴밀한 교류를 맺지는 못했지만, 상대방의 뛰어난 면을 터놓고 인정했다."

마르켈루스가 그리스의 학문을 높이 평가했다는 사실은 다음 일화에서 잘 드러난다. 기원전 211년, 로마가 시라쿠사를 침략했을 때 시라쿠사 시민을 도왔던 천재 아르키메데스는 전쟁의 소용돌이에 휩싸여 목숨을 잃었다.

당시 지휘관이었던 마르켈루스는 아르키메데스의 운명에 진심으로 가슴 아파했다. 아르키메데스가 목숨을 잃은 당시, 그는 그림을 그리며 문제풀이에 골몰하고 있었다. 그는 문제풀이에 정신이 팔려 로마군이 쳐들어와 도시를 함락시킨 사실조차 모르고 있었다. 로마 병사가 다가와서 마르켈루스의 진지로 따라오라고 명령했지만, 아무런 신경도 안 쓰고 문제를 풀며 문제를 증명할 때까지는 갈 수 없다고 말했다. 화가 난 로마 병사는 칼을 뽑아 그를 찔러 죽였다. 일부는 아르키메데스가 연구를 마치기 전에는 갈 수가 없으므로 조금만 기다려 달라고 애원하던 순간 이미 로마 병사가 칼을 뽑아 그를 죽였다고 이야기한다. 하지만 로마 병사는 애원에 아랑곳없이 그를 살해했다. 아르키메데스가 마르켈루스에게 해시계, 구, 사분의(망원경 이전의 천제 관측 기구)와 같은 과학 설비를 태양의 크기를 재는 용도로 만들어 바치려던 중, 병사들이 상자에 금이 들어있을 것이라고 착각하고 그를 베었다는 설도 있다. 이러한 설왕설래에도 마르켈루스가 아르키메데스의 부고에 진심으로 가슴 아파해 저주받은 자를 내치듯 그를 죽인 병사를 나무라고, 친척들을 찾아 예우했다는 사실에는 모두 의견이 일치한다.

그림 43
키케로의 흉상.

장구한 세월이 흐르면서, 그리스 과학자들의 무덤은 버려진 채로 방치되었다. 역설적이게도, 이 무덤들은 잊힐 뻔하다가 그리스 과학자들을 존경했던 한 로마인 덕에 세상 밖으로 나올 수 있었다. 이 로마인은 다름 아닌 웅변가 키케로(기원전 106년~43년)였다. 그는 자신의 책인 《투스쿨라나룸 담론tusculan disputations》에서 그리스의 수학을 높이 평가하며, 로마인들이 시시한 산수와 보잘것없는 측정법의 한계에 갇혀 웅장한 그리스의 예술과 그리스 수학자들의 진가를 몰라보았다고 시인했다. 아르키메데스가 죽은 지 137년이 지나 키케로그림43는 다음과 같이 그에게 경의를 표했다.

나는 시칠리아의 책임자로 있으면서 그의 무덤을 찾았다.
그의 무덤은 온통 들장미와 가시덤불로 덮여 잊힌 지 오래였고,
시라쿠사 시민은 그의 무덤이 있는지조차 알지 못했다.
나는 시 몇 수를 떠올렸다.
그의 무덤에 새겨져 있을 법한 이 시에는 원기둥이 달린 구가
그의 무덤 위에 놓여있다는 구절이 있었다.
나는 묘지 일대를 샅샅이 뒤져(아그리겐틴 문Agrigentine Gate에는
무수히 많은 무덤이 있기 때문이다.) 덤불 위로 봉긋 올라와 있는
묘비를 발견했다. 이 묘비 위에는원기둥이 달린 구가 놓여있었다.
나는 나를 대동한 시라쿠사인 대표에게 드디어 찾았다고 알려주었다.
노예들에게 낫을 들려 주변을 깨끗이 치우게 한 다음 트인 길을 따라
앞에 놓인 받침대로 가보았다. 묘비에 새긴 시의 마지막 구절이 닳아
없어진 상태였지만, 닳지 않은 나머지부분으로 원래 내용을 복원할 수
있었다. 작은 이탈리아 도시 아르피눔Aprinum에서 온 한 남자가
아니었다면, 학문으로 명성이 자자했던 그리스 최고의 도시에서
자칫 가장 뛰어났던 시민이 잠든 곳조차 영영 잊힐뻔 했다.
—키케로 《투스쿨라나룸 담론》中에서

거만함이 엿보이는 마지막 문장에서 키케로가 아르키메데스를 칭찬하는 동시에 당시 시라쿠사인들의 무관심을 개탄했다는 사실이 드러난다. 키케로는 그 어떤 그리스인들도 하지 못했던 일을 의지의 로마인, 말하자면 자신이 했다고 단언한다. '아르피눔에서 온 남자'를 바꿔 말하면 '오, 신이시여, 그들이 열어보기만 했어도 바로 눈앞에 나타났을 것입니다!' 였다.

로마인들은 오직 그리스인들만이 그들을 가르칠 수 있다고 인정했다. 예컨대 기술자 비트루비우스는 기원전 1세기에 저술한 건축술 핸드북《건축십서》에서 유능한 건축가는 전인교육을 받아야 한다고 주장했다. "건축가는 고등교육을 받아야 하며, 뛰어난 제도사여야 하고, 기하학을 알고, 역사학에 정통하며, 철학에 심취하고, 음악을 이해하며, 의학지식을 갖추고, 법률을 알고, 천문학과 점성술에도 조예가 깊어야 한다."

하지만 전형적인 로마인답게, 비트루비우스는 뒤이어 이러한 인문학 교육의 실용적인 장점을 설명하기 시작했다.

백과사전 편집자

로마인들의 가장 훌륭한 재능 가운데 하나는 종합하는 능력이었다. 이러한 능력이 없었다면 너비가 약 5천 킬로미터에 이르는 대제국을 1천 년이 넘도록 지속하지 못했을 뿐 아니라, 오늘날까지 남아있는 도시의 건축물이나 웅장한 기술의 걸작품들을 만들지 못했을 것이다.

로마인들은 이러한 종합력을 그리스인의 과학적 발견을 이용하고 이해하는데 십분 활용했다. 그리스 합리주의가 지향하는 주된 목표는 추상적 이해이며, 그리스 합리주의가 낳은 최고의 결과물은 철학이었다. 이와는 달리 로마인들은 종합을 통해 현실세계와 인간을 개조하는 데 초점을 맞췄다. 이를 위해 다수의 로마 저술가들은 그리스의 사상을 번역하고 종합한 다음 라틴어로 재포장했다. 새로운 옷을 갈아입은 그리스의 순수과학은 로마의 응용과학으로 탈바꿈했다. 실제로 이 과정에서 라틴어 또한 개량되었다. 로마 저술가들이 그리스의 단어를 정확하고 명료하게 만들기 위해 부단히 노력한 덕이었다.

옥타비아누스 시대의 유명한 시인 루크레티우스Lucretius와 오비드Ovid(기원전 43년~서기 17년)는 서로 배치되는 우주의 근본원리를 소재로 한 파노라마식 서사시를 창작했다. 그리스 철학자들은 수백 년 전 처음 밝힌 이 원리를 아주 심도 있고 자세하게 다뤘다.

루크레티우스는 훗날의 인생지침으로 탈바꿈한 데모크리토스(기원전 460년~370년경)의 원자 이론에 자극받아, 《사물의 본질에 관하여De Rerum Natura》에서 물질과 공간, 원자의 움직임과 형태, 인간의 지력과 정신, 관능과 성욕, 생명과 사회의 탄생, 하늘과 땅의 현상이라는 주제를 거창하게 다뤘다. 루크레티우스는 세상을 과학적으로 분석해 모든 인간의 경험에는 과학적인 기초가 있다는 사실을 보여줌으로써 사람들을 미신의 공포에서 해방하려 했다. 또한 1,200편의 서사시 〈메타모르포세스The Metamorphoses〉에서 오비드는 고대 신화와 전설을 짜깁기해 광대하고 다채로운 작품을 창작했다. 우주의 기원에서부터 로마제국의 탄생까지, 각색한 수백 편의 이야기를 흠 없이 엮어냈다. 오비드는 우주의 원리를 가변성으로 정의했다. 이는 그리스 철학자 데모크리토스가 처음 주장한 이론이다.(데모크리토스는 '오직 변한다는 진리만이 영원하다'라는 말을 남겼다.)

세 번째 로마 시인은 이름은 알려지지 않았으나 《아에트나Aetna》에서 화산 폭발의 이유를 파헤치며 신화적인 설명에서 탈피해 과학적인 설명방식을 택했다. 운문 형식의 논문에서 그는 과학이 인간의 가장 고상하고도 필수적인 책무에 속한다고 웅변한다. 그는 이렇게 주장했다.

> 우리가 할 일은 세상의 경이를 멍청한 동물의 눈으로 바라보거나,
> 바닥에 널브러진 무거운 몸뚱이를 먹여 살리는 것이 아니다.
> 우리가 할 일은 궁극적 진리와 근본적 원인을 알고,
> 고개를 들어 하늘을 바라보며 의식을 성스럽게 가다듬는 일이다.
> 이는 곧 지구가 태어났을 때 어떤 원리가 존재했는지 아는 일이다.

(하늘과 땅도 사라질까봐 두려움을 느낄까? 시간은 영구한 걸까?
단단한 사슬이 이들의 동력을 보호하는 걸까?)
태양의 공전주기와 그보다 짧은 달의 공전주기를 알아야 하고
(후자는 매해 열두 번을 돌지만, 전자는 한 번밖에 돌지 않는다는 사실),
어떤 천체가 정해진 길을 따르고,
어떤 천체가 그것에서 벗어나는지를 알고,
연속하는 별자리와 별자리의 법칙을 알고,
계절이 왜 변하는지
(여름이 다가오면 봄이 왜 저무는지,
왜 여름이 가고 가을이 오는지,
왜 겨울이 가을의 끝 무렵에 다가오는지,
왜 이러한 순환이 반복되는지)를 알고,
해류의 움직임을 알고,
별의 이동경로를 알아야 한다.
우리의 임무는 우주의 기적이 어지럽게 흐트러져 있거나
무질서하게 존재한다는 사실을 시인하는 것보다는
정해진 위치에 명확히 정리하는 일이다.
바로 그것에 인류의 신성하고 즐거운 기쁨이 있기 때문이다.

약 5세기의 터울을 둔 작가 두 명이 그리스인들이 처음 개발한 교양 미술을 기초로 로마의 젊은이들을 가르칠 본보기용 커리큘

럼을 창안했다. 그 중 한 명은 로마 공화국이 배출한 가장 박학다식한 학자로 마르쿠스 테렌티우스 바로Marcus Terentius Varro(기원전 116년~27년)였다. 바로는 율리우스 시저에게 로마 최초의 공공도서관의 창립자이자 책임자로 발탁되어 라틴어의 구조와 발달, 농업기술, 고대(지금으로부터가 아닌 바로의 시절로부터 '고대'를 의미한다.) 이탈리아의 관습과 믿음을 다룬 체계적인 논문을 여러 편 저술했다. 안타깝게도 이 논문들은 한 편도 남아있지 않다. 바로는 이밖에도 〈훈육the Disciplines〉이라는 제목의 논문을 저술했다. 이는 바로가 그리스 철학을 선도하면서 진정한 교양을 갖추기 위해 반드시 통달해야 할 학문 분야를 개관한 아홉 편짜리 논문이다. 이 논문 역시 현재 남아있지 않다. 바로는 이 논문에서 문법, 수사, 변증법(철학적 논증), 산수, 기하, 천문학, 음악, 의학, 건축을 다뤘다. 동일한 주제를 다룬 것 중에 〈문헌학과 수성의 만남The Marriage of Philology and Mercury〉이라는 정교한 논문이 현재까지 전해진다. 이 논문은 서기 5세기 북부 아프리카에 살았던 로마인 법률가 마르티아누스 카펠라Martianus Capella가 서기 410년, 로마가 야만인들에게 약탈당할 무렵에 저술했다. 카펠라의 아들에게 바친 우화 형식의 이 논문은 어떻게 언어와 문학을 연구하는 순수 문헌학이 부의 신 머큐리와 인연을 맺는지 설명한다.(달리 말하면, 고른 지식을 갖춘 사람이 어떻게 생계를 꾸릴 수 있는지를 다뤘다는 뜻이다.) 하늘의 피로연장에서, 신의 들러리 7인이 7개의 인문과학

(문법, 수사학, 변증법, 산수, 기하, 천문학, 음악)을 돌아가며 묘사하는 식이다.(카펠라가 바로의 〈훈육〉을 기초로 커리큘럼을 짠 탓에 의학과 건축학을 연회장에 초대하긴 했지만, 두 학문을 하찮게 취급해 발언할 기회는 일절 주지 않았다.)

로마인 백과사전 편집자 가운데 으뜸으로 꼽을 수 있는 인물은 세네카Seneca the Younger(기원전 4세기/서기 1년~65년)와 플리니(서기 23/24년~79년)다. 세네카는 스토아학파 윤리학자이자 저술가로, 광기 어린 황제 네로Nero를 가르치는 탐탁지 않은 일을 맡아 결국 그에게 자살 명령을 받고 죽었다. 세네카는 과학 저술로도 유명하다. 그는 그리스의 자료에 기초해 《자연의 탐구Inquiries about Nature》 또는 《자연에 대한 질문Natural Questions》이라는 제목의 책을 라틴어로 폭넓게 기술했다.(도덕적 측면 또한 다뤘다.) 이 작품에서 그는 하늘의 빛(무지개, 햇무리, 별똥별 등), 천둥과 번개, 수자원(나일 강에는 별도로 한 챕터를 할애했다.), 눈과 우박, 바람, 지진, 혜성을 다뤘다. 특히 세네카는 과학의 진보를 예상했다. "분명히 때가 올 것이다. 부지런히 연구하면 지금은 숨어 있는 것들이 빛을 보고…오랜 세대에 걸쳐 밝혀지게 되리라. '어떻게 이렇게 빤한 것들을 선조는 알지 못했을까' 하고 후손들이 놀라는 때가 오게 되리라…. 따라서 우리가 발견한 것들에 만족하고, 우리의 후손들이 차곡차곡 진리를 탐구할 수 있도록 하자."

세네카와는 달리, 플리니는 호기심과 의무감을 이기지 못한 탓에 사망했다. 그는 서기 79년 베수비오 화산이 분화했을 때 나폴리 만에서 구조 작업을 지휘하다가 유독한 화산재를 들이마시고 세상을 떠났다. 조카의 말에 따르면 그는 포기할 줄 모르는 지식에 대한 열망과 비상한 집중력으로 화산의 분출물이 빗발칠 때조차 목숨을 걸고 비서에게 폭발의 진행 단계를 기술하라고 명령했다. 그의 걸작은 《자연의 역사Natural History》인데, '고대 문명의 역사를 통틀어 현재까지 남아있는 가장 훌륭한 자료'일 것이다. 이 책은 총 2,500페이지로, 지금은 사라진 수백 편의 고대자료를 집대성했다. 20,000개가량의 개인적 관심사, 조사결과, 관찰기록을 담고 있으며, 고고학, 점성술, 천문학, 식물학, 곤충학, 지리학, 지질학, 어류학, 회화, 약학, 광물학(자력 포함), 조류학, 생리학, 심리학, 심령학, 동물학을 다뤘다. 린 손다이크Lynn Thorndike가 주지한 것처럼, 영어에서 experiment(실험)이란 단어는 라틴어 experimentum에서 비롯되었는데, 이 단어는 플리니가 '직접 경험을 통해 획득한 정보'를 언급하기 위해 사용한 단어이다. 일정한 명제를 과학적으로 증명하려는 노력에서 얻은 정보를 의미하기도 했다.

서문에서 플리니는 자부심에 차 지금껏 어떤 로마인도 이처럼 광대한 프로젝트를 시도하지 못했고, 어떤 그리스인도 '백과사전식 지식'이라 일컫는 다양한 측면을 다루려 들지 않았다고 주장한다. 플리니의 자랑에도 새로운 길을 연 그리스인이 있었으니,

그는 바로 스토아학파 철학을 선도한 포시도니오스였다. 포시도니오스는 인류학, 천문학, 식물학, 지질학, 역사학, 수문학, 수학, 기상학, 지진학, 동물학과 같이 다양한 주제를 대중화시켰다.

고전학자 이언 그레이 키드Ian Gray Kidd는 "인문학의 역사에서 포시도니오스의 위상을 주목해야 하는 이유는 식자나 석학으로서 개별적인 지식을 남겨서가 아니라, 모든 지식이 서로 연관되었다는 확신 아래 세부를 분석하고 전체를 종합해 인간의 지성과 인간의 지성이 유기적 요소로 자리 잡은 우주의 전반을 원인론적 관점에서 돌아보고 설명하려 했기 때문이다."라고 포시도니오스를 평가했다.

역설적으로, 플리니의 대표작은 과학 분야에서 로마의 최대 강점과 최대 약점을 동시에 드러내는 완벽한 증거다. 로마인들은 그리스인들의 발견을 수집하고, 정리하고, 응용하기를 간절히 바랐다. 하지만 좀처럼 그러한 발견을 발전시키려 들지 않았고, 결국 이는 세네카의 이루어질 수 없는 희망으로 남았다. 슬프게도 세네카는 그의 책 《자연에 대한 질문》의 마지막에서 이렇게 술회한다.

"요즘 로마인들은 고대인들이 탐구했던 주제에
별 관심을 두지 않아서 그들이 한때 발견했던 것들마저
조금씩 잊히는 중이다. 하지만 온 힘을 다해 젊은 세대가

기성세대의 가르침에 귀를 기울이고
이를 진지하게 받아들인다면, 우리는 무관심 속에 피상적으로
사물을 보는 것이 아니라 사물의 핵심을 깨닫고
진리를 발견할 수 있을 것이다."

플리니는 로마의 물질 만능주의적 사고가 그리스에서 꽃피우던 과학적 탐구의 정신을 말살했다고 주장하며 《자연의 역사Natural History》에서 다음과 같이 기술했다.

"그리스인 대부분은 아무런 대가를 바라지 않고
오직 자손들에게 도움을 줄 목적으로 이러한 발견을 이뤄냈다.
시간이 흐르면서 인간의 성품은 퇴보했지만,
부자가 되고 싶은 야망은 꺾이지 않았다.
개척하지 못할 바다, 개척하지 못할 연안이 어디 있을까?
하지만 수많은 사람이 학문이 아니라 돈을 위해 항해에 나선다."

그러나 몇백 년이 지나 암흑 시대가 로마제국에 드리운다. 그렇지만 여전히 로마가 살아남을 수 있었던 것은 그리스의 과학적 지식을 로마의 방식으로 체계화하고, 과학을 다시 부활시켰기 때문이다.

제 14 장

현대 과학으로의 여정

로마인들이 그리스를 정복한 기원전 145년부터 이방인들에게 로마가 멸망한 서기 476년까지 6세기에 걸쳐 로마는 그리스의 학문을 엄청나게 축적했고, 이는 후세에 물려줄 핵심적 유산이 되었다.

도서관의 제국

기원전 2세기와 3세기, 스키피오 아이밀리아누스Scipio Aemilianus, 술라Sulla, 루클루스Lucullus, 키케로 등 그리스어와 라틴어를 할 줄 아는 특출 난 로마인들이 너도나도 그리스 서적과 라틴 서적을 수집하기 시작했다. 이러한 개인 소장품들은 어떤 면에서 사회적 명성을 드러내는 수단이었다. 알렉산드리아와 페르가뭄의 대형 공공 도서관을 창립한 그리스의 귀족들에게 자극받아, 율리우스 시저는 바로의 지휘 아래 로마에 비슷한 시설을 세우는 방안을 진지하게 검토했다. 시저가 살해당하면서 이 계획들은 암초에 부딪혔으나, 수년이 흘러 영사 아시니우스 폴리오Asinius Pollio가 전쟁의 상흔을 딛고 기원전 39년에 로마 최초의 공공 도서관을 건렵하면서 다시 빛을 볼 수 있었다. 이후 옥타비아누스(재위: 기원전 27년~서기 14년)와 트라야누스Trajan(서기 98년~117년)를 비롯한 후대 황제들의 후원으로 도서관이 추가로 건립되었다. 트라야누스는 휘황찬란한 포럼(고대 로마의 중심 광장)을 새로이 설계하면서 두 동짜리 도서관을 건설했다.(각 동은 같은 규모로 지어 한 동은 그리스의 서적, 한 동은 라틴 서적을 소장했다.) 콘스탄티누스 대제Constantinus I에 이르기까지(서기 312년~337년) 로마는 자그마치 28개의 공공 도서관에 그리스와 라틴의 문학 서적과 과학 서적들을 담았다.

시민 정신이 투철한 로마 시민의 관용으로 다행히 이탈리아와 로마제국 전역에 다른 공공 도서관들도 흩어져 있었다. 사설 도서관은 어땠을까? 사설 도서관 가운데 가장 유별난(다시 발견한 탓에) 도서관은 헤르쿨라네움Herculaneum에 있는 파피리Papyri 빌라다. 이 도서관은 서기 79년 폭발한 베수비오 산의 화산재에 묻혀 있다가 1750년에 와서야 발굴되었다. 파피루스 두루마리 대부분은 자연 현상을 과학적으로 기술한 내용을 비롯해 기원전 80년에 이탈리아로 이주한 에피쿠로스학파 그리스 철학자 필로데모스의 작품을 담고 있다.(에피쿠로스학파는 인생의 주된 목표를 쾌락을 추구하는 일로 생각했다.) 빌라의 두루마리는 화산열로 심하게 그을려 손상되어 있었으나 최신 기계장비를 이용해 일부 두루마리를 한 번에 1밀리미터씩 펼칠 수 있었다. 검게 탄 종이에서 잉크로 쓰인 문자를 구분하기 위해 조사관들은 1990년대에 개발된 적외선과 자외선 필터를 이용하는 다중스펙트럼 영상화 기술을 활용했다. 미래에는 너무 잘 부러져 펼쳐보지도 못할 두루마리의 층층을 꿰뚫어 보기 위해 CT촬영을 활용할지도 모른다. 빌라 도서관은 게티 빌라Getty Villa의 디자인에 영향을 미쳤다. 캘리포니아 말리부에 있는 게티 빌라는 게티 박물관의 옛 건물로 쓰인다.

인쇄 장비가 15세기에 이르러서야 개발된 탓에 모든 고대 서적은 손으로 쓰였다. 따라서 오늘날의 책들보다 수도 훨씬 적고 보급도 더딜 수밖에 없었다. 덕분에 도서관에 책을 모아놓아 학문을 연구하는 데 공헌한 건 의심할 여지 없는 사실이지만 우연이건, 고의건 화재로 소실될 위험이 컸다.

이러한 지식을 지키기 어려웠던 또 다른 이유는 지식의 존재 자체만으로는 지식이 이용되거나 추앙받기 어려웠던 탓이다. 로마 문명이 쇠락할 당시에는 특히 그랬다. 28개의 도서관이 건재했을 때, 로마의 마지막 라틴 역사가 암미아누스 마르켈리누스Ammianus Marcellinus(서기 330년~395년경)는 공연 사업의 패러디를 통해 로마 문화의 쇠락을 관조했다.

> 한때 지적 추구에 진지하게 매진한 것으로 유명세를 떨치던 배움의 전당은 리라와 플루트에 맞춘 노랫소리만이 들리는 어리석고 나태한 오락물투성이다. 요즈음에는 철학자 대신 음악 선생, 웅변가

대신 연기파 배우밖에는 찾아볼 수밖에 없다. 문을 굳게 닫은 도서관은 마치 무덤과 같다…로마인들은 더 이상 내려갈 곳이 없을 정도로 추락했다. 얼마 전 국가적 기근을 예상해 외국인들에게 소개령(疎開令)을 내렸고 인문학을 공부하던 사람들은 일방적으로 추방당했다.
하지만 여배우들과 수행단은 머무르도록 허락했다. 3천 명에 달하는 스트리퍼들은 당연히 머물렀다. 사실 안무가와 여성 합창단과 함께 그들은 완벽한 치외법권을 가진 것이나 다름없었다.
—암미아누스 마르켈리누스《역사History》中에서

비틀거리는 로마

암미아누스 마르켈리누스의 말은 로마가 몰락하게 된 것은 이방인들의 침략만큼이나 국민성이 와해된 탓이라는 뜻을 담고 있다. 하지만 이방인들의 침략 또한 무시할 수 없었다.

서기 3세기 말까지, 비틀거리는 지중해 로마제국은 디오클레티아누스 황제Diocletian에 의해 두 국가로 분리되었고, 북부 이탈리아의 전략적 요충지 밀란(고대의 메디올라눔Mediolanum)은 서로마의 수도로 자리 잡았다. 378년, 암미아누스 마르켈리누스가 살던 시절, 한때 무적이었던 로마군은 동부 유럽의 서고트족Visigoth에게 패배했다. 387년 '무적의' 로마는 갈리아인에게 약탈당했다. 403년까지, 서로마 황제는 밀란을 버리고 지형학적으로 방어에 우수한 베니스 인근의 라벤나Ravenna를 선택했다. 406년에 이방인들은 프랑스까지 정복했고, 이듬해에 로마군은 영국에서 철수했다. 410년, 서고트족은 로마를 짓밟았고 성(聖) 예로니모St. Jerome는 "전 세계를 정복한 도시가 정복당했도다."라고 고백하기에 이른다. 서기 450년, 밀란은 훈족에게 유린당했다. 5년이 지나 반달족은 로마를 약탈하면서 파괴자의 악명을 얻었다. 476년, 소년에 불과했던 서로마의 마지막 황제 로물루스 아우구스툴루스Romulus Augustulus(로물루스는 로마 신화에 나오는 로마의 시조의 이름을 따 지은 이름이고 아우구스툴루스는 '작은 아우구스투스'라는 뜻이다.)는 라벤나에서 이방인들의 두목에게 왕좌를 건네주었다. 546년, 이미 만신창이가 된 로마는 동고트족Ostrogoths에게 네 차례나 유린당했다. 동고트족을 이끌었던 테오도리쿠스Theodoric가 한때 베푼 관용이 로마의 철학자이자 번역가인 보에티우스Boethius의 심장에 희망의 불씨를 지폈으나 로마제국은 결국 암흑 속으로 빠져들었다.

잃어버린 세계의 지혜

책보다 사람들이 어떻게 살아남느냐가 문제였던 이 혼란의 시기에 고대의 서적들이 온전할 수 있었을까? 옥타비아누스와 트라야누스 황제 시절, 백만에 육박했던 로마의 인구는 삼만으로 격감했다. 이러한 상황에서 책이 보존되기는 특히 어려웠다. 이방인들의 방화, 혹독한 날씨, 배고픈 벌레를 피하더라도 저녁식사를 준비하고 집안을 덥히는 땔감으로 전락하기 일쑤였다. 암흑시대에 문맹률이 높아지면서 홉스Thomas Hobbes의 '만인의 만인에 대한 투쟁'처럼 '가난하고, 냄새나고, 거칠고, 결핍된' 삶이 닥친 마당에 이론과학은 발붙일 여지가 없었다. 호박 안에 갇힌 벌레처럼, 잃어버린 세계의 지혜는 방치된 책 안에 옴짝달싹 못하고 갇히게 되었다.

로마제국의 몰락이 만든 빈자리를 기독교가 채웠다. 기독교는 체제를 흔든다는 이유로 국가적 차원에서 박해받았지만, 나중에는 기독교의 도움을 받은 콘스탄티누스 대제에 의해 승인될 수 있었다. 계층 구조를 띤 기독교는 더 나은 삶을 약속하면서 로마인들이 다시 한 번 믿음을 둘 수 있는 통합적인 틀을 제공했다. 이교도의 언어였던 라틴어가 기도문으로 쓰인 것과 로마법이 교회법으로 명맥을 유지한 것이 그 실례였다. 기독교를 이끄는 일부 지도자들은 로마제국을 가리켜 태생적으로 사악하다고 치부했다. 하지만 다른 지도자들은 로마인들이 문학과 철학에서 성취한 업적과 이방인들을 교화시킨 영향을 인정하면서 로마의 유산을 보존하고 되살려야 할 필요가 있다고 시인했다. 이러한 노력의 일환으로 중세 수도원은 과거의 유산을 기념하고 정신을 수양하기 위해 고대의 자료들을 베끼고 보존했다.

로마인들이 그리스인들의 유산을 선별해 받아들인 것처럼, 로마의 유산을 연구했던 기독교 학자들 또한 그들의 문화적, 종교적 감수성에 호소하는 고전작품들을 선별했다. 길버트 하이트Gilbert Highet는 《고대의 전통The Classical Tradition》에서 다음과 같이 말했다.

> 앞서 가는 교육자들은 일부 작가를 언급했고, 수준 있는 학생들도 이들에 대해 공부했다. 하지만 많은 작가는 영원히 뇌리에서 잊혔다. 이교도 출신 작가들은 기독교인 작가들보다 쉽게 잊혔다. 감성적이고 개인적인 글을 썼던 작가에 비해 지식을 다룬 글을 썼던 작가들이 살아남기 쉬웠다. 이에 그다지 중요하지 않은 지리학자들과 백과사전 편집자들의 작품은 많았지만, 서정적이고 극적인 시는 별로 없었다. 그리스, 로마가 융성할 무렵에는 평이한 지식보다는 순수한 시를 훨씬 강조했는데도 그렇다. 도덕주의자의 글은 살아남기 쉬웠지만, 도덕주의자가 아닌 사람들의 글은 그렇지 못했다…암흑시대의 학자들은 당시에 활동했던 작가들의 글을 읽고 따르기 쉬웠다. 따라서 그들은 상대적으로 중요도가 떨어지더라도, 당시에 살았던 작가들에게 시간과 에너지를 상당부분 쏟아 부었다.

로마 교회에서 라틴어를 썼기에 그리스어로 된 원전들은(읽을 수 있었다 할지라도) 별 관심을 받지 못했다. 하이트는 그의 책에서 이렇게 말했다.

> "그리스어는 거의 폐쇄된 영역으로 남았다.
> 라틴어를 정확하고 완벽하게 멋지게 구사하는 중세 필사가들도
> 그리스어만 접하면 여지없이 무너졌다.
> 횡설수설을 베껴 쓰거나 '원문이 그리스어이므로 해독 불가'라는
> 애처로운 주석을 달았다. 서유럽의 그리스 지식은 암흑시대에
> 거의 사라졌다…아리스토텔레스는 그리스어가 아닌
> 라틴어 번역을 통해 접할 수 있었다."

살아남은 과학문헌 또한 변화를 겪어야 했다. 기독교주의는 과학자의 뛰어난 영역인 자연계보다는 성경에 초점을 맞췄다. 기독교주의는 비판적인 이성 위에 존재하는 정신적 믿음, 호기심과 학문의 독립을 넘어서는 더 높은 권위를 받아들일 것을 강조했다. 짧게 말해 교회의 지도자들 덕에 귀중한 자료를 보존할 수 있었으나, 한편으로 그들 탓에 그리스인의 과학적 태도와 과학의 탐구 주제가 퇴보했다. 성 아우구스티누스Aurelius Augustinus(서기354년~430년)가 이를 가장 잘 설명했다. 다른 글에서는 고대 철학의 도움으로 지식을 쌓을 수 있었다고 인정했지만, 아우구스티누스의

진심은 다음 말에서 잘 드러난다.

> 기독교인으로서 종교를 통해 무엇을 믿어야 하느냐고 질문한다면, 그리스의 자연 철학자physici들처럼 우주의 본질을 탐구할 필요도 없고, 원소의 숫자나 힘을 모른다는 사실에 두려워할 필요가 없다고 말해주고 싶다. 천체의 운동, 질서, 일식, 월식, 천체의 배열, 동물, 식물, 암석, 하천, 강산의 본질과 다양성, 시공간의 측정, 악천후의 경고를 비롯한 그리스인들이 발견했거나 발견했다고 생각했던 수많은 것 말이다. 그들은 무한한 지성, 불타는 열정, 충분한 시간에도 아무것도 발견하지 못했기 때문이다. 실제적 지식보다는 추측에 근거한 발견을 뽐낸 탓이 아니겠는가. 그들의 탐구가 순수한 추정에 근거하건, 실증적 증거에 근거하건 결과는 동일했다. 기독교인은 하늘과 땅, 보이는 것과 보이지 않는 것을 비롯한 모든 창조물의 기원이 창조주, 오직 한 분이신하느님의 섭리에 지나지 않으며, 그분의 의지를 떠나서는 대자연이 존재할 수 없다는 사실을 믿는 것으로 충분하다.
> —성 아우구스티누스 《편람Enchiridion》中에서

또한 고전학자 마샬 클라겟Marshall Clagett은 이렇게 말했다. "교회가 융성하면서 자연철학과 자연과학을 연구했을 사람들을 교회의 편으로 만들었다."

이슬람의 축복

기독교 유럽의 발전과 더불어 서기 7세기 이슬람교가 태동한 중동에서는 다른 사건이 일어났다. 알렉산드로스 대왕이 기원전 4세기 동방을 정복하면서 그리스 문화가 이슬람의 땅에 전파된 것이다. 그 결과 자연철학, 수학, 천문학, 의학과 같은 그리스인들의 업적이 전파되었고 처음에는 시리아어, 이후에는 아라비아어로 번역되었다. 특히 아바시드Abbasid 왕조의 후원을 받았던 바그다드에서 이러한 활동이 활발했는데, 서기 8~10세기에는 현재 우리에게도 익숙한 그리스 과학의 거의 모든 연구 성과가 아라비아어로 번역되었다. 아마도 이러한 지식의 시대에 가장 손꼽을 만한 인물은 페르시아의 철학자 겸 과학자 이븐 시나Ibn Sina(서기 980년~1037년)일 것이다. 그는 서양에서 아비세나Avicenna라는 이름으로 알려졌다.

8세기에 무어인Moors들이 스페인을 정복하면서, 이슬람 지식인들은 이러한 업적을 유럽에 전파했다. 이에 이슬람문명의 황금시대가 이베리아 땅에서 꽃피우게 되었다. 9세기에 이르러, 이슬람인들은 정치적, 문화적으로 시칠리아 땅을 지배했다. 고대 전통에서 비롯된 다양한 학문적 성과가 기독교 사상가들에 의해 라틴어로 번역되기에 이르며, 서부 유럽에서 새로이 세워진 대학에서 과학적 사고의 틀을 형성하는 데 상당한 영향을 미쳤다.

토머스 골드슈타인Thomas Goldstein은 《현대 과학의 새벽Dawn of Modern Science》에서 이렇게 말했다. "유럽인들이 고대세계를 생각하면 역사의 첫머리와 함께 과학이 떠오를 것이다. 유럽이 미개한 사회에서 가까스로 벗어나 활기차고 독창적인 문화를 이룩하는 데 괴발개발 번역한 과학 논문이 매우 중요한 역할을 담당했다. 이러한 번역 논문은 고대세계의 파편화된 이미지를 종합하고 문화적 연속성의 관념을 다시 엮는 데 크게 이바지했다."

이러한 지식의 전달과정에서, 아리스토텔레스의 저술을 가장 열렬히 지지한 이슬람인은 스페인 학자 아베로에스Averroes(아라비아 이름으로 이븐 루시드Ibn Rushd, 서기 1126~1198)였는데, 그는 "위대한 철학자 아리스토텔레스는 모든 진리를 이해했다. '모든'이라는 수식어는 인간의 본성이 인간성을 유지하면서 인지할 수 있는 최대치를 의미한다."라는 말을 남겼다.

실제로 중세 대학에서 이루어지는 식자들의 토론은 'Magister dixit', 즉 '대부(아리스토텔레스)께서 그렇게 말씀하셨다.'라는 말 한마디로 끝낼 수 있었다.

자유분방하고 독립적인 그리스의 정신이 서양인의 의식에 자리잡기 위해서는 그리스인이 믿었던 근본 원리를 입증하고 부활시킬 수 있는 획기적인 환경이 필요했다. 천 년이 지나서야 이러한 환경이 다시 형성될 수 있었다. 하지만 그전에도 이미 동부 지중해에서 주목할 만한 발전의 씨앗이 싹트고 있었다.

짓밟힌 유산

유럽의 로마제국이 몰락하기에 앞서, 로마제국은 공식적으로 두 지역으로 분리되었고 콘스탄티노플(과거 비잔티움)이 동부의 수도 역할을 맡고 있었다. 서로마제국은 이방인들의 손에 넘어갔지만 동로마, 즉 비잔티움제국은 1453년 오스만튀르크Osman Turk에게 정복당할 때까지 1천 년이 넘게 건재했다. 이방인들은 콘스탄티노플을 줄기차게 위협했지만, 결국 성벽을 무너뜨리지는 못했다. 콘스탄티누스 황제를 비롯 유스티니아누스 황제Justinianus I(서기 527년~565년)와 그의 황후 테오도라Theodora가 콘스탄티노플의 통치자 중 가장 유명했던 사람들이다. 이들은 창조적 지성, 독창적 예술의 시대를 꽃피웠다.

암흑시대에 라틴어만을 편식하여 그리스어를 쓴 학자들을 교묘히 배제했던 서로마와는 달리, 비잔티움제국에서는 헬레니즘 시대부터 동부 지중해의 링구아프랑카lingua franca로 쓰인 탓에 여전히 그리스어가 우세했다. 언어를 보존한 것 말고도, 계몽의 선두에 선 비잔티움 법원은 그리스 문헌을 보존하고 다듬을 것과 그치지 않는 비평을 통해 학문 연구에 매진하

모국어가 다른 사람들이 상호 의사소통을 원활히 하기 위해 습관적으로 사용하는 언어를 의미한다.

고 학문의 완성에 힘쓰라고 적극 권장했다. 특히 그리스 학문은 사회에 이바지할 수 있는 분야에 초점을 맞췄다.

알렉산드리아의 대도서관은 서기 270년경 자취를 감췄지만, 콘스탄티노플에는 세 개의 도서관이 남아있었다. 이 중 한 도서관은 이론서들을 소장했다. 하지만 다른 두 곳은 현실적인 서적들을 소장했는데, 하나는 왕족을 위해 건립된 궁중도서관이었고, 다른 하나는 왕조가 후원하고 언어, 문학, 법률을 가르쳤던 대학에 부설된 도서관이었다. 콘스탄티노플에는 플라톤, 아리스토텔레스, 유클리드, 알렉산드리아의 영웅 아르키메데스, 프톨레마이오스의 작품 등 값진 문헌들이 있었다. 이 책들은 모두 그리스어로 쓰여 있었다. 한편 콘스탄티노플의 대학에서 젊은 학생들은 수학, 음악, 천문학과 같은 전통적인 교양 과목을 수학했다.

13세기 초, 제4차 십자군 전쟁이 발발하자 콘스탄티노플이 오랫동안 지켜온 학문의 전통은 이슬람인이나 야만인이 아닌 기독교인들에게 무자비하게 짓밟혔다.

레비엘 네츠Reviel Netz와 윌리엄 노엘William Noel은 이렇게 말했다.

> 아테네 대주교의 형제 니케타스 코니아테스Nicetas Choniates는
>
> 학문의 세계에 닥친 최악의 재앙을 목격했다.
>
> 1204년 4월, 예루살렘을 해방시키려던 십자군은 잠시 진격을 멈추고

유럽에서 가장 부유한 도시인 콘스탄티노플을 약탈했다.
니케타스는 살육현장의 목격담을 들려준다.
군인들은 아야소피아Hagia Sophia('성스러운 지혜'를 의미함)
대성당에 있던 호화로운 보물을 약탈했다.
그들은 약탈한 보물을 운반하기 위해 노새를 성당으로 가져왔다.
주술과 독살을 담당하는 매춘부들이 대주교의 의자에 앉아
춤을 추며 음란한 노래를 불렀다.
군사들은 신에게 헌신하던 수녀들을 붙잡고 겁탈했다.
"오 불멸의 하느님, 인간의 고통이 너무도 크나이다."
니케타스는 절규했다. 중세 전쟁의 가혹한 현실이 콘스탄티노플을
덮치면서 대제국의 심장부는 산산이 부서졌다.
—레비엘 네츠, 윌리엄 노엘 《The Archimedes Codex》中에서

아르키메데스의 고문서

약탈과 방화에도 살아남은 귀중한 물건으로 위대한 그리스 과학자들의 학문이 담긴 책들을 빼놓을 수 없다. 이러한 책들 가운데 아르키메데스의 업적을 담은 고문서 세 점이 있었다. 이 고문서들은 고대 그리스어로 기술되었다. 아르키메데스의 업적을 담은 문서 다수는 라틴어 번역본으로 남아있지만, 고대 그리스어로 기

술된 문서 한 점이 아직 전해진다.

이 고문서는 서기 900년, 더 오래된 원전을 보고 비잔티움의 한 필사가가 베낀 것이다. 1229년, 새로운 기도서가 필요했던 한 성직자가 빛바랜 잉크를 긁어내고 닦아내 아르키메데스의 글을 지운 다음 90장을 반으로 잘라 기도문을 쓰고 제본했다. 이른바 애서가들이 '팔림프세스트palimpsest(흔적 위에 덧쓰기)'라 부르는 것을 처음으로 만든 셈인데, 이 것의 원래 의미는 글을 지우고 그 위에 덧쓴 재활용 원고라는 뜻이다. 이처럼 팔림프세스트라 불리게 된 아르키메데스의 고문서는 콘스탄티노플에서 요르단까지 실려 갔다가, 다시 콘스탄티노플로 돌아오게 된다.

20세기 초 아르키메데스의 고문서를 발견한 덴마크 학자 요한 루트비히 하이버그Johan Ludwig Heiberg는 이 고문서의 가치에 눈을 떠 흑백사진과 확대경을 이용해 중세의 기도문 밑에 숨은 '보이지 않는 잉크'를 읽으려 했다. 1920년대 초 이 고문서는 파리의 개인 수집가에게 넘어갔고, 곰팡이를 먹어 얼룩덜룩하고 시커멓게 변한 상태로 보존되다가 1998년 크리스티 뉴욕에서 경매에 부쳐졌다. 한 익명의 응찰자가 2백만 불에 낙찰받아 볼티모어Baltimore의 월터 아트 갤러리Walters Art Gallery에 이를 위탁했고 이곳에서는 10년 넘게 이 문서를 연구 중이다.

자외선, 적외선, 가시광선, 레이킹 라이트raking light[1], 엑스레이를 쬐어 숫자로 만들면서, 학자들은 희미하고 보일 듯 말 듯한 글

씨를 해독해 아르키메데스의 생각을 읽어냈다.[2]

이 고문서는 수학과 과학의 대부, 아르키메데스가 이룩한 세 가지 핵심 업적을 담고 있다. 가장 유명한 논문 〈부유체에 대하여On Floating Bodies〉는 아르키메데스가 '유레카'를 외치며 발견한 정역학에서 비롯된 유일한 그리스어 논문이고 나머지 두 논문 가운데 하나는 〈역학의 공리에 관한 방법론Method of Mechanical Theorems〉이다. 이 논문은 풀 수 없을 것만 같은 문제를 풀어낸 아르키메데스만의 '비결'을 설명한다. 무게중심을 비롯한 물체의 성질을 결정하기 위해 물체의 형태를 수학적으로 분석하고, 무한의 개념을 가늠하기 위해 기하학을 이용하는 방법이 그 예다. 이러한 탐구를 통해 아르키메데스는 2천 년 후 라이프니츠Leibniz와 뉴턴의 미적분학을 예견했던 것인지도 모른다.

'잃어버린' 두 번째 논문은 서구식 비유로 소화불량을 일으킬 정도의Stomach-churning 난제를 선사하는 탓에 《스토마키온Stomachion》이라는 제목이 붙었다. 이 논문에는 서로 다른 모형의 조각들 14개로 조합된 사각형이 있다. 이 조각들을 여러 가지 방법으로 배치해 얼마나 많은 사각형을 만들 수 있는지 알아내는 것

[1] 레이킹 라이트란 일사광선이 불투명한 물체를 통과하지 못하면서 생기는 그림자를 이용해, 육안으로 보이지 않던 그림 표면의 특질을 파악하고 이것을 연구하기 위한 조명을 말한다.

[2] 아르키메데스의 고문서에 대한 더 자세한 정보가 필요하거나 이미지를 보고 싶으면 http://www.archimedespalimpsest.org에 접속하길 바란다.

이다.(현대 수학이 풀어낸 답은 무려 17,152가지다!) 아르키메데스가 고안했던 이 기술은 2,000년이 지난 후 현대 수학에서 조합 이론과 확률 이론의 싹을 틔우게 된다. 조합 이론과 확률 이론은 사물, 사건을 가리지 않고 이론적으로 발생할 수 있는 경우의 수를 알아낸다.

아르키메데스는 전형적인 그리스인답게, 먹고 사는 데는 별 도움이 안 되면서 어렵기만 한 문제와 씨름하는 데 자신을 바쳤다. 하지만 퍼즐을 통한 두뇌훈련과 퍼즐을 풀었을 때 느끼는 성취감은 이를 보상하고도 남았다.

콘스탄티노플이 남긴 문헌들 대부분은 아르키메데스 고문서와는 달리, 유럽에 직접 전파되어 더 즉각적인 영향을 미쳤다.

인본주의의 등불

1453년, 기독교를 믿었던 콘스탄티노플이 터키 군대에 짓밟히기 바로 직전, 콘스탄티노플의 저명한 학자들 다수가 그리스어로 된 문헌들을 손에 든 채 이탈리아로 피난을 떠났다. 이 문헌들은 서방 사람들이 들어보기만 했을 뿐 구경 한 번 못했던 귀중한 자료들이었다. 르네상스 시대를 맞아, 이러한 문헌들은 이탈리아 지식인들이 철학적 사고와 과학적인 상상력을 펼치는 데 자양분이 되었다. 르네상스 이전부터 이미 새로운 지식에 목말라 있던 많은 이탈리아 지식인이 고대 그리스의 학문을 연구하기 시작했다. 그리고 플로렌스의 메디치가Medici(家)처럼 부유한 이들이 예술을 후원하면서 그리스로 사람까지 보내 '가격과는 상관없이' 새로운 원고를 사들였다. 이탈리아에 온 비잔티움의 망명자들은 학문과 과학의 앞날을 위해 너무나 적절한 시기에 자료를 갖고 망명했다. 아울러 그들은 유례없는 열정으로 또 다른 지식의 보고를 찾아냈다.

> "위대한 수집가 포지오 브라키올리니Poggio Bracciolini(1380~1459)는
> 수도원 측을 설득해서 허가를 받고 도서관에 들어갔다.
> 그는 쥐가 들끓고 물이 새는 다락방에서 먼지와 쓰레기로 뒤덮인
> 문서들을 발견했다. 그의 말에 따르면 문서들이 애처롭게
> 자신을 바라보며 도와 달라 애원했다고 한다."
> —제이콥 브로노프스키Jacob Bronowski
> 《The Horizon Book of the Renaissance-Leonardo Da Vinci》中에서

인본주의의 등불이 다시 불을 밝혔다. 르네상스 시대가 비옥한 토양을 제공해 그리스 사상을 다시 싹 틔운 것이다. 르네상스 시대 또한 고대 그리스와 마찬가지로 인본주의적인 자부심에 영향을 받았기 때문이었다.

그리스 문명과 로마 문명과 같은 고대 문명이 인간의 본성에 자부심을 품었던 반면, 중세시대에는 인간이 죄를 지을 수 있다는 이유로 인간의 본성을 수치스럽게 생각했다. 르네상스 시대에는 신이 인간에게 준 이성이라는 선물을 자유롭게 펼쳐 창조주와 자신을 드높일 수 있는 만큼, 다시 한 번 인간의 본성에 자부심을 품어야 한다고 주장했다.

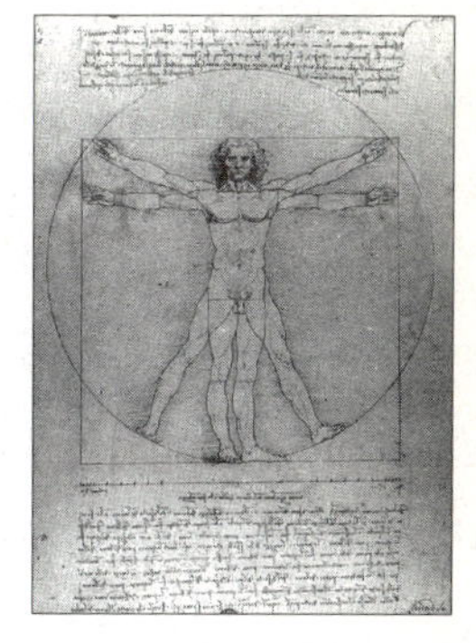

그림 44

레오나르도 다 빈치가 르네상스 시대에 그린 인간의 '기하학적' 해부 그림이다. 비트루비우스가 설명한 폴리클레이토스의 캐논에 영감을 얻었다.

다방면에 다재다능했던 '르네상스인'의 시대에 등장한 최고의 팔방미인으로 레오나르도 다 빈치 Leonardo da Vinci(1452~1519)를 꼽을 수 있다. 그는 과학적 지식을 활용해 조각, 그림, 기계를 망라하는 업적을 이룩했다.

그의 연구는 조각상의 해부학적 비율, 풍경의 원근법, 금속과 도료의 화학적 구성, 조류의 비행 역학에까지 미쳤다. 그는 날카로운 시각, 비상한 호기심, 탐구정신을 갖추고 있었다. 이는 전성기를 구가했던 헬레니즘 과학을 대표한 정신이다. 르네상스 시대의 동료와 마찬가지로, 그 또한 그리스의 학문 정수를 빨아들였다는 사실을 수첩그림 44에서 고백했다.

제4부

또 다른 문명에서 잉태된 과학들

제 15 장

마야 문명, 태양의 제국을 짓다

과학적 상상력이 처음 싹튼 곳은 지중해였다. 과학적 상상력의 씨앗은 이집트와 메소포타미아에서 처음 시작되어 그리스에서 꽃을 피웠다. 하지만 구대륙과 신대륙을 비롯한 지중해 이외의 지역에서는 다른 문화가 싹텄다. 고대 시절 다른 문화권에서는 각자의 환경에서 독자적으로 우주의 신비를 탐험하려 노력했다.

정글의 폐허 속에서

남부 멕시코와 과테말라의 축축하고 후끈대는 정글에서는 살이 썩어들어간다. 짙푸른 색깔로 우거진 원시림은 열기를 뿜어내고, 원숭이의 끽끽 대는 소리, 매미의 맴맴 거리는 소리에 귀가 아프다. 축축한 땅에는 달라붙은 시체가 보이며, 살아있는 것들 주변에는 온통 썩는 냄새가 코를 찌른다. 머나먼 밤하늘에 유유히 떠 있는 별과 돌만이 죽음에서 자유로울 뿐이다. 열대 우림에는 악몽에 출몰하는 끔찍한 악령들이 여기저기 도사리고 있다. 이들 사이에서 인류가 등장한다. 시간의 노예이자, 소멸할 수밖에 없는 운명이었다.

정글의 빈터에는 신성한 마야Maya의 도시가 번성했다. 화려한 신전, 고매한 제사장들, 거만한 추장들로 채워진 영광의 도시가 왜 버림받은 것일까. 이내 버려진 도시는 거침없는 정글의 옷에 가려졌다. 좀처럼 뚫리지 않는 장막에 가린 사원은 두꺼운 가시덤불과 귀족과 신들의 형상을 새긴 석상에 짓눌려 가쁜 숨을 몰아쉬고 있었다.

세월이 흘러, 스페인 정복자들은 이름조차 가물가물한 사라진 도시의 이야기를 듣고 황금을 찾아 아메리카 대륙을 침략했다. 하지만 아무리 찾아도 황금이 나오지 않자 관심이 식었고, 기독교 선교사들이 그들의 뒤를 잇게 되었다. 원주민들은 사라진 도시에서 빼낸 낯선 기호를 새긴 두루마리를 선교사들에게 보여주었다. 선교사들은 이를 악마의 물건이라 저주하며 불에 태웠다. 마야인들이 남긴 지혜의 유산은 4권만 빼고 모조리 모닥불 연기 속에서 한 줌의 재로 변했다. 19세기 중반, 미국의 탐험가 존 로이드 스티븐John Lloyd Stephens은 영국인 프레더릭 캐더우드Frederick Catherwood의 여행기를 참조해 마야 세계를 복원했다. 여러 탐험가는 그들이 그린 폐허를 보고 두 사람의 뒤를 잇고 싶다는 호기심에 사로잡혔다.그림 45, 46

나무껍질을 색칠해 만든 두루마리 대부분이 불타 없어졌지만, 사원의 돌담이나 비석에 상형문자로 새긴 글은 현재까지 전해진다. 150년 남짓을 해독에 매진한 결과, 고대 마야인의 사고와 그

그림 45

뿌리와 나뭇가지로 뒤덮인 마야의 폐허. 출처 《중앙아메리카, 치아파스, 유카탄 반도의 여행 비록(Incidents of Travel in Central America, Chiapas, and Yucatan)》, 존 로이드 스티븐(John Lloyd Stephens), 1841년.

그림 46

정글로 뒤덮인 우스말(Uxmal)의 마야 유적. 《중앙아메리카, 치아파스, 유카탄 반도의 고대 유적(Views of Ancient Monuments in Central America, Chiapas, and Yucatan)》, 프레더릭 캐더우드(Frederick Catherwood).

들의 뛰어난 창조성을 음미할 수 있었다. 또한 고대 마야 문명이 서기 200년~900년 사이에 융성했다는 사실을 밝혔는데, 이 시기는 그리스—로마 시대의 마지막 무렵 및 중세 유럽 문명의 초기와 겹친다.

마야인이 남긴 글귀 여기저기에 날짜가 나오는 것을 보면, 그들이 시간에 집착했다는 사실을 알 수 있다. 그들은 지상에서의 행위를 우주의 영속성과 관련지어 유한한 존재인 인간에게 영원의 관념과 존재의 의미를 부여하려 했다. 그들의 복잡한 달력 체계는 아마도 가장 위대한 지적 성취이자, 모든 업적 가운데 가장 빛나는 결과물일 것이다. 고대 그리스인에게는 이러한 달력이 없었다. 그들은 시간에 수동적으로 끌려가는 대신, 유한한 삶을 극복하여 신처럼 되고자 했던 것이다.

시간의 기록

마야의 달력을 보면 두 가지 시간 기록체계를 수학적으로 통합했다는 사실이 드러난다. 일반인들을 위한 약 365일 주기의 속세 달력과, 신성한 일에 쓰이는 260일짜리 종교 달력을 합친 것이 마야의 달력이다.

365개의 톱니가 달린 커다란 톱니바퀴처럼, 속세 달력은 20일을 한 달로 하여 총 18달을 만들고 여기에 '불길한' 5일을 더해 완성했다. 365일은 실제 태양력의 주기에 근접한다. 종교 달력은 260개의 톱니 안에서 또 한 세트의 260개의 톱니가 돌아갔다. 두 개 톱니바퀴 가운데 하나는 20번씩 반복되는 13개의 톱니로 구성되어 있고 또 다른 하나는 13번씩 반복되는 20개의 '날짜 명칭'으로 구성되었다. 이가 맞물린 두 톱니바퀴는 원래의 시작점에서 다시 만날 때까지 회전한다.(13이 20번 반복되거나 20이 13번 반복된 다음이다.) 260개의 조합은 휴일이나 종교의식 날짜를 표시하는 용도로 쓰였다.

더 복잡한 것은 속세 달력의 360개 톱니가 종교 달력의 260개 톱니와 맞물려 있다는 사실이다. 동시에 톱니바퀴 세 개를 돌리면 360개짜리 톱니바퀴가 52번, 260개짜리 톱니바퀴가 73번 회전하고 나서 시작점에 다시 맞춰졌다.(365×52=18,980=260×73) 18,980일에 해당하는 전체 순환 주기는 마야력Calendar Round이란 이름으로 불린다. 사람의 행운이나 길흉의 징조는 종교 달력의 톱니가 속세 달력의 특정 날짜를 건드리느냐에 달려 있었다.

마야인들은 예수의 탄생 시점과 같은 'CE(서력기원)'나 'AD(구주의 해)'와 같이 역사적 기산점으로부터 얼마나 떨어져있는지를 가늠해 특정 사건이 언제 발생했는지를 계산했다.

마야 문명에서는 이 기산일(起算日)이 기원전 3113년(정확히 말하면 기원전 3113년 8월 11일)으로 거슬러 올라간다. 마야인은 이 날짜에 세상이 창조되었다고 생각한다. 5125년이라는 기간은 마야의 장주기Long Count이다. 마야인들은 이 주기가 끝나는 날 세상은 파멸하고 새로운 세상이 시작될 것이라고 예언했다. 왜 하필이면 8월 11일이었을까? 남부 마야인이 거주했던 지역의 위도에서 머리 위로 태양이 지나가는 날이 8월 11일이었기 때문이다.

2012년이 바로 기원전 3113년에 시작된 마야의 장주기가 끝나는 해다. 따라서 오늘날 기독교적 신앙에 따라 '세상의 종말'을 믿는 많은 사람은 2012년에 세상의 종말이 찾아올지 모른다고 두려워한다. 독자들이 이 책을 2012년 이후에 읽는다면, 근거 없는 공포였다는 사실이 드러나는 셈이다. 하지만 2012년 이후에 이 책을 읽을 수 없다면, 마야인의 예언이 옳았을 수도 있다!

우연한 일치일지도 모르지만, 기원전 3113년은 인근 동방국가에서 최초의 문명이 태동한 시기였다. 신기한 것은 이 날짜가 유대인이 오래전부터 세상이 창조되었다고 말한 기원전 3761년과 대략 일치한다는 점이다. 십계명에 나열된 세대가 언급했고, 요즘도 유대인들이 휴일을 표시하기 위해 쓰는 날짜다.

마야인들은 세상이 몇 번씩 망하고, 다시 창조된다고 믿었다. 당연히 장주기도 단 한 번으로 끝나는 것이 아니었다. 장주기의 마지막에 마야인의 주행 기록계는 '갱신'되어 0부터 다시 시작했다. 그리고 장주기가 여러 번 반복되므로 장주기에도 순번을 매겼다. 실제로 마야의 날짜를 보면 과거 수천만 년 전까지를 기록한다.

관념적으로 수천만 년 후의 날짜 또한 헤아릴 수 있다.

서양의 달력과는 달리, 마야 달력의 모든 날은 속세와 신성의 좌표를 갖고 있었다. 모든 날짜는 장주기상의 위치를 특정하기 위해 다섯 단계로 늘려 표시되었다.

예컨대 기원전 3113년 8월 11일은 마야식으로 9.16.0.0.0(장주기 상 위치)으로 표시된 다음, 2(신성의 날짜), 아하우Ahau(신성한 달력에서 해당 월을 가리키는 이름), 13(속세의 날짜), 트젝Tzec(속세 달력에서 해당 월을 가리키는 이름)이 뒤따랐다.

가장 비슷한 예로 유대교 신자는 모든 일정을 서양식 달력과 유대교 달력을 동시에 써서 표기한다. 예컨대 2010년 1월 1일을 가리킬 때, January 1, 2010, 15(유대교의 해당 월의 날짜에 들어맞는 날) Tevet(유대식 달력에서 해당 월을 가리키는 이름), 5770(유대인들이 계산하는 연도)로 표기한다.

이처럼 마야인의 시간 기록 체계는 정확하고 정밀한 수학적 지식이 필요했고, 역으로 이러한 지식을 고취하게 하기도 했다. 그 밖에도 우주의 작동원리와 연관된 탓에 정확하고 정밀한 천문학 지식이 필요했고, 마찬가지로 천문학 지식을 고취하게 하기도 했다. 이러한 이유로 마야인은 태양을 관찰하고, 행성의 궤적을 따르고, 점성학을 연구하는 남다른 능력을 발휘했다.

유카탄 반도의 천문학자들

강력하기 그지없는 태양 말고도, 마야인의 마음을 가장 사로잡았던 것은 하늘에서 세 번째로 밝게 빛나는 금성이었다. 금성은 해가 지고 나서 저녁 무렵에 처음 떠오르는 저녁별이자 새벽에 떠올라 일출을 예고하는 새벽별이다. 마야 천문학자들은 금성의 이동을 기록한 정교한 표를 작성했다.('드레스덴' 고문서에서 보이는 것처럼) 그들은 망원경의 도움 없이도 금성의 회합주기(하늘에서 같은 위치로 돌아올 때까지 걸리는 시간)를 정확히 계산했다. 그들이 측정한 태양년은(지구가 태양 주변을 한 바퀴 도는 데 걸리는 시간) 365.2425일이었다. 이 수치는 현대 천문학이 측정한 365.2422일과 겨우 0.0003일밖에 차이가 나지 않는다.

피라미드와 탑의 꼭대기로부터, 마야인 사제들은 하늘을 살펴보았다. 실제로 종교의식을 위한 측면 말고도 대중들에게 개방된 건물을 높게 지었던 이유는 제사장을 겸한 천문학자들이 성스러운 임무를 수행할 수 있도록 나무 꼭대기에 시야가 가리지 않고 지평선을 온전히 쳐다볼 수 있도록 하기 위해서였다.

마야의 가장 유명한 천문학 관측소는 유카탄에서 발굴된 가장 큰 고대 도시, 치첸이트사Chichén Itzá에 있다. 탑 내부의 나선형 계단 탓에 엘 카라콜El Caracol(스페인어로 '소라 고둥')이라는 이름이 붙은 관측소는 지상에서 약 25미터 높이의 작은 탑 위에 있었다.

탑의 창문을 통해 천문학자들은 춘분과 추분에 머무른 태양, 플레이아데스성단, 금성을 볼 수 있었다. 그들은 금성을 학문과 예술의 전달자이자, 날개 달린 뱀의 모습을 한 쿠쿨칸Kukulcán 신과 동일시했다. 그들은 쿠쿨간 신에게 봉헌하기 위해 가장 큰 사원을 지었다. 이 사원은 치첸이트사Chichén Itzá, 스페인어로 엘 카스티요El Castillo에 있다. 약 25미터 높이의 사원은 네 면 하나하나가 동서남북을 바라보는 계단 피라미드로 구성되어 있는데, 각 면에는 널따란 계단통로가 있고 꼭대기에는 대피소가 있다. 계단의 수는 태양년의 일수와 같은 365개다. 피라미드의 각 면은 52개의 석판으로 구성되어 있는데, 52란 숫자는 18,980일로 구성된 마야력의 총 햇수와 같다. 1년에 두 번, 춘분과 추분에 태양이 저물면 북쪽 계단의 귀퉁이를 따라 기다란 그림자를 드리운다. 태양이 서서히 저물면서 계단의 각도로 그림자는 꾸물거리는 뱀처럼 요동을 치며 피라미드의 바닥에 설치한 쿠쿨칸의 뱀 머리 조각상과 극적으로 만난다.

그리스의 천문학과는 달리, 마야인이 하늘을 관찰했던 이유는 개인 차원의 지적 호기심보다는 집단 차원의 종교적 이유에서였다. 이것이 바로 두 문화를 떨어뜨려 놓은 가장 핵심적인 차이점이었다.

신들의 고향

수백 년 전에는 태양의 방위를 이용해 거대도시 전체를 설계했다. 자그마치 2,300미터 높이의 고원에 자리 잡은 고대도시는 5,000미터 높이의 화산 그림자에 가린 채 멕시코시티로부터 약 40킬로미터 북쪽에 있는 비옥한 계곡을 내려다보고 있다.

아즈텍인Aztec들은 이 도시를 버려두었다. 웅장한 도시에 매료된 그들은 초능력을 지닌 거인들이 이 도시를 만들었을 것이라 확신하고 '신들의 고향'을 뜻하는 테오티우아칸Teotihuacán이라는 이름을 붙였다. 하지만 이 도시는 신이 아닌 선조가 기원전 2세기에 만들었다는 사실이 밝혀졌다. 또한 서기 2세기에서 5세기 사이에 가장 융성했고, 그로부터 100년 후 소요, 전쟁, 생태적 쇠퇴 등으로 말미암아 방치된 것으로 추정된다. 한참 융성할 무렵, 테오티우아칸은 10~20만의 인구를 자랑하는 순례자들의 메카이자 성스러운 도시로 위용을 떨쳤다. 아메리카 대륙의 진정한 첫 도시였던 테오티우아칸은 콜럼버스가 대륙을 발견할 때까지 가장 크고, 가장 인상적인 도시로 자리매김했다.

약 30제곱킬로미터 넓이의 이 도시는 바둑판식으로 짜여 있다. 북에서 남으로 뻗은 기다란 축이 중심부에 위치한 약 5제곱킬로미터 넓이의 네모 반듯한 제사센터를 관통했다. 도시를 반듯이 관통하는 널따란 길 양쪽으로는 사원과 신전이 있었다. 사원이 무덤이라고 믿은 스페인 정복자들은 이후 이 버려진 길에 죽은 자의 길Calle de losMuertos이라는 이름을 붙였다.

모든 사원 중에 가장 큰 사원은 이른바 태양의 피라미드였다. 태양의 피라미드는 총 네 계단으로 된 테라스에 높이가 60미터가 넘고 222.5×225.5제곱미터 너비의 면적을 차지했다. 기원전 3세기 중반에 만들어진 쿠푸왕의 대 피라미드는 지면의 면적은 같으나 높이는 절반에 지나지 않는다. 마야인들은 쿠푸왕의 피라미드를 만든 이집트인들과 마찬가지로 바퀴가 달린 수레 없이도 건축에 필요한 자재 수백만 톤을 운반했다. 사원을 설계하면서 시각적인 조작을 거쳤다. 더 장대하게 보이도록 위로 올라갈수록 경사를 더 가파르게 만들었고, 원근 효과를 없애서 꼭대기까지 계단 통로의 너비가 같아 보이도록 위층 계단을 더 넓게 만들었다. 사원은 보통 지는 해를 향해 서쪽을 바라보고 있었다.

죽은 자의 길 북쪽 끝에는 태양의 피라미드보다는 작지만 그래도 웅장함을 잃지 않는 달의 피라미드가 서 있다. 4층 계단으로 된 달의 피라미드는 총 높이가 42미터다. 하지만 부지 자체가 높아서 꼭대기의 높이는 태양의 사원과 비슷하다. 이 두 피라미드는 한 세기 차를 두고 지어졌다. 태양의 피라미드에 이어 달의 피라미드를 지었고, 두 피라미드 안 모두에는 죽은 자의 길이 있었다. 신기한 것은 죽은 자의 길이 북쪽에서 남쪽을 향해 직선으로 뚫리지 않고, 북동에서 남서로 15와 $\frac{1}{2}$도 정도 기울어 있다는 것이다. 도시의 동서축 또한 마찬가지로 기울어졌다. 도시를 계획하면서 태양의 방위만을 따르지 않은 것을 보면 설계자들에게 뭔가 다른 생각이 있었던 것이 분명하다. 아마도 먼 곳에서 알아볼 수 있는 신성한 지형지물을 만들려는 의도도 있었을 것이다. 다른 학설은 태양과 달의 사원이 플레이아데스성단이 동쪽에서 떠올라 서쪽에서 지는 수백 년간, 지평선상의 한 점을 향하고 있었다는 이론이다. 왜냐하면 플레이아데스는 7개의 별이 모인 성단으로, 태양이 정오에 곧바로 머리 위에 뜨는 위도상의 특정한 날을 가리켰기 때문이다.

실제로 아테네의 파르테논 신전을 비롯한 그리스 신전들이 동쪽을 바라보고 있는 것도 플레이아데스성단 때문이 아닐까? 고대 그리스 사원과 중앙아메리카의 사원이 비슷한 방향을 바라보고 있지만, 인본주의적 성향을 띤 그리스인들은 신의 힘보다는 인간의 영웅적인 면을 기념하는 조각상을 세워 자신들을 차별화했다.

테오티우아칸이 바라보던 방향을 어떻게 설명하건, 거의 100년에 걸쳐서 의식을 거행하던 부지 주변이 발굴되고 있는 중이다. 하지만 도시의 규모가 너무나 방대한 탓에 비용도 많이 소요되고 시간도 많이 걸린다. 계속되는 연구에도 테오티우아칸의 90퍼센트 정도가 아직도 고대의 비밀을 간직한 채 땅속에서 빛을 보지 못하고 있다. 하얀 달빛이 버려진 길을 비추면서, 테오티우아칸의 수많은 유령이 조용히 불침번을 서고 있다.

제 16 장

스톤헨지, 거석에 숨겨진 과학

폐허의 혼란을 보라! 그 누가 텅 빈 것을 찾으랴.

희미한 잔해 너머로 달빛을 뿌린다.

그리고 말한다. "여기에 있었고, 지금도 있다.

깊은 밤은 어디로 간 걸까?"

—바이런Byron,《차일드 헤롤드의 편력》中—

거인 나라의 도미노

바이런은 자신의 시에서 스톤헨지Stonehenge의 미스터리를 다뤘다. 스톤헨지는 세계에서 가장 오래되고 가장 신비로운 기념비적 건축물 중 하나다. 남부 잉글랜드의 솔즈베리Salisbury평원 위에 하늘을 향한 채 일렬로 늘어선 거대한 돌덩이들은 마치 거인나라 아이들이 갖고 놀다 두고 간 도미노 게임과 같은 형상이다.

아직 발굴되지 못한 다른 경이로운 고대 유산과는 달리, 스톤헨지는 마치 버스 관광객들과 학자들을 놀리는 양 항상 그곳에 서 있다. 오이디푸스에게 질문을 던지던 스핑크스처럼, 스톤헨지는 우뚝 서서 다음과 같은 질문을 던진다. "내가 누굴까요? 내가 왜 만들어졌을까요? 누가, 어떻게 나를 만들었을까요?"

그리스와 로마 시대부터 무수히 많은 가설이 난무했다. 기원전 1세기, 그리스 역사학자 디오도로스 시쿨루스Diodorus Siculus는 북쪽 바다에 있는 한 섬에서 태양신 아폴로의 사제가 '구 모양'의 사원에서 아폴로를 숭배했다고 묘사한다. 디오도로스와 같은 시대에 살았던 로마인 율리우스 시저는 영국의 성직자 계급(디오도로스의 사제일 수도 있다.)을 묘사했다. 이들은 별의 움직임과 지구와 우주의 크기를 토론하면서 시간을 보냈다. 시저는 당시의 켈트족Celts 사제들을 드루이드Druides라 불렀다. 이들은 겨우살이를 숭배한 것 말고도, 인간을 제물로 바쳤다고 전해진다. 이들과 관련지어 스톤헨지를 핏빛 의식의 장소로 상상하기 쉬웠다. 스톤헨지가 로마의 침략에 용감히 저항한 켈트 족의 왕비, 부디카Boudicca[1]에게 바친 무덤이라는 이야기도 전해진다. 일부는 아더 왕King Arthur의 전설에 착안해 스톤헨지는 마법사 멀린Merlin[2]이 희생당한 기사들을 추모하기 위해 만든 추모비로, 그가 공중부양술을 이

그림 47

18세기 스톤헨지 광경. 출처 《스톤헨지와 어스워크(Stonehenge and Its Earthworks)》, 에드가 바클레이(Edgar Barclay)

용해 아일랜드에서 영국으로 돌을 옮겨 만들었다고 도 전해진다.

스톤헨지가 놓여 있는 부지를 진지하게 연구하기 시작한 것은 17세기부터다.그림 47 조사 결과를 검토하고 고대 과학의 역사에서 갖는 의미를 생각해 보려면 이 부지의 복잡한 구조부터 이해해야 한다.

먼저 스톤헨지는 세 가지 기초 요소로 구성되어 있다. 부지의 바깥 둘레에는 약 97미터 지름의 둥근 흙담으로 둘러싼 도랑이 있고, 그 원 안에는 땅속으로 팠다가 나중에 메워진 동그란 구멍이 있다. 이 구멍들 일부는(17세기에 쓰던 굴삭기의 이름을 따 오브리 홀Aubrey hole이라고 부른다.) 과거에 돌이나 기둥이 박힌 흔적이라고 추정된다. 한편 다른 구멍들에는 화장한 유해가 남아있었다. 동그란 구멍을 따라 띄엄띄엄 떨어진 공간에는 네 개의 '스테이션 스톤Station Stone'이 가상의 직사각형 모서리마다 놓여 있었다.

스톤헨지 부지 중앙부로 가 보면 우뚝 선 '사르센석sarsen' 16개가 원형으로 늘어서 있다.(원래는 30개였다.) 이 돌 하나의 높이는 약 5미터, 무게는 25톤에서 50톤 사이이다. 꼭대기에는 7톤 무게의 사르센석 상인방이 놓여 있다.[3] 바깥쪽 원 안으로는 작은 원이 또

[1] 서기 60년경 영국을 공격한 로마제국 점령군에 대항했던 이케니족의 여왕을 일컫는다.

[2] 아더왕의 전설에 등장하는 대마법사로 1136년 몬머스의 제프리가 쓴 《영국의 연대기Historia Regum Britanniae》에서 처음 등장했다.

[3] 사르센이라는 명칭은 중세 십자군의 적을 지칭하는 사라센Saracen이라는 이름에서 유래한다. 사라센은 '외국인'을 통칭하는 영단어로, 돌을 약 30킬로미터 떨어진 채석장에서 가져왔다는 이유로 돌이 외래성을 띤다고 생각해서 이 같은 이름이 지어졌다.

하나 있는데, 지름을 재보면 약 24미터다. 이 원을 만들기 위해 약 390킬로미터 떨어진 웨일스에서 진귀한 푸른 돌을 산 넘고 물 건너 운반해 왔다. 이 푸른 돌을 네모 반듯하게 자른 다음, 원주를 따라 세웠다. 작은 원 안에는 엄청난 크기의 사라센석이 세 그룹으로 나뉘어 말굽 모양으로 늘어서 있는데, 두 개의 돌이 수평 상인방을 지탱하고 있다. 이른바 이러한 '삼석탑'은 총 다섯 개 가운데 두 개만이 남아있다. 요약하면, 사르센석 말발굽 안쪽에는 과거 '알타Altar'석(드루이드 전설에 따르면)으로 불렸던 더 작은 푸른 돌 말발굽이 있다. 두 말발굽 모두 북동쪽을 향해 원래 '애비뉴Avenue'라 불리던 2.5킬로미터 길이의 신성한 둑길을 가리키고 있다.

애비뉴에 있는 두 개의 돌 중, 하나는 둑길 초입부에 있는 납작한 '학살석Slaughter Stone'으로 출입문이 어디에 있는지를 표시하는 용도로 쓰였다고 추정된다. 다른 하나는 거대하게 우뚝 선 '힐스톤heelstone'이다. 전설에 따르면 한 수사가 사탄이 던진 돌에 발뒤꿈치를 맞아서 이러한 이름이 생겨났다고 한다.

이 전설이 미덥지 못하다면, 어원학적으로 두 가지 다른 가능성을 검토해 볼 수 있다. '힐스톤'은 고대 그리스어 헬리오스(태양), 다른 하나는 '숨는다(헬람helam)'라는 색슨어에서 유래했다고도 본다. 곧 알게 되겠지만, 태양이 돌 뒤에 숨을 수 있기 때문이다. 바깥에서 안쪽으로 차근히 살펴보면 도랑과 흙담, 오브리 홀 무리와 스테이션 스톤, 사르센석으로 만든 바깥쪽 환상열석, 푸른 돌로 만든 안쪽 열석, 사르센석 말발굽, 푸른 돌 말발굽, 북동쪽으로 뚫린 둑길 애비뉴가 있다.

분명 스톤헨지는 구조적으로 복잡하다. 고고학적 증거를 보면, 스톤헨지는 1,000년이 넘는 세월을 거쳐 단계적으로 설계되고 건축되었다는 사실을 알 수 있다. 고고학자들 대부분은 배수로와 흙담, 오브리 홀과 힐스톤이 가장 먼저 세워졌다는 데 의견이 일치한다. 오브리 홀에서 발견한 인간의 유해로 추정해 보면, 이 시기는 기원전 3천 년 전으로 거슬러 올라간다. 뒤이어 무엇을 어떤 순서로 지었는지는 의견이 분분하다. 기원전 2500~2000년경에 사르센석으로 만든 바깥쪽 환상열석과 푸른 돌로 만든 안쪽 열석을 세우고, 기원전 2000년에는 사르센석과 푸른 돌 말발굽을 세웠다는 가설이 있다. 정확한 날짜를 모르더라도, 전문가들은 한목소리로 스톤헨지가 아더 왕, 부디카, 드루이드 시절보다도 훨씬 앞서 세워졌다고 말하면서 스톤헨지를 만든 후보에서 이들을 제외한다.

파라오의 일꾼들과 마찬가지로 스톤헨지를 만든 이들 또한 돌을 캐고 그것을 수 있는 철기, 돌을 운반하는 바퀴 달린 수레, 돌을 들어 올리는 도르래가 없었다. 대신 나무 자루에 돌을 매단 돌망치, 대형망치, 흙더미로 이루어진 자연 경사로, 지렛대와 사람의 힘만을 이용했다. 피라미드를 지은 이들과는 달리, 고대 영국인들을 그들이 남긴 유산으로만 평가한다면 의지에 찬 '원시인들'이라 말할 수 있다.

유일한 목격자

어떠한 동기에서 그토록 오랜 세월에 걸쳐 이 장대한 구조물을 만든 것일까?

스톤헨지는 죽은 자들을 추모하는 기념비라는 견해가 있다. 여기에서 발견되는 인간의 유해를 탄소 동위 원소법을 통해 측정하면 가장 큰 돌이 세워지기 1,000년 전부터 줄곧 시신을 매장해 온 것으로 추정된다. 이에 스톤헨지는 주로 묘지로 쓰였고, 스톤헨지에 세워진 돌은 죽은 자를 추모하는 선사시대의 거대 묘비라는 가설이 성립한다. 누구를 추모하려 했는지는 알 수 없지만, 화장한 재와 같은 매장된 유물들을 보면 높은 지배계급이나 사제일 것이라 추정된다.

또 하나의 가설은 하늘에 나타나는 굵직한 변화를 예측하고 의식으로 기념하기 위해 만든 선사시대의 천문학 관측소였다는 이론이다. 이 가설은 1740년 윌리엄 스투클리William Stukeley가 처음 발표했는데, 그는 말굽의 장축이 스톤헨지의 중심축이며, 하지와 동지(6월 21일, 12월 21일)의 방향을 가리키고 있다고 지적했다. 1901년 노먼 록키어Norman Lockyer는 이 가설을 정교히 다듬었고, 1963년 제럴드 호킨스Gerald S. Hawkins는 초기 IBM 컴퓨터를 이용해 이를 한층 개선했다. 고대의 태양, 달, 별의 위치를 컴퓨터로 프로그래밍한 다음, 호킨스는 스톤헨지에 있는 모든 구조물의 배열 위치를 하나하나 컴퓨터에 입력했다. 결과는 놀라웠다. 일치를 이룬 비율은 동전을 23번 던졌을 때 앞면이 19회 나올 확률에 근접했다. 이는 우연이라고 보기 어려운 수치다. 힐스톤이 웅장한 배열의 핵심 위치에 서 있었다. 6월 21일에 태양이 힐스톤의 머리 위로 떠올랐다. 또한 거대 삼석탑의 '관문'이 정반대편에 서 있고, 이 관문을 통해서 12월 21일에 해가 지는 모습을 볼 수 있었다. 게다가 고대 영국인들은 56개의 오브리 홀을 일식과 월식이 언제 오는지를 계산하는 계수기로 이용했다.

따라서 스톤헨지는 단순한 묘지라기보다는 하늘의 경이로운 신비를 기념해 봉헌된 성스러운 장소였다. 사람들은 유식한 사제들로부터 지도를 받아 이 성소를 통해서 미스터리에 대처하기 시작했다. 스톤헨지를 세운 사람들의 생각과 감정을 알려면, 우주를 이성적으로 이해하려 들기보다는 다음을 상상해 보라. 해와 달이 일식이나 월식으로 하늘에서 사라지고, 해가 짧아지거나 날씨가 추워지면서 겨울 지평선 아래로 태양이 사라지는 것처럼 보일 때 얼마나 두려웠을지! 또 고맙게도 해가 다시 길어지고 작물이 다시 자랄 때 그들이 얼마나 안도했을지를.

당시에 스톤헨지 부지는 하늘에서 펼쳐지는 드라마를 수많은 관객이 경이에 찬 눈으로 바라보는 극장과 같은 역할을 담당했다.

이러한 구조물은 스톤헨지뿐일까? 스톤헨지보다는 작은 선사시대 유적 약 900개가 영국 전역에 흩어져 있다. 이들 중 다수는 원형 모양을 간직하고 있다. 에이브버리Avebury 인근의 유적은 지름이 스톤헨지의 5배에 달한다. 농부들이 가축을 방목하기 위해 거석 대부분을 깨뜨린 다음 수레에 실어 가져다 버린 것이 안타까울 뿐이다. 서부 유럽을 가로질러 카르낙Carnac의 브르타뉴Brittany 해변에도 이와 유사한 구조물이 있는데, 이를 보면 대륙에서도 우주를 의식했다는 사실을 알 수 있다.

선사시대라는 말은 '글쓰기 이전'을 의미한다. 당연히 하늘을 관찰하던 고대인들이 그리스인들과는 달리 천문학적 설명을 전혀 남기지 않은 탓에 그들이 무엇을 믿었는지 글로 확인할 방법이 없다. 말없이 서 있는 돌이 유일한 목격자인 셈이다. 실제로 기계원리를 단순하게 이해한 것 말고는 천문학이 그들이 가진 유일한 과학이었다. 하지만 물질문명에서는 그처럼 뒤떨어진 사람들이 어떻게 그토록 진보된 지성을 갖출 수 있는지 학자들은 의문을 제기하기도 했다.

근 100년 전, 《타임머신The Time Machine》의 저자, H.G.웰스H.G.Wells는 〈소름끼치는 사람들The Grisly Folk〉이라는 수필을 썼다. 여기에서 그는 우리와 같은 현대인들이 선사시대 선조의 생각과 느낌을 통찰할 수 있는 미래를 그렸다.

"마치 우리가 그 당시 살았던 것처럼 과거의 기억이 생생하게 찾아와
원시 시대의 공포와 스릴을 나눌 수 있는 날이 올 것이다.
옛날 옛적 살았던 거대한 야수가 상상 속에서 다시 살아나고,
사라진 광경 속으로 걸어 들어가 먼지로 변한
팔다리를 색칠하고 하늘을 향해 높이 뻗어
수백만 년 전의 햇살을 다시 느낄 수 있을 것이다."

제 17 장

고대 중국, 질주를 멈춘 과학의 기차

고대 지중해 문명 가운데 그리스인들 말고도 인간과 세상을 깊게 이해한 이들이 있었다. 앞서 본 것처럼 이집트와 메소포타미아의 사상가들이 그에 해당한다. 그리스인들은 이들이 탐구한 것들을 계승하면서, 이성의 힘에 변함없는 순수한 열정을 새로이 쏟아 부었다. 하지만 그리스 문명이 꽃피우기 한참 전, 머나먼 곳에서 또 다른 문명이 화려하게 꽃을 피웠다. 그것은 바로 세계 4대 문명 중 세 번째로 등장한 고대 중국 문명이다. 고대 중국의 천재들은 수많은 과학적 발견을 이뤄냈다.

우주의 이야기

중국 대륙의 길고 험난한 역사를 따라가기 위해 전설을 하나 더 들어 보자. 용의 날개 위에서 태어난 상아(嫦娥)는 하늘 높이 올라가 반짝이는 거대한 구에 도달했다. 이 구는 다름 아닌 달로, 창조의 원리 중 여성에 해당하는 음(陰)의 상징이었다. 달은 황량하고 추웠다. 계수나무 말고는 아무것도 자라지 않았다.

땅에 있던 상아의 남편 후예(后羿)는 상아에게 화가 나 있었다.

그는 오래전에 상으로 받은 불로불사의 약을 집안 서까래 밑에 숨겨 놓았는데, 그가 외출한 어느 날 밤 상아는 천장으로부터 하얀 빛이 새어나오는 것을 목격했다. 빛을 따라간 상아는 불로불사의 약을 발견하자마자 꿀꺽 삼켰다. 후예는 집으로 돌아와 자신의 보배가 사라진 사실을 알고 불같이 화를 냈다. 겁에 질린 상아는 하늘로 도망쳤다.

이후 후예는 태양으로 날아가는 황금새의 등에 타기만 하면 자신도 아내처럼 영원히 살 수 있다는 사실을 깨달았다. 태양은 우주를 창조하는 남성의 원리인 양(陽)을 상징한다. 태양에 무사히 도달한 후예는 햇빛에 몸을 싣고 달로 여행을 떠났다. 아내를 여전히 사랑하고 아내에 대한 그리움이 컸기 때문이다.

달에 도착한 그는 계수나무를 잘라 상아 궁전을 짓고 매월 15일마다 찾아오기로 약속했다. 이것이 바로 매월 15일에 보름달이 뜨는 이유다. 음양이 조화를 이루면서 달이 태양이 발산하는 빛을 온몸으로 환영하기 때문이다.

붉은 옷의 귀부인

베이징에서 남쪽으로 약 650킬로미터 떨어진 곳에는 쌍둥이 고분이 보름달의 빛에 취해 2천 년이 넘게 자리를 지키고 있다. 두

고분 가운데 하나에는 중국의 귀족과 그의 아들, 다른 하나에는 귀족의 아내가 묻혀 있다. 이들이 살았던 시기는 기원전 2세기로, 중국의 첫 황제가 통치한 지 100년이 지난 시점이었다. 1971년에 이들의 무덤을 처음 발견하였는데, 당시 중국인의 삶과 영생의 삶에 대한 열망을 자세히 알 수 있었다.

마왕퇴(馬王堆) 한묘 고분은 중국 역사상 최고의 발굴이라 불린다. 1971년 최초로 발견될 당시 이 무덤을 초나라 왕 마은(馬殷)과 아들 마희범(馬希範)의 무덤이라고 잘못 추정하여 마왕퇴라고 명명한 탓에 현재까지 이 이름으로 불린다.

귀족의 아내는 동쪽 흙무덤에 묻혔다. 이 흙무덤은 귀족이 묻힌 무덤보다 더 큰 영예를 상징했다. 그녀가 50세에 세상을 떠나자 시녀들은 몸을 깨끗이 씻고 피부를 보존하기 위해 비밀의 연고를 발랐다. 하인들은 머리를 빗겨주고 가발을 씌웠다. 그 밖에도 20겹의 비단옷을 비단 실로 묶은 다음, 비단으로 만든 신발을 신겼다.

묘를 파 보니 하얀 진흙으로 바닥이 덮여 있고 대나무 장판이 깔려 있었다. 외(外), 중(中), 내(內)의 3중 목곽(木槨)이 있었고, 외곽과 중곽으로 둘러싸인 내곽(內槨) 안에는 색칠한 3중 목관(木棺)이 시신을 보존했다. 목곽 위로는 흡수력이 좋은 숯 5톤이 깔려 있고, 그 위로는 0.6~1.2미터 두께의 하얀 진흙이 덮여 있었다. 최상단에는 붉은 진흙이 덮여 습기와 부패를 막기 위한 마지막 보루 역할을 담당했다.

연회용 음식도 무덤에 같이 안장되었다. 모든 음식의 종류가 죽간(竹簡)에 적혀 있었다. 이국적인 풍미가 물씬 풍기는 고기[1], 가금류, 생선요리가 즐비했다. 자두, 배, 대추, 붉은 월계수 열매, 꿀과 같은 양념도 있었다. 또한 황색, 검은색 유약을 뿌린 반짝이는 그릇 180가지가 젓가락 세트와 함께 포장되어 있다.

내세에서 귀부인을 보필할 하인들은 인형으로 만들었다. 나무로 조각해 인형들을 만들고 색을 칠한 다음 키가 큰 인형들을 골라 비단옷을 입혔다.[2] 총 162개의 인형에는 부름을 받드는 인형, 춤추는 인형, 피리나 슬(瑟)을 들고 있는 인형들도 있었다.

음악을 좋아하는 귀부인을 위해 온전한 악기를 무덤에 넣었다. 악기 중에는 스물두 개의 대나무로 만든 피리와 줄 받침대, 현감개, 스물다섯 개의 비단현으로 만든 1.2미터 길이의 슬도 있었다.

살아있는 동안 이러한 음악은 시름을 잊게 하였을 것이다. 해부 결과 드러난 것처럼 그녀는 오래전 결핵을 앓았고 폐에는 상처가 남아있었다. 큼지막한 돌이 담도를 막고 있었고, 장에는 기생충이 있었다. 요통의 흔적도 발견되었다. 무엇보다도 왼쪽 관상동맥이 거의 막힐 정도로 동맥경화가 심했던 것이 사망의

[1] 죽간에 적힌 고기 종류 중에는 돼지고기, 양고기, 사슴고기, 쇠고기, 토끼고기, 닭고기, 오리고기, 거위고기 외에 서양에서 익숙지 않은 개고기, 꿩고기, 두루미 고기, 멧비둘기 고기, 참새고기, 잉어, 숭어, 쏘가리 등이 있었다.

[2] 나무로 만든 인형을 가리켜 목용(木俑)이라 부른다.

원인이었다.

태부인의 주치의는 돌아가신 마님을 내세에서도 편안하게 모시기 위해 무덤에 말린 후추, 당후박, 계피와 같은 약초를 깔았다. 이 약초들은 오늘날까지도 전통 한의학에서 심장질환을 다스리는 용도로 사용한다.

시신을 보호하기 위해 발휘한 과학적 창의력은 헛되지 않았다. 이중, 삼중으로 만든 관에서 시신을 꺼냈을 때 전혀 부패한 흔적을 찾아볼 수 없었다. 딱딱하고 부스러지던 고대 이집트의 미라와는 달리 2,100년이 지난 후에도 중국 귀부인의 황갈색 피부는 여전히 탄력 있고, 살은 말랑말랑하며, 팔의 관절도 구부러졌다.

이처럼 탁월한 상태로 보존할 수 있었던 이유는 무덤을 잘 밀폐하여 산소, 습기, 박테리아의 침임을 막았기 때문이다. 하지만 결정적으로 시신을 우수하게 보존한 것은 화학적 처리에 공을 돌릴 수 있다. 무덤에 있는 일부 물건에서나 몸에서 붉은 액체(유기산과 섞인 수은 화합물)의 흔적을 발견했다.

보존 상태가 훌륭했던 덕분에 현대 기술을 이용해서 신추 태부인의 자세한 병력을 알 수 있었다. 사망의 개연성 있는 원인을 안 것 말고도, 부검을 통해 심장마비가 오기 전에 무엇을 먹었는지도 알 수 있었다. 위, 장, 식도에서 참외씨 138개가 발견되었다.

그녀와 남편, 아들의 무덤에서 발견된 인장을 보면 이 고대 중국 귀부인은 전한(前漢)시대 초기 장사국(長沙國)의 승상 이창(李倉)

의 아내였다는 사실을 알 수 있다. 또 다른 인장을 보면 그녀의 이름이 신추(辛追)라는 사실 또한 알 수 있다.

무덤에서 발굴된 모든 유물 가운데 가장 큰 것은 2미터가 넘는 백화(帛畵, 비단에 그린 그림)다. '승천을 돕는 복식'으로 알려진 이 백화는 가장 안쪽에 있는 관에 덮여 있다. 이 백화는 T자 모양으로, 기다란 연과 비슷하다. 하인들이 대동하는 늙고 병약한 신추 태부인의 모습을 비단 위에 그리고, 그 아래로는 땅 밑에 사는 신비로운 짐승을, 위로는 귤색 햇무리를 그렸다. 용의 날개를 타고 하늘 높이 떠오르는 상아가 달빛에 몸을 싣고 달을 방문한다. 백화에 그려진 상아의 모습은 너무 앳되고 연약해 보여 신추 태부인의 어릴 때 모습이 아닌가 싶은 생각이 든다. 아마도 신추 태부인은 자신이 죽어도 영혼이 연을 타고 바람을 헤쳐 나가 계수나무가 있는 달에 이르러, 비단에 수 놓인 영원한 삶을 살 수 있을 것이라 상상했는지도 모른다.

신추 태부인의 무덤을 발굴한 지 2년이 지나 고고학자들은 남편과 아들의 무덤이 있는 쌍둥이 흙산을 발굴했다. 승상의 무덤은 최소한 한 번 이상 도굴당한 것이 분명했다. 이름을 새긴 인장이 여기저기 흩어져 있는 것 말고는 쓸 만한 것이 없었다. 아들의 무덤은 다행히 도굴당한 흔적이 없었다. 아들의 무덤에서는 유약과 기다란 비단, 내세에서 먹을 음식, 악기들이 발견되었다.

이들 가운데 가장 시선을 끄는 것은 백서(帛書)와 죽간(竹簡)이었다. 영원한 삶을 누리며 마음의 양식을 얻기 위해, 살아있을 때 소중하게 간직하던 배울 거리를 무덤에 넣었던 것이다. 문서 중에는 지형의 특성, 길, 도시를 표시한 가장 오래된 중국 지도도 있었다. 군사 시설의 위치와 인구 규모를 가리키는 군사용 지도도 있었다.

발견된 물건 가운데 중국 천문학의 가장 오래된 유산을 빼놓을 수 없다. 이 논문은 수성, 금성, 화성, 목성, 토성의 공전 주기를 설명했다. 중국의 고대 철학서도 담겨 있었다. 기원전 6세기에 쓰인 노자(老子)의 《도덕경》과 그로부터 100년 전에 쓰인 음양론을 설명한 《주역》이 발견되었다. 전쟁, 과학, 철학 모두 아들의 관심사였다. 아들이 내세에서도 건강을 잃지 않도록 의학 서적을 같이 묻었다. 건강에 좋은 자세와 운동 요령을 비단 위에 만화 같은 그림으로 설명하고 수명을 연장하는 방법을 소개했다. 한편, 곡물을 하층민들의 음식으로 격하하고, 곡물을 피해야 한다고 말하는 것이 흥미롭다.

2,000년 넘게 달빛이 무덤을 비췄다. 이집트의 파라오들처럼 세 명의 중국인 귀족이 부와 지위를 이용해 영원불멸의 삶을 얻고자 했다. 이들의 무덤 바로 밑에는 밥 한 공기가 삶의 의미였던 수많은 평민들의 이름 없는 무덤이 잠자고 있다.

무덤에서 나온 보물

방금 살핀 무덤에서 발견된 물건들을 보면 중국의 과거 문화에 과학과 기술의 전통이 뿌리 깊게 박혀있다는 사실을 알 수 있다.

귀족들의 식기에 바른 유약은 세계에서 가장 오래된 산업용 플라스틱에 속한다. 이 유약은 옻나무에서 추출한 수액으로 제조되었다. 중국이 원산지인 이 옻나무는 기원전 13세기부터 이러한 용도로 쓰였다. 엷게 여러 번(경우에 따라 수백 번 이상) 바른 중국 자기는 화려할 뿐 아니라 열에 잘 견딜 수 있었다. 우연히 게살을 유약통에 떨어뜨리면서 도예공들은 게의 조직에 유약을 잘 굳지 않게 만드는 화학물질이 들어있다는 사실을 발견했다. 이미 본 것처럼, 중국의 화학 기술자들은 시신의 살을 영원토록 탄력 있게 보존하려고 이와 비슷한 유연제를 발랐다.

무덤에 묻힌 악기들을 보면 중국인들이 음악을 좋아한 것뿐 아니라 화음에 정통했다는 사실을 알 수 있다. 기원전 6세기의 중국인들은 각기 다른 크기와 모양으로 구리종을 만들어 다른 음높이를 이용해 화음을 만들었다. 나아가 종에 '타격점'을 두 개씩 만들어 두드릴 때 각기 다른 음이 나오도록 했다. 기원전 5세기경 귀족들의 무덤에서는 연주회에서 쓰이는 구리로 만든 종 64개가 안장되어 있고, 이들 가운데 가장 큰 종은 높이 1.5미터에 무게가 200킬로그램에 달한다. 고대 중국의 음향학자들은 느린 진동에서 낮은음이 나오고 빠른 진동에서 높은음이 나온다는 사실을 깨달았다. 그들은 또한 가야금의 현이 떨리는 것을 보고 공명의 성질과 효과를 추론했다.

현세와 내세를 가리지 않고 신추 모자를 위해 처방된 약초 요법과 의료 처방은 고대 중국 의학의 생생한 증거다. 기원전 2세기까지 중국의 의원들은 심장이 피를 뿜어내 동맥, 정맥, 모세혈관을 통해 인체를 순환하게 한다는 사실을 깨달았다. 동시에 그들은 기(氣)라 불리는 생명의 에너지가 폐에서 나와 보이지 않는 신체의 통로를 따라 순환한다고 주장했다. 혈액은 음, 기는 양에 해당한다고 보아 건강을 조화로운 협동관계의 산물이라고 생각했는데, 그들은 음과 양의 불균형이 침을 이용해 회복될 수 있다고 생각했다. 침술은 기원전 6세기에 처음 언급되어, 그 기원은 그로부터 1,000년 전까지 거슬러 올라간다. 실제로 기원전 2세기 후반의 무덤에서 고고학자들은 금과 은으로 만든 침 9개를 발견했다. 침의 개수와 모양을 보면 치료 용도로 쓰였다는 사실을 알 수 있다.

기원전 2세기, 중국의 의료 종사자들은 인간의 소변에서 뇌하수체 성호르몬을 확인했다. 비슷한 시기에 그들은 몸이 밤낮이나 계절에 따라 특정한 질병에 더 민감하다는 사실에 주목하며 인체에 보이지 않는 순환 리듬이 있다는 사실을 발견할 실마리를 발견했다. 서기 200년경, 중국의 의원들은 비타민에 관한 지식이 없이도 섭생을 잘 못하면 여러 가지 질병들이 발생한다고 생각해 환자의 건강을 회복시키려 영양분이 풍부한 음식을 처방했다. 서기 3세기까지 맨드레이크를 수술을 위한 마취제로 쓰거나 술과 섞어 강장제로 이용했다.

신추 태부인과 같이 묻힌 비단 연 또한 오랜 역사를 지닌다. 중국인들은 새처럼 하늘을 날고 싶은 열망에 사로잡혀 기원전 4세기경에 연을 만들었는데, 새 모양을 본떠 만드는 일도 있었다. 묵자(墨子)는 특수한 연을 3년에 걸쳐 만들었다고 전해진다. 서기 4세기에 갈홍(葛洪)이라는 연금술사는 유체역학적 원리를 이용해 사람을 태울 수 있는 거대한 연을 고안했다고도 전해진다. 잔인무도했던 북제(北齊)를 세운 초대 황제 고양(高洋, 529년~559년, 재위: 550년~559년)은 적들을 '시험 비행사'로 써 연에 매달아 30미터 높이의 탑 위에서 떨어뜨렸다. 전해지는 이야기로는 한 죄수가 약 3킬로미터를 활강하는 데 성공하자 황제는 이 죄수를 즉시 감금한 다음 굶겨 죽였다고 한다. 이에 앞서 기원전 2세기에는 뜨거운 공기를 주입한 풍선 모형을 만들어 충분한 양의 밀짚모자와 함께 묶어 변신할 수 있는 낙하산을 만들었다.

물론 하늘 밖에는 우주가 있었다. 상아의 설화는 달과 같은 신비로운 천체들을 망원경 없이 연구하는 중국 천문학자들의 노고를 신화적으로 비유한 것에 지나지 않았다. 그리스인들과는 달리, 그들이 우주를 연구한 것은 우주에 대한 지적 호기심을 충족하기보다는 인간의 운명이 별에 쓰여 있다는 믿음 아래에 미래를 예언하려는 의도였다. 중국 황제들은 정책을 결정하고 나라를 지키려면 정확한 점성술이 필요하다고 믿었기에 귀족의 무덤을 만든 기술자들과 마찬가지로 천문학자들을 감독했다. 실제로 그들은 점성술을 국가 안보의 근간으로 취급했다. 이처럼 실용적인 목적으로 점성술을 연구한 결과 방대한 천문학적 지식을 쌓을 수 있었다.

3,000년이 넘게 지속한 중국의 문화적 습속 탓에, 중국인들은 전 세계를 통틀어 천문학 기록뿐 아니라, 천문 현상을 장기간 관찰해야 얻을 수 있는 자료로서 현대 천문학자들에게도 의미가 가볍지 않은 관찰 일지를 가장 오래도록 보관할 수 있었다. 특히 중국의 천문학자들은 일식과 월식, 혜성의 갑작스러운 등장에 경탄했다. 그들이 남긴 자료를 살펴보면, 기원전 1302년에 일어난 일식과 기원전 240년에 지구에 도달한 핼리 혜성 및 초신성에 대한 기록을 찾을 수 있다.

'신의 계시를 내리는 뼈'로 알려진 유물에서는 중국의 천문학과 의학의 흔적을 모두 엿볼 수 있다. 황소의 어깨뼈로 만든 이 뼛조각(거북이 등껍질로 만드는 일도 있었다.)에 위에 예언을 새겼다. 이것은 오늘날의 포춘쿠키와는 다르다. 당시의 포춘쿠키는 기원전 1300년까지 거슬러 올라가며 이를 통해 한자의 초기 형태를 짐작할 수 있다. 1899년까지 수백 년 동안 묵은 약제를 선호한 사람들이 이를 갈아 한약재로 사용하며 '용의 뼈'라고 이름 지었다. 1899년에 한 중국학자가 타온 한약재에서 한자의 원형 일부를 발견했다. 한약사가 약제를 사발에 넣고 막자로 갈 때 운 좋게 갈리지 않고 남은 커다란 뼛조각 위에 문자가 씌어 있었던 것이다. 이 발견으로 고고학자들은 베이징 남서부에서 약 480킬로미터 떨어진 안양에서 잠자고 있는 고분을 찾을 수 있었다. 이곳을 발굴해보니 150,000개의 '용의 뼈'가 출토되었다. 대부분은 세상을 떠난 선조에게 주어진 문제가 '예' 또는 '아니오'라는 대답과 함께 새겨져 있었다. 점쟁이들은 뼈에 작은 구멍을 뚫고 뜨거운 철제 침으로 달궈 부스러진 조각들을 찾아 해석해서 답을 얻었다. 천구 좌표와 운명을 점칠 때 관찰한 특이한 천문현상도 함께 기록했다.

하늘에서 땅으로 시선을 돌려 보자. 중국의 지질학자들은 세계지도를 작성했다. 신추 태부인의 아들을 묻은 고분이 시사하는 바처럼, 대부분은 이러한 지도를 군사적 목적을 위해 만들었다. 그들은 기원전 3세기경 세계 최초로 입체지도를 설계하고, 이를 직소퍼즐과 같이 나무조각에 아로새긴 다음 톱밥, 쌀가루, 물을 이용해 3차원의 형상을 구현했다. 몇백 년이 흐른 당나라 시대에는 쌀로 산을 만드는 법을 다룬 문헌이 등장했다.

왕의 장난감

중국인들은 독창성을 발휘해 개성이 넘치는 군사 설비를 고안했다. 강과 협곡을 건너기 위해 현수교를 밧줄에 매달아 만들고(1세기), 손으로 쏘는 방식에서 벗어나 기계식 석궁(기원전 4세기)을 만들어 활의 사정거리를 늘리고 파괴력을 높였다. 중국에서 나침반이 처음 등장한 것은 서기 11세기에 와서이지만,(유럽에 비해서는 100년이나 빠르다.) 자석으로 만든 나침반의 원형이 등장한 시점은 기원전 4세기로 거슬러 올라간다. 군사적 용도나 항해의 용도 말고도, 도시와 집의 방향을 땅에 숨은 기운과 일치시키기 위해 이 기구를 이용했다. 아마 이 중 가장 독특한 발명품은 이른바 '남쪽 마차'라 불리는 기원전 3세기의 작품이다. 이는 그리스의 거장 헤론과 크테시비우스의 발명품과 비견될 만하다.

바퀴 두 개가 달린 마차는 바닥에서 360도 회전할 수 있는 조각상을 싣고 있다. 아무리 구불구불한 길을 가더라도 한번 설치한 조각상은 항상 남쪽만을 가리켰다.(남쪽은 야만스러운 북방 민족이 사는 북쪽 국경에서 멀리 떨어진 곳이기도 했다.) 이 마차에 설치된 차동기어는 달라지는 바퀴의 회전 방향을 감지하고 조각상이 든 팔을 정확히 반대 방향으로 향하게 할 수 있었다. 반면 유럽에서는 1879년이 되어서야 차동기어가 등장했다.

손잡이를 비비면 물을 쏟아내는 금속 사발(기원전 5세기)도 중국에서 만든 놀라운 발명품에 속한다. 그 밖에도 비었을 때 물이 쏟아지도록 '다수의' 편심된 무게중심을 이용해 설계한 물병(기원전 3세기), 마법의 손전등, 움직이는 동물의 영상을 화면에 투사하는 만화경도 있었다.(서기 2세기) 멀고 미세한 진동에도 구리공이 구리 두꺼비의 입으로 떨어지게 만든 지진계(서기 2세기)도 있었고, 햇빛을 받을 때 '속이 들여다보이는' 마법의 철제 거울(서기 5세기)도 있었다. 이 거울의 반들반들한 정면을 응시하면 뒷면에 아로새긴 숨은 그림이 나타났다. 이러한 신기한 발명품들은 그저 귀족들과 왕족들의 오락거리였다.

만리장성 너머

만리장성은 편집광에 사로잡힌 독재자에게 바친 거대 유적이다. 13세의 나이로 진나라를 다스리게 된 영정(瀛政)은 백만 대군을 이끌고 춘추전국시대의 모든 국가를 무릎 꿇렸다. 이후 무기를 녹인 쇠로 거대한 자신의 형상을 만들고 자신을 '진시황'이라 부르도록 한 뒤, 자신이 세운 왕조가 천 년이 넘게 세상을 다스릴 것이라고 예언했다. 하지만 진나라는 한 세대를 넘기지 못했다.

진시황이 남긴 가장 오래된 유적은 만리장성으로, 진시황은 전쟁 포로와 법가를 거스른 범죄자들의 역모가 두려워 이들을 강제 노동에 동원해 성을 완성했다. 전해지는 이야기로는 진시황은 그들의 뼈를 갈아 벽에 발랐다고 한다. 그 결과 만리장성은 세계에서 가장 기다란 묘지가 되었다.

기원전 3세기, 춘추전국시대에 세워진 성벽들을 이어 만든 만리장성은 고비 사막에서 태평양에 이르기까지 약 2,500킬로미터의 길이를 자랑한다. 실제로 용처럼 구부러진 성벽을 반듯이 편다고 가정하면 총 길이는 두 배로 길어진다. 만리장성은 북방 오랑캐의 침략을 막기 위한 방어선이자, 영토를 선언하기 위한 국경을 상징했다.

만리장성의 설계에는 기상학과 과학이 담겨있다. 성인 남자 8명이 나란히 지나갈 수 있는 넓이의 매끈한 도로가 성벽을 따라 뻗어 있고, 총 2,500개의 감시탑이 성벽 위에 늘어서 있다. 감시탑은 6미터 높이로, 석궁 두 개가 따로 설치되어 궁수들이 적을 겨눌 수 있었다. 또한 이 감시탑은 24시간 내내 봉화를 피워 소식을 전달하는 역할도 담당했다.

진시황은 영원불멸의 삶을 살기 위해 무덤에도 이와 마찬가지로 공을 들였다. 진시황릉의 외관은 마치 하늘의 영광을 재현하기 위한 피라미드와 흡사하다. 진시황릉은 총 15층 높이로 사찰로 빼곡히 채워진 이른바 '영적인 마을'을 내려다보고 있다. 황제를 저승에서도 지키려고 진흙을 구워 정교하게 조각한 병사와 실제보다 크게 만든 군사(병마용)들을 만 명 가까이 묻어 무덤 주위에

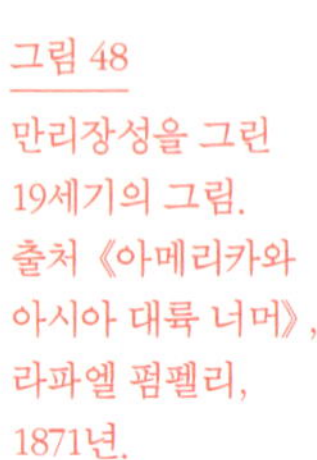

그림 48

만리장성을 그린 19세기의 그림. 출처《아메리카와 아시아 대륙 너머》, 라파엘 펌펠리, 1871년.

배치했다. 정교하게 조각하고 꼼꼼히 색칠한 이 군대는 장수를 앞세우고 진형을 갖췄다. 또한 구운 진흙으로 만든 말이 목제 전차를 끌었고, 철제 방아쇠와 화살촉이 달린 석궁을 운반했다. 이 화살촉과 방아쇠는 1970년대에 진시황릉의 군대와 함께 발굴되었다.

오늘날 전해지는 이야기로는 황제가 안장된 방은 놀라운 물건으로 가득 차 있다고 한다.(고고학자들은 아직 무덤 안으로 들어가 보지 못했다. 황제의 사망 이후 100년이 지나 쓰인 기록에 의하면 무덤에는 왕궁의 모형, 보석, 다른 진귀한 물건들이 있다고 한다.) 아마도 가장 진귀한 보물은 진나라 전체를 본뜬 기계모형일 것이다. 이 모형은 보석으로 하늘을 장식하고, 황허 강과 양쯔

강이 바다에 흐르는 모습을 수은을 이용해 재현했다. 황제의 시신은 구리관에 안치하고, 옥문으로 이 구리관이 놓인 방을 봉인했다. 고대 중국인들은 옥을 금보다 더 귀하게 여겼다. 자동 석궁에도 살아남은 무장 침입자들을 잡기 위해 자석 틀로 문을 둘렀다.

언젠가는 고고학자들이 진시황의 시신이 놓인 붉은 분봉을 발굴할 것이다.

"아마도 자동 석궁의 활시위는 썩어서 사라지고, 구리관은 알아볼 수 없을 정도로 녹슬었을지도 모른다. 아니면 별이 어둠 속에서 다시 빛나거나, 수은 강이 반짝이며 또다시 끝없는 바다로 흘러가고 있을지도 모른다."

"미지의 세계"

"모든 경험은 하나의 통로,

그 통로를 뚫고 미지의 세계가 어렴풋이 빛나며,

그 가장자리는 내가 다가가는 순간 영영 사라진다."

—테니슨,《율리시스》中—

고대 그리스인들은 탐험하는 민족이었다. 경이로운 일들이 끊이지 않는 세계를 탐험하고, 인간 또한 경이로운 우주로 여겼다. 테니슨의 시상(詩想)이 된 호메로스의 오디세우스처럼, 그들은 지평선 너머에 있는 것을 발견하려는 끊임없는 호기심에 이끌렸다.

초기 문명이 이룩한 것들 하나하나를 보면 그 섬세함에 경탄을 금치 못한다. 하지만 고대인들의 탐험이 이룩한 바는 보이는 범위를 넘어 경이로운 깊이를 자랑한다. 경탄에서 비롯된 영감을 이성의 빛이 인도한 그리스의 사상가들은 대자연의 실질과 구조에 대한 근본적인 해답을 찾는 과정에서 땅끝을 넘어 하늘에까지

트로이로 돌아오는 오디세우스와 그 일행.

닿으려 했다. 또한 열정과 헌신을 다해 몸과 마음의 숨은 원리를 탐구하며 인간을 연구했다.

고대 그리스 과학이 현대 과학의 전신이라 할지라도 현대 과학과 세 가지 면에서 달랐다. 첫째, 고대 그리스 과학은 실험과 관찰보다는 추상적인 이론을 정립하려 했다. 사실상 생물학을 제외한 그리스 과학은 '실험실'이나 '현장'보다는 '연구'를 통해 발전했고, 귀납적이기보다는 연역적인 성격을 띠었다. 이것이 바로 그리스 과학의 가장 큰 강점이자 가장 큰 약점이었다.

둘째, 그리스에서는 대부분 평범한 시민이 돈 없이도 연구할 수 있는 과제를 다뤘다. 반면 요즈음은 대학, 정부, 기업에 있는 고학력의 전문가들이 과학을 연구한다. 이들은 급여와 보조금에 의

지해 값비싼 연구비를 조달한다. 이러한 차이점은 무엇을 의미할까? 고대 과학자들이 현대의 과학자들에 비해 경제적으로 예속되지 않고 자유롭게 지성을 펼쳤다는 이야기다.

마지막으로 헬레니즘 시대를 제외하면 대부분의 고대 그리스 과학이 실용 과학보다는 순수 과학에 가깝다는 점이다. 이처럼 그리스 과학자들은 지금과 비교해 학문을 군사 또는 상업적인 목적에 응용하는 것에 별 관심이 없었다. 스토아학파에서 고대의 노예제를 비판했지만, 노예제는 이에 아랑곳없이 지속하였다. 언제든 풍부한 노동력을 공급할 수 있던 탓에, 고대 과학자들은 좋든 나쁘든 산업혁명 이후 우리의 삶을 바꿔놓은 기술과 힘을 개발하지 못했다.

이 세 가지 차이점을 보면 지성주의가 그리스의 문화에서 얼마나 중차대한 역할을 담당했는지, 그리스인들이 지성의 생명력에 얼마나 남다른 관심을 뒀는지, 그들이 어떤 자질로 말미암아 선조와 같은 시대를 살던 이방인들로부터 자신들을 차별화할 수 있었는지 그리고 그들이 갖춘 자질을 현세의 문화에서 얼마나 찾아보기 어려운지가 여실히 드러난다.

앞서 그리스인들이 발견한 것들을 자세히 다뤘다. 이러한 발견들에 비해 훨씬 중요한 것은 어떤 자세로 말미암아 이러한 발견이 가능했는지를 밝히는 일이다. 고대 그리스 문명이 현대인의 삶에 가장 뚜렷이 이바지한 것은 '과학적 태도' 이며, 이는 지금도 가장 큰 영향을 미치는 살아있는 유산이다.

진리의 탐구에 매진한 그리스 과학자들은 삶의 수수께끼를 두고 비과학적인 답을 내세우기보다는 논리적인 해답을 추구했다. 그들은 기도문을 외우기보다는 수학의 언어를 활용했다. 나아가 그들은 종교와 권력의 권위에 자유로운 상상을 옭아매지 말고, 거침없이 질문에 대한 답을 추구해야 한다고 믿었다. 그들은 소크라테스의 말처럼 회의가 없는 인생은 살 가치가 없다고 확신하고, 인간의 지력을 자유의 가치만큼이나 심각하게 받아들였다. 그 결과 그 무엇도 그들을 막을 수 없었다.

그리스인들로부터 꼭 배울 교훈이 있다.

과학의 미래는 타협을 모르는 이러한 자세와 변치 않는 신념에 달려 있다. 객관적 진실이 정치적 의도에 꼬리를 내리고, 종교의 교리에 억압당하고, 금전적 이익에 휘둘리고, 대중의 무관심에 시든다면 그만큼 그리스인들에게 등을 돌리는 결과를 가져와 더 부강한 국가를 만들기 위한 역량을 좀먹게 될 것이다. 대자연의 미스터리는 아직 우리가 정복하지 못한 세계가 남아있다는 것을 뜻한다. 따라서 끊임없이 이러한 '미지의 세계'를 탐험해야 한다. 테니슨의 율리시스에 나온 말처럼, 우리는 '생각의 한계 너머로 저무는 별처럼 지식을 뒤쫓아야 한다.'

그리스인들이 창작한 희곡 몇 편에서, 자신들이 전능한 존재라는 과대망상에 사로잡혀 값비싼 대가를 치른 이야기가 나온다.

소포클레스는 다음과 같이 인류의 업적을 찬양했다.

세상에 가득 찬 경이로움 가운데 그 무엇이 인간을 능가할 수 있으리.
거센 남풍 속, 쇄도하는 너울을 헤치고 잿빛 바다를 가로지른다.
불멸이자, 영원무궁한 지구는 모든 신의 맏형,
그의 기마단은 말발굽으로 패인
굽이치는 협곡을 해마다 땅 위에 아로새긴다.
날아오르는 새떼, 무리지은 들짐승, 바다 밑 물고기 떼,
이 모두가 인간이 만든 교묘한 망태의 포로.
그가 만든 이기(利器)로 들짐승을 다스리니,
갈기 달린 수말에 고삐를 꿰고
억센 들소에 멍에를 얹는다.
만들어낸 언어, 번뜩이는 생각,
더불어 살아가는 재능과 함께
오싹한 서리와 퍼붓는 빗발을 피하는 법을 깨우친다.
경이롭도다, 인간이여. 지배하지 못할 것이 무엇이리.
죽음만을 피할 수 없을 뿐
전염병의 탈출구는 마련했다.
상상을 넘나드는 총명함과 정묘함으로
때로는 선에, 때로는 악에 이끌린다.
소포클레스 《안티고네Antigone》 中에서—

소포클레스의 안티고네Antigone에서 명확히 드러나는 것처럼, 인간은 탁월한 재능에도 불구하고 교만에 빠질 때 자신에게 적으로 변하며 자신의 선택이 얼마나 비극적인 결과를 가져올지를 예상하지 못한다.

오늘날 우리는 고대 그리스인들보다 훨씬 풍부한 지식을 갖추고 더 큰 힘을 누리고 있다. 하지만 이는 비참한 실수를 저지르기 쉽다는 그들의 경고에 귀를 바짝 기울여야 한다는 뜻이기도 하다. 이는 실제로 과학과 기술에서 향후 우리가 극복해야 할 가장 큰 도전이다. 그리스인들처럼 용감하게 진리를 찾되, 우리를 인간답게 만들어 주는 도덕적 한계를 넘지 말아야 한다.

역 자 후 기

'과학이란 학문은 어디에서 유래했을까?' 사뭇 거창한 화두로 들리는 이 질문은 어찌 보면 너무나 상식적인 의문이다. 학교에 들어가서 처음 배울 직한 주제인데도, 이 질문에 대한 답이 바로 떠오르는 독자는 드물 것이다. 저자는 이 책을 통해 그리스인들의 합리주의와 인본주의라는 해답을 제시하며, 광학, 음향학, 기계학, 화학, 지리학, 지질학, 기상학, 천문학, 생물학, 의학, 심리학 등 거의 모든 과학 분야에서 그리스인들이 남긴 자취를 탐험한다.

이 책은 그리스 고전을 과학의 각 분야와 접목해 아주 독특한 시각으로 풀어내며, 서양 문명의 원형에 대한 풍부한 상식을 제공하는 점에서 매우 흥미롭다. 저자는 고대 그리스인들의 전통으로 자리매김한 인본주의, 합리주의, 호기심, 개인주의, 탁월함을 추구하는 정신, 자유를 사랑하는 정신이 과학을 태동시켰다고 말한다.

순수한 지적 탐구를 위해 과학에 심취했던 고대 그리스의 과학자들을 떠올리며, 재정지원에 예속되어 과학이 순수성을 잃어가고 있는 현 세태를 생각하지 않을 수 없다. 저자는 이 책 말미에서 과학을 연구하는 사람들의 자세가 어때야 하는지를 다음과 같이 언급한다. "그리스인들로부터 꼭 배울 교훈이 있다. 과학의 미래는 타협을 모르는 굳건한 자세와 변치 않는 신념에 달려 있다. 객관적 진실이 정치적 의도에 꼬리를 내리고, 종교의 교리에 억압당하고, 금전적 이익에 휘둘리고, 대중의 무관심에 시든다면 그만큼 그리스인들에게 등을 돌리는 결과를 가져와 더 부강한 국가를 만들기 위한 역량을 좀먹게 될 것이다."

제2차 세계대전 당시 루스벨트 대통령의 지휘 아래 군대, 대학, 학계, 산업체가 공동으로 추진했던 맨해튼 프로젝트 이후 과학은 정부 차원의 재정지원을 받기 시작했다. 2차 세계대전 당시 과학자들에게 배정된 재정은 공적자금, 사적자금을 통틀어 매해 250억 불에 육박하고, 1993년까지 미국 정부의 지원금만 760억 불에 달했다고 한다. 이 엄청난 돈은 과학계에 어떤 영향을 초래했을까? 물론 과학자들이 연구비 조달을 고민할 필요 없이 맘껏 연구할 수 있는 긍정적인 면도 있겠지만, 정부와 산업의 목소리에 과학자들의 견해가 조율되는 부작용을 간과할 수 없다. 이러한 현실을 한탄하며 UC버클리대학의 세포생물학 명예교수인 리처드 스트로맨Richard Strohman은 다음과 같이 말했다. "성공한 과학자가 되는 유일한 방법은 다수의견을 따르는 것입니다. 학문은 학문이 만든 기술로 변질되었습니다. 학문은 과학의 일면을 잃어버렸고, 시장을 좇는 기술로 그 부분을 대체했습니다."

참으로 안타까운 일이며, 현시대에 가장 우리가 반성해 보아야 할 교훈이 아닐까 싶다. 미국의 대법원 판사 윌리엄 더글러스William O. Douglas는 자신의 저서 《정신의 자유Freedom of the Mind》를 통해 관습과 편견의 횡포가 표현과 사상의 자유에 입힌 해악을 다음과 같이 경고한다. "반대파, 개혁가를 비롯한 호기심 많은 사람은 편견에 도전하여 우리를 구원했다. 역사적으로 이러한 사람들은 시대의 정론에서 거품을 걷어내려 했다는 이유로 비난에 시달리고, 화형이나 교수형에 처해지고, 추방되거나 감옥에 갇히고 고문을 당했다." 이처럼 권력과 금전에 좌우되지 않은 진정한 의미의 사상의 자유, 학문의 자유는 과학의 발전에 필수적인 요소이리라.

한편으로 번역 과정에서 원저자가 지나치게 서구 중심적인 사고를 하는 것이 아닌지 의구심이 든 것도 사실이다. 하지만 철저한 고증과 풍부한 인문학적 상식, 모든 과학 분야에 걸친 깊은 통찰과 분석을 접하며, 원저자의 생각이 나름의 충분한 근거가 있다는 사실을 깨달을 수 있었다. 기타 문명이 일군 과학의 업적을 동등한 비중으로 다루지 못한 것이 다소 아쉬웠으나, 원저자와 직접 의사소통하며 얻은 여러 질의에 대한 답변과 장영실을 다룬 한국어판을 위한 서문을 보며 세계 각지의 문명 전반에 대한 폭넓은 이해와 숙고로부터 나름의 결론을 내렸다는 사실에 공감할 수 있었다.

책의 논지가 종교의 가치를 폄하하고 있는 것이 아닌지 하는 생각이 들었던 것도 사실이다. 하지만 학문 앞의 교만을 경계하고, 책이 출판될 수 있도록 매일 저녁 기도를 바친 아내에게 감사하는 원저자를 보며 괜한 오해라는 사실을 깨달았다. 책의 말미에도 나와 있지만, 진정한 과학인의 자세, 그것은 결국 절대자와 우주의 원리에 대한 겸손이 아닐까?

이 책은 그밖에도 여러 가지 생각할 거리를 제공해 준다. 과학의 아버지를 선조로 둔 그리스인들이 최근 디폴트 사태로 유럽의 재정위기를 가져오고, 민주주의의 맹아를 틔운 그리스인들이 TV 토론에 나와 상대 정당 대표의 따귀를 때리는 일련의 사건들을 보며 '고대 그리스인들의 후예들이 어떤 계기로 몰락하게 된 것일까? '현대 과학의 헤게모니가 이동하게 된 계기는 무엇일까?' 와 같은 새로운 화두를 던져볼 수도 있을 것이다.

이 책이 제시하는 내용이 정답이 아닐 수도 있다. 하지만 생각의 실마리를 제공해 주고, 서구 문명의 원형에 대해 쉽게 찾아보기 어려운 상식을 집대성하고 있다는 점에서 그 가치를 충분히 인정할 수 있다. 고대 그리스 문명을 매우 독특한 시각에서 풀어내는 이 책은 독자의 상식을 넓히는 인문과학서로서 손색이 없다 할 것이다.

한 편의 작업이 끝날 때마다 친구이자 역자의 마음속 스승인 실리아 파버Celia Farber에게 항상 감사하며, 잦은 질의에도 항상 친절한 답변을 아끼지 않고 한국어판을 위한 서문을 준비해 준 원저자 스티븐 버트먼, 원고 교열에 아낌없는 조언을 준 아내에게도 깊은 감사를 전한다.

2012년 8월, 박지훈

1장

1– from an address presented at the inauguration of the faculty of science, University of Lille, December 7, 1854. 《The Concise Oxford Dictionary of Quotations》, 1981, p.181.

2– 《그리스 신전에서 인간의 길을 묻다》, 스티븐 버트먼(Stephen Bertman), 2011년.

3– 《On the Contrary》, Mary Mccarthy, 1961년.

2장

1– 《역사(History)》, 헤로도토스(Herodotus).

2– 《Life in Ancient Mesopotamia》, Stephen Bertman, 2005년.

3장

1– 《건축십서(On Architecture)》, 비트루비우스(Vitruvius).

2– 《fragm》, 아리스토제누스(Aristoxenus).

3– 《일리아드(Iliad)》, 호메로스(Homeros).

4– 《오디세이아(Odyssey)》, 호메로스(Homeros).

5– 《아가멤논(Agamemnon)》, 아이스킬로스(Aeschylus).

6– 《Catoptrics》, Heron.

7– 《Description of Africa and Spain》, Moorish Geographer Idrisi, 12th Century.

8– 《Epitome of the Histories》, John Zonaras.

9– 《Book of Histories》, John Tzetzes.

10– 《The Clouds》, Aristophanes.

11– 《광학(Optics)》, 유클리드(Euclid).

4장

1– "Acoustic Diffraction Effects at the Hellenistic Amphitheater of Epidaurus:Seat Rows Responsible for the Marvelous Acoustic", 〈Journal of the Acoustical Society of America〉, 2007.

2– 《건축십서(On Architecture)》, 비트루비우스(Vitruvius).

5장

1– 《니코마스 윤리학(Nicomachean Ethics)》, 아리스토텔레스(Aristotle).

2– 《오디세이아(Odyssey)》, 호메로스(Homeros).

3– Keynes Ms.,〈The Newtonproject〉, John Conduitt.

4– 《물리학(Physics)》 , 아리스토텔레스(Aristotle).

5– 《기계학(Mechanics)》, 아리스토텔레스(Aristotle).

6– 《플루타르크 영웅전(Plutarch's Parallel Lives)》, 플루타르코스(Plutarchos).

7– 《History of Rome》, Livy.

8– 《Artillery Manual》, Heron.

9– 《Library》, Diodoros siculus.

10–《영혼에 대하여On the Soul》, 아리스토텔레스(Aristotle).

11–《Argonautica》, Apollonius Rhodius.

12–《동물의 운동에 관하여(On the movement Animals)》, 아리스토텔레스(Aristotle).

13–《동물의 발생에 관하여(On the Generation Animals)》, 아리스토텔레스(Aristotle).

14–《꿈에 대하여(On Dreams)》, 아리스토텔레스(Aristotle).

15–《The Automatic Theater》, Heron.

16–《뉴매틱(Pneumatics)》, Heron.

17–《Greek Science》, T.E. Rihll, New york: Oxford University Press, 1999, p35.

6장

1– 《소크라테스의 변명Apology》, 플라톤(Plato).

2– "Finding Out Egyptian Gods' Secret Using Analytical Chemistry: Biomedical Properties of Egyptian Black Makeup Revealed by Ampherometry at Singles Cells", Issa Tapsoba 외, 〈Analytical Chemistry 82〉.

3– 《건축십서(On Architecture)》, 비트루비우스(Vitruvius).

7장

1– 《역사(History)》, 헤로도토스(Herodotus).

2– 《인도학(Indica)》, 아리아노스(Arrianos).

3– 《Thought the pillars of Herakles: Greco-Roman Exploration of the Atlantic》, Duane Roller, New York: Routledge, 2006.

4– 《지리지(Geography)》, Strabo.

5– 《Herodotos, Father of History》, John L. Myres, Oxford: Clarendon Press, 1953

6– 《신통기(Theogony)》, 헤시오도스(Hesiodos).

8장

1– 《역사(History)》, 헤로도토스(Herodotus).

2– 《일과 나날(Works and Days)》, 헤시오도스(Hesiodos).

9장

1– 《일리아드(Iliad)》, 호메로스 (Homeros).

2– 《오디세이아(Odyssey)》, 호메로스(Homeros).

3– 《일과 나날(Works and Days)》, 헤시오도스(Hesiodos).

4– 《Fragm》, 크세노파네스 (Xenophanes).

5– 《테아이테토스(Theaetetus)》, 플라톤(Plato).

6– 《정치학(Politic)》, 아리스토텔레스(Aristotle).

7– 《역사(History)》, 헤로도토스(Herodotus).

8– 《국가론(De Re Publica)》, 키케로(Cicero).

9– "Aratus", 〈The Oxford Classical Dictionary〉, New York: Oxford University Press, 1966, p. 136-37.

10–《L'Astronomie: Evolution des idèea et des Mèthodes》, Paris: Flammarion, 1911, p. 279. (《History of Science in Greco-Roman Antiquity》, Arnord Reymond, trans. Ruth Gheury de Bray, London : Methuen, 1927, p. 87 인용).

11–"Visions of Ancient Night Sky Were Hiding in Plain Sight for Centuries", Kenneth Chang, New York Times, January 18, 2005.

12–《Decoding the Heavens: A 2,000-year-Old Computer and the Century-Long Search to Discover Its Secret》, New York: Da Capo, 2009.

13–《Methods and Problems in Greek Science: Selected Papers》, G. E. R. Lloyd, Cambridge: Cambridge University Press, 1991, p. 162.

10장

1– 《일리아드(Iliad)》, 호메로스(Homeros).

2– 《오디세이아(Odyssey)》, 호메로스(Homeros).

3– 《일과 나날(Works and Days)》, 헤시오도스(Hesiodos).

4– 《The library》, 아폴로도로스(Apollodorus).

5– 《역사(History)》, 헤로도토스(Herodotus).

6– 《On The Doctrines of Hippocrates and Plato》, 갈레노스(Galenos).

7– 《건축십서(On Architecture)》, 비트루비우스(Vitruvius).

8– 《영혼에 대하여(On the Soul)》, 아리스토텔레스(Aristotle).

9– 《동물의 신체부위에 대하여(On the Part of Animals)》, 아리스토텔레스(Aristotle)

10– 《동물의 탐구(History of Animals)》, 아리스토텔레스(Aristotle).

11– 《Darwin's Century: Evolution and the Men Who Discovered It》, Loren Eiseley, New York: Barnes & Noble, 2009, p4~9.

12– 《History of Plant》, 테오프라스토스(Theophrastos).

13– 《파이돈(Phaedo)》, 플라톤(Plato).

11장

1– 《일리아드(Iliad)》, 호메로스(Homeros).

2– 《오디세이아(Odyssey)》, 호메로스(Homeros).

3– 《히포크라테스 전집1(Hippocratic Collection1)》, "예후(Prognostic)", Hippocrates(히포크라테스).

4– 《Greek Science after Aristotle》, G.E.R. Lloyd, New york: Norton, 1973, p. 137.

5– 《The Peloponnesian War》, Thucydides.

6– 《파이돈(Phaedo)》, 플라톤(Plato).

12장

1– 《일리아드(Iliad)》, 호메로스 (Homeros).

2– 《시학(Poetics)》, 아리스토텔레스 (Aristotle).

3– 《Delusion and Dream: An Interpretation in the Light of Psychoanalysis of Gradiva》, Sigmund Freud, Wilhelm Jensen, Trans. Helen M. Downey, London George Allen & Unwin, 1921, p. 133.

4– 《율리우스 시저(Julius Caesar)》, 윌리엄 셰익스피어(William Shakespeare).

5– 《Erotic Love Poems of Greece and Rome》, 이뷔코스(Ibycus), transl. Stephen Bertman, New York: New American Library, 2005, p. 40.

6– 《영혼에 대하여(On the Soul)》, 아리스토텔레스(Aristotle).

7– 《니코마스 윤리학(Nicomachean Ethics)》, 아리스토텔레스(Aristotle).

8–《꿈에 대하여(On Dreams)》, 아리스토텔레스(Aristotle).

9– 《국가(Republic)》, 플라톤(Plato).

10–《수사학(Rhetoric)》, 아리스토텔레스 (Aristotle).

13장

1– 《플루타르크 영웅전(Plutarch's Parallel Lives)》, 플루타르코스(Plutarchos).

2– 《Epistles》, Horace.

3– 《Aeneid》, Virgil.

4– 《The Aqueducts of Rome》, Frontinus.

5– 《투스카나인에 대한 논박(Tusculan Disputations)》, 키케로(Cicero).

6– 《건축십서(On Architecture)》, 비트루비우스(Vitruvius).

7– 《자연의 질문들(Natural Questions)》, 세네카(Seneca).

8– 〈A History of Magic and Experimental Science during the First Thirteen Centuries of our Era〉, Lynn Thorndike, New York: Columbia University Press, 1923, p. 42-43.

9– "Posidonius", 〈The Oxford Classical Dictionary〉, New York: Oxford University Press, 1996, p. 1232.

10–《자연의 역사(Natural History)》, 플리니(Pliny).

14장

1– 《History》, Ammianus Marcellinus.

2– Letter "To Principia", St. Jerome.

3– 《리바이어던(Leviathan)》, 토마스 홉스(Thomas Hobbes).

4– 《The Classical Tradition: Greek and Roman Influence on Western Literature》, Gilbert Highet, New York: Oxford University Press, 1976, p.8.

5– 《Enchiridion》, St. Augustine.

6– 《Greek Science in Antiquity》, Marshall Clagett, Mineola, NY: Dover, 2001, p. 130.

7– 《The History of Science: From the Ancient Greek to the Scientific Revolution》,Ray Spangenburg and Diane K. Moser, New York: Facts on File, 1993, p.26.

8– 《The Archimedes Codex: How a Medieval Prayer Book Ancient Greeks to Scientific Revolution》, Reviel Netz and William Noel, New york: Da Capo, 2007, p.1.

9– "Leonardo Da Vinci", 《The Horizon Book of the Renaissance》, New York: American Heritage, 1961, p. 189.

15장

1– 《Doorways thought Time: The Romance of Archaeology》, 스티브 버트먼(Stephen Bertman), Los Angeles: Tarcher, 1987, p. 195-196.

16장

1– 《History》, Diodorus

2– 《Commentaries on the Gallic War》, Julius Caesar.

3– 《Stonehenge: A Temple Restor'd to the British Druids》, William Stukeley, London: Inny and R. Mandy, p. 1740-43.

4– 《Stonehenge Decoded》, Gerald S. Hawkins, New York: Dorset, 1965.

17장

1– 《Lost Discoveries: The Ancient Roots of Modern Science-From the Babylonians to the Maya》, Dick Teresi, New York: Simon & Schuster, 2002, p. 146.

2– 《Ancient Worlds, Modern Reflections: Philosophical Perspectives on Greek and Chinese Science and culture》, G. E. R. Lloyd, Oxford: Oxford University Press, 2004.

3– 《Doorways thought Time: The Romance of Archaeology》, 스티브 버트먼(Stephen Bertman), Los Angeles: Tarcher, 1987. p. 187.

에필로그

1– 《안티고네(Antigone)》, 소포클레스(Sophocles), 335~64.

세상의 과학은 어떻게 시작되었는가

초판 1쇄 인쇄일 2012년 9월 14일 • 초판1쇄 발행일 2012년 9월 20일
지은이 스티븐 버트먼 • 옮긴이 박지훈
펴낸곳 (주)도서출판 예문 • 펴낸이 이주현
기획 정도준 • 편집 김유진 · 송두나 • 디자인 김지은 • 관리 윤영조 · 문혜경
등록번호 제307-2009-48호 • 등록일 1995년 3월 22일 • 전화 02-765-2306
팩스 02-765 9306 • 홈페이지 www.yemun.co.kr
주소 서울시 강북구 미아동 374-43 무송빌딩 4층

ISBN 978-89-5659-196-4 03500

이 책은 저작권법에 따라 보호받는 저작물이므로 무단전재와 복제를 금하며,
이 책 내용의 전부 또는 일부를 이용하려면 반드시 저작권자와
(주)도서출판 예문의 동의를 받아야 합니다.